Hellmut Wilhelm

SINN DES I GING

Eugen Diederichs

Der Aufsatz »Das Wechselspiel von Bild und Begriff«, ursprünglich auf englisch im Eranos-Jahrbuch XXXVI (1967) erschienen, wurde übersetzt von Helwig-Schmidt-Glintzer.

Erste Auflage
Erschienen 1972 im Eugen Diederichs Verlag
Düsseldorf · Köln

Umschlaggestaltung: Eberhardt May
Gesamtherstellung: Mühlberger, Augsburg
Printed in Germany
ISBN 3-424-00422-7

VORWORT

Das »Buch der Wandlungen« (I Ging) stellt die Frage nach dem Bleibenden im Wandel und nach der Ordnung der Dinge inmitten einer vergänglichen Welt. Es geht in seinem Kern auf den Uranfang der chinesischen Kultur zurück. Ursprünglich war das I Ging eine Sammlung von Zeichen zum Zweck des Orakelnehmens, wobei sich aus der einfachen Alternative von »ja« und »nein« durch Kombination der diese symbolisierenden einfachen Strichelemente Zeichen aus zwei, drei und zum Schluß sechs Komponenten entwickelten. Daraus ergaben sich, bei Berücksichtigung der Position, acht bzw. 64 verschiedene Möglichkeiten der Antwort.

Die aber bedeuteten nicht mehr bloß »ja« oder »nein«, sondern kennzeichneten eine ganz spezifische Situation. In den 64 »Hexagrammen« des I Ging sind jeweils gebrochene (- -) und ungebrochene Striche (—) zu Sechsergruppen kombiniert und in zunächst ganz knappen Sprüchen als kosmische oder menschliche Situationen beschrieben.

»Diese Situationen stellte man sich jedoch nicht als starr voneinander isoliert vor, sondern als in ständiger Bewegung begriffen, ja als überhaupt erst in der Bewegung aufleuchtend, indem immer ein oder mehrere Striche innerhalb eines solchen Hexagramms im Begriff waren, in ihr Gegenteil umzuschlagen und dadurch in jedes beliebig andere Hexagramm überzugehen. So waren denn mit einem Male in einem numerologisch fein angelegten Gitterwerk mit sehr hoher Variationsmöglichkeit — genauer: 64 mal 64 gleich 4096 verschiedene Situationen — ›alle‹ Daseinsformen der Wirklichkeit in ihrer zeitlich-kausalen Wirkung aufeinander eingefangen. Daß die ursprünglich nur die Alternativantwort ›ja‹ oder ›nein‹ symbolisierenden Grundstriche unter diesen Umständen plötzlich ebenfalls in ganz anderem Licht erschienen, ist nur natürlich: ganz zwanglos wurden sie zu

Symbolen der Gegensätze, die die ganze Natur durchziehen, die die Spannung in allen Prozessen konstituieren, denen Leben innewohnt, und die, in so verschiedenen Gestalten sie auch auftauchen mögen — als Licht und Finsternis, als Männlich und Weiblich, als Entstehen und Vergehen — dennoch ein und dieselbe widersprüchlich sich ergänzende Wesenheit besitzen. So entzündete sich denn auch die durch und durch dualistische chinesische Weltbetrachtung zu allererst an der Interpretation dieser beiden *Yang* und *Yin* genannten Urkräfte und ihrer verschiedenen am ›Buch der Wandlungen‹, abzulesenden Wirkformen, in Kommentaren und Anhängen nämlich, die seit dem 5. vorchr. Jahrhundert diesem Buch immer zahlreicher hinzugefügt wurden und sich wie Jahresringe üppiger und üppiger um den schmalen Kern legten« (Wolfgang Bauer).

Das vorliegende Buch kommentiert in dieser Weise nicht. Es stellt vielmehr eine Einübung dar, chinesisches Denken und insbesondere das I Ging aus der ihm innewohnenden Systematik recht zu verstehen. Indem es die Kategorien aufschließt und die vielfältigen Bezüge begreifbar macht, stellt es gleichwohl einen nützlichen Kommentar für den »fortgeschrittenen Leser« dar. Es setzt in gewisser Weise die Lektüre des I Ging voraus und lädt gleichzeitig ein, dieses aus Ratio und Mystik wundersam gemischte Zauberbuch zur Hand zu nehmen, zu lesen, es für sich nutzbar zu machen.

Prof. Hellmut Wilhelm, heute einer der besten Kenner des I Ging, hat schon bei früherer Gelegenheit einige Essays zum Thema veröffentlicht[1]. Die Essenz seiner vielfältigen Studien und Erkenntnisse faßt er in diesem Band zusammen. Ihm zugrunde liegen sieben Aufsätze, die zunächst in den Eranos-Jahrbüchern publiziert wurden. Sie wurden für den Zweck dieses Buches durchgesehen und überarbeitet.

Der Übersetzerleistung seines Vaters Richard Wilhelm, dessen Ausgabe des I Ging für alle westlichen Kultursprachen maßgebend wurde, hat Hellmut Wilhelm eine wesentliche interpretatorische Leistung hinzugefügt.

EUGEN DIEDERICHS VERLAG

1 Die Wandlung, acht Essays zum I Ging, Basel 1958. Die dort abgedruckten Essays gehen auf Pekinger Vorträge aus dem Jahr 1953 zurück.

DER ZEITBEGRIFF IM BUCH DER WANDLUNGEN

I

Das dem Buch der Wandlungen (I Ging)[1] zugrunde liegende System der Existenz und des Geschehens tritt mit dem Anspruch der Vollständigkeit auf. Es ist hier eine Zusammenordnung der Situationen des Lebens in all seinen Schichten, persönlichen sowohl wie kollektiven, und in all seiner Ausbreitung versucht. Diesem System sind dann weiter die Entwicklungstendenzen der einzelnen Situationen und die gegenseitigen Beziehungen zwischen ihnen eingebaut worden. Die Bedeutung dieses zweiten Aspekts des Buches, in der auch zum Ausdruck kommt, daß keine der dargestellten 64 Situationen völlig statisch konzipiert werden kann, steht allgemein so im Vordergrund, daß wir uns angewöhnt haben, das Wort I seines Titels als Wandlung zu verstehen. Wenn diese Übersetzung auch sicher dem Sinn des Wortes logisch sowohl wie empirisch sehr nahekommt, so darf darüber nicht vergessen werden, daß der Begriff I als solcher das Feste, Zuverlässige und Unabänderliche des durch ihn gedeckten Beziehungssystems ebenso enthält wie dessen dynamischen Aspekt, was eine frühe Apokryphe in die paradoxe Definition kleidet: »Die Wandlung, das ist das Unwandelbare[2].«
Diesen logischen Aspekt des Systems einmal ins Auge zu fassen, wird nötig sein, wenn wir seinen Gesetzmäßigkeiten auf die Spur kommen wollen. Das Buch selbst leiht sich solchem Gedankenspiel willig. Es war dies der Aspekt, der in Zeiten,

1 Richard Wilhelm: I Ging, Das Buch der Wandlungen. 32. Tsd., Düsseldorf/Köln 1971.

2 Es ist nicht einmal sicher, ob die übliche Semantik des Wortes I gehalten werden kann, die es graphologisch vom Bild der Eidechse ableitet, also dem beweglichen, sich wandelnden Tier; Forschungen an neu zutage getretenem Material scheinen zu ergeben, daß das Wort semantisch eher vom Begriff des Festen und Geraden, damit freilich auch des Richtungweisenden, abgeleitet ist. Ich verdanke diesen Hinweis meinem Kollegen Erwin Reifler.

in denen die gesellschaftliche Situation Chinas zur Starre neigte, immer wieder die Geister der Kommentatoren beschäftigte, zur Han-Zeit etwa, und dann vor allem in der Sung-Dynastie, als für die Systematisierung sozialer Abhängigkeiten Deckung auch aus der Gedankenwelt des Buches der Wandlungen gesucht wurde. Die frühen Meister der Sung-Philosophie haben ihre Systeme alle auf dieses Buch gegründet und haben dabei jeweils das auch in der Wandlung Stetige in den Vordergrund geschoben. Dschou Dun-i z. B., dem Gründer dieser neuen philosophischen Richtung, erscheint auch die dem Begriff I innewohnende Entwicklungstendenz in hierarchischen Bildern, deren zeitlicher Abfolge eine systematisierte Wertskala entspricht; der höchste Pol emaniert die beiden Grundkräfte *Yang* und *Yin*, aus deren Zusammenwirken ergeben sich die fünf Wandelzustände, und aus deren gegenseitigen Beziehungen die Welt der Existenz[3]. Die Wandlung ist also hier in einem Zeitschema gesehen, das nicht nur geradlinig ist, sondern dem auch starre Regeln eines hierarchischen Gefälles eingebaut sind. Ein derartiges Bild entbehrt nicht der Eindrücklichkeit; daß es sich auf ein System von Abhängigkeiten nichtphilosophischer Art übertragen ließ, um hier das soziale Wesen in Zwang zu nehmen wie dort das geistige, hat dazu beigetragen, der Sung-Philosophie ihren herrschenden Platz in der späteren chinesischen Geschichte zu sichern.

Die Gefahr ist somit deutlich, die die Betonung des Gleichförmigen und Regelrechten, den Ablauf der Wandlung in die Zeit, einschließt. Die Projektion der Wandlung ins statisch »Unwandelbare« schafft sich hier in räumlich geschauten Bildern des Verhältnisses zwischen Oben und Unten Ausdruck. Sie beruht also auf einer Vermischung zweier Kategorien, der der Zeit und der des Raums. Zeitliches will hier räumlich verstanden werden. Ein durch hierarchisches Gefühl beeinflußtes Denken zwingt eine Dimension des Raums der der Zeit auf. Die Herkunft dieses Denkfehlers ist leicht zu begreifen: die Logik einer im Raume leicht herzustellenden Ordnung erweckt den Wunsch, die viel weniger leicht zu ordnende Zeit entsprechend zu beherrschen, was man glaubte,

3 Georg von der Gabelentz, *Thai-kih-thu* des *Tscheu Tse*, Tafel des Urprinzips mit *Tschu Hi's* Commentare, Dresden 1876.

durch Anleihen aus räumlicher Denkweise bewerkstelligen zu können.

Wenn also auch nicht der Begriff der Wandlung selbst, so ist doch das in den 64 Bildern des Buches I Ging niedergelegte Weltbild einer systematischen Ansicht durchaus offen und bedürftig. Der diesem Buch zugrunde liegende Gedanke, daß Fragen durch das dunkle Tor nicht aus der Intuition eines wie immer vorbereiteten Orakelpriesters oder einer Priesterin beantwortet werden, sondern aus einer Sammlung schriftlich niedergelegter Texte, hat nur Gültigkeit, wenn diese Texte in sich geschlossen und erschöpfend sind, wenn, mit anderen Worten, jeder Fragende für jede Frage eine folgeriotige Entsprechung bereit findet. Dieser Gedanke ist noch verhältnismäßig leicht zu vollziehen, wenn man von den Antworten nichts weiter erwartet als eine Wegweisung innerhalb einer bestimmten Kultur zu einer bestimmten Epoche. Es sind schließlich die Schöpfer dieser Kultur gewesen oder zumindest ihnen nahestehende Kreise, die diese Texte niedergelegt haben. Daß aber das I Ging nicht nur ein Handbuch möglicher Situationen und eine Anleitung möglichen Verhaltens für die frühe Dschou-Zeit ist, daß es auch zu anderen Zeiten und von Angehörigen anderer Kulturen mit Erfolg benutzt worden ist, eröffnet einen Aspekt des Buches, der nicht mehr dadurch erklärt werden kann, daß der Schöpfer einer Kultur auch die angebrachte Form des Betragens innerhalb dieser Kultur fixieren kann. Es fällt z. B. auf, daß das I Ging wohl Erinnerungen an Situationen aus der Frühgeschichte der Dschou enthält, soweit diese beispielhaft sind, daß wir aber keine Stellen darin finden, die aus der typischen gesellschaftlichen Struktur der frühen Dschou, dem Dschou-Feudalismus, starre Folgerungen ziehen. Die Situationen sind vielmehr jeweils hinter die zeitliche Erscheinung zurückgeschoben in ein Gebiet, wo sie urbildlichen Charakter tragen, und historische Erinnerungen sind jeweils nur verwendet, um das Urbild zu illustrieren, und nicht, um es an eine bestimmte zeitliche Erscheinungsform zu binden. Das System der Texte stellt sich also als etwas der Zeit Enthobenes, etwas Überzeitliches dar.

Die Frage freilich, wie es denn möglich gewesen sei, ein solches System von Urbildern zu schaffen, das Anspruch auf

Vollständigkeit haben darf, ist damit noch nicht beantwortet. Diese Antwort wird sich heute wohl nicht geben lassen. Ein genaues Eingehen auf die Frühgeschichte der Dschou wäre dazu nötig, deren Entwicklungsstufe zur Zeit der Abfassung der frühen Schichten des Buches einerseits dem blendenden Sternenlicht der Steppenhochebene noch nahestand, und die andererseits erst jüngst eine Spezialisierung ihrer Wirtschaft auf die Agrikultur durchgemacht hatte, und zwar in Umständen, in denen die vertrauende Hingabe an die Natur durch künstliche, kommunal geleitete Bewässerungsanlagen ergänzt werden mußte. Solche Erfahrungen machten sie offen für die primären Folgen menschlicher Existenz. Diese Offenheit ließ sie in unvoreingenommener Weise auch Antworten prüfen, die von außerhalb ihres eigenen Bereiches kamen, aus dem ihnen kulturell weit überlegenen Schang-Reich etwa, das sie bald zu unterwerfen sich anschicken sollten, oder – vielleicht noch wichtiger als dies – aus dem Bereich ihrer südwestlichen Nachbarn im heutigen Tibet[4].

Das urbildliche System des Buches I Ging, das durch die 64 Hexagramme gekennzeichnet ist, hat ein anderer Altmeister der Sung-Philosophie, Schau Yung, der gewöhnlich als der Vater der idealistischen Richtung innerhalb dieser Philosophie angesehen wird, zum Gegenstand eines Gedankenspiels gemacht. Ihn lockte das stufenweise Fortschreiten der Situation innerhalb des Hexagramms, das durch aufeinanderfolgende, ganze oder geteilte Linien ausgedrückt ist, und er versuchte, durch eine Systematisierung dieses Fortschreitens der einzelnen Hexagramme ein neues »natürliches« System aller 64 herzustellen. Das Element seiner Analyse waren eben jene ganzen und geteilten – Yang und Yin – Linien, aus denen er, zunächst bildhaft angeschaut, das einzelne Hexagramm und damit sein neues System der Hexagramme zusammenbaut. Er geht von der einzelnen Linie aus und gewinnt damit den Grundstrich des Einzelhexagramms und eine Zweiteilung des Gesamtsystems:

⚊ ⚋

4 Der Hinweis, daß das Buch der Wandlungen vieles Einflüssen aus dieser Richtung verdankt, ist zuerst von Wolfram Eberhard gemacht worden; siehe Lokalkulturen im alten China, Bd I, Leiden 1942, 290—294. Seine Ausführungen auf diesen Seiten bedürfen wohl noch der Ausarbeitung im einzelnen. Seine These ist nichtsdestoweniger sehr anregend.

Dann fügt er eine weitere Linie hinzu, womit das Einzelzeichen schon an Komplexität und das Gesamtsystem eine Vierteilung gewinnt:

Diese vier, zunächst bildhaft hingesetzten Linienkomplexe laden natürlich auch zu einer inhaltlichen Analyse ein; sie wurden das große Yang, das kleine Yang, das kleine Yin und das große Yin genannt, der unterste Strich bestimmte also jeweils ihren Charakter. Durch Hinzufügung einer weiteren Linie gelangte er zu einer neuen Anordnung der Trigramme und einer Achtteilung des Gesamtsystems:

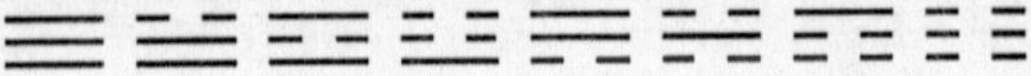

Durch Hinzufügung der vierten Linie ergibt sich das folgende Bild:

usw.

Die fünfte Linie differenziert weiter in:

usw.

Und ist die simultane Fortschreitung bei der letzten Linie angelangt, so stehen die 64 Hexagramme in einer neuen Reihenfolge da:

usw.

bis zu den letzten acht:

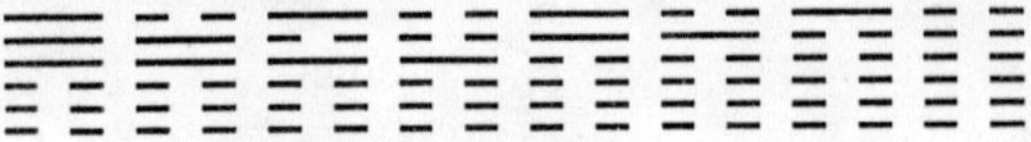

Schau Yung hat dieses neue System in verschiedener Weise angeordnet. Zu der linearen Reihenfolge, die mit Kiën beginnt und mit Kun endet, hat er eine quadratische gefügt, in der acht Reihen von je acht Hexagrammen übereinandergestellt sind, und zwar so, daß das 9., 17., 25. usw. seiner Anordnung über das 1., das 10., 18., 26. usw. über das zweite zu stehen kommen usw. Es stellt sich heraus, daß die waagerechten Reihen dabei jeweils das untere Trigramm gemeinsam haben und die senkrechten jeweils das obere. Schließlich hat er sie dann noch kreisförmig angeordnet, wobei, wenn die zweite Hälfte seiner Reihenfolge auf den Kopf gestellt wird, sich eine Korrespondenz mit der sogenannten Anordnung des »früheren Himmels« der acht Trigramme ergibt[5].

Diese Neu-Strukturierung und Neu-Systematisierung der Hexagramme scheint von einer Bildspekulation ausgegangen zu sein. Es sei aber erwähnt, daß durch diese Hilfskonstruktion Einsichten in den Ort einer durch das Hexagramm gekennzeichneten Situation, in die Bedeutung der Einzellinie und in Affinitäten zwischen verschiedenen Hexagrammen erleichtert erscheinen.

Es war dieser Aspekt des Systems, der dann Leibniz in die Hände fiel. Im Verlaufe seiner Korrespondenz mit Pater Bouvet, einem aus der Gruppe der Jesuiten, die damals am Pekinger Hof tätig waren, schickte ihm dieser eine Tafel mit der quadratischen sowohl wie der kreisförmigen Anordnung von Schau Yung. Leibniz hat der Anblick dieser Tafel zu einer Gleichsetzung angeregt, in der sich einer der erstaunlichsten Parallelismen westlichen und östlichen Geistes manifestiert. Leibniz hatte einige Jahre vorher ein neues Zahlensystem in Gebrauch genommen, das zur erleichterten Berechnung von Tangentialgrößen dienen sollte. Dieses sogenannte binäre System entspricht dem üblichen Dezimalsystem im Prinzip, macht aber nur von zwei Ziffern Gebrauch, der 1 und der 0. Die Zahlenfolge des binären Systems würde also folgendermaßen aussehen:

1
10
11
100
101
110
111
1000 usw.

Für Leibniz bedeutete dieses System mehr als nur eine mathematische Hilfskonstruktion. Für ihn, dem sich die Elemente des Geschehens und die Kategorien des Denkens nicht in Zeit, Raum und Kausalität erschöpften, der vielmehr alle Existenz

5 Siehe S. 247 des 2. Buchs in meines Vaters Übersetzung.

auch unter dem Gesichtspunkt der prästabilierten Harmonie begriff, hatte die Zahl und das Zahlensystem eine mehr als nur abstrakte Bedeutung. Der Zahl und der Zahlenreihe koordinierte sich in seinem weiten Geist harmonisch eine Reihe von Assoziationen, die damit zu verbinden wir verlernt haben. Auch wir benutzen ja Zahlen und Zahlenformeln, um Gesetzmäßigkeiten in der physischen Welt auszudrücken, den Mondlauf etwa oder die Anordnung einer Pflanzenblüte. Leibniz versuchte mehr; er versuchte auch den Gesetzmäßigkeiten geistiger Wahrheiten mit Hilfe von Zahlen auf die Spur zu kommen. Nur wenn sich geistige Realitäten in Zahlen darstellen lassen, so argumentierte er, gewinnen sie eine Überzeugungskraft, die unanfechtbar ist. Seine prästabilierte Harmonie lieh ihm die Grundlage hierfür, und so konnte er unbedenklich in Angriff nehmen, mit der Zahl Begriffe zu assoziieren, die über die physische Welt hinausreichen. Ihm stand in seinem binären Zahlensystem die 1 für die gestaltende Einheit (unité), deren höchster Ausdruck Gott ist, und die 0 für das Nichts des ungestalteten Chaos.
Die Gleichsetzung des binären Zahlensystems mit Schau Yungs Anordnung der 64 Hexagramme vollzog sich in Leibniz' Geist unmittelbar. Er nahm die geteilte Linie der Hexagramme für eine 0, und die ungeteilte für eine 1. Auf diese Weise ergibt sich, wenn man Nullen vor der ersten Stelle mit Zahlenwert nicht mitrechnet, eine lückenlose Korrespondenz der beiden Serien. Diese Korrespondenz ist in zwei Punkten eigenartig. Einerseits mußte Leibniz die 0 zu Hilfe nehmen und an den Anfang seines Systems setzen, noch vor die 1, das also dann folgendermaßen liefe:

0, 1, 10, 11, 100, 101 usw.

Das bedeutet, daß das »Nichts des ungestalteten Chaos«, das an sich genommen im System von Leibniz nicht vorkommt, sondern nur in Relation zur »gestaltenden Einheit«, verabsolutiert und der Einheit noch vorausgesetzt werden mußte. Der Vollzug dieser Setzung ist von einschneidender Bedeutung. Die zweite Eigenart dieser Korrespondenz ist, daß sie umgekehrt und nicht direkt ist. Schau Yungs letztes Zeichen steht an erster Stelle im Leibnizschen System und Schaus erstes an letzter. Dieser zweite Punkt scheint Leibniz nicht bewußt gewesen zu sein; aus den Angaben, die ihm Pater Bouvet an die Hand gab, konnte er Anfang und Ende des chinesischen Systems nicht erschließen. Uns aber erscheint die Tatsache, daß die Korrespondenz eine umgekehrte ist, im Schema der Vergleichung westlichen und östlichen Denkens als spezifisch[6].

Will man Folgerungen aus dieser Leibnizschen Entdeckung ziehen, so könnten sie sich ungefähr dahin formulieren lassen, daß die Hexagramme als Differenzierungen eines harmonischen und systematischen Ganzen keineswegs beliebige Setzungen sind, sondern an folgerichtigen Orten stehen. Sie wären dann nicht zufällige Griffe in eine unzusammenhängende Vielfalt, sondern die ordnenden Positionen eines Sinnzusammenhangs.

Leibniz war sich über die Tragweite solcher Folgerungen durchaus im klaren. Er vermutete, daß sich die Sinnhaftigkeit der Position des einzelnen Hexagramms auch in dessen Namen und dessen Inhalt ausdrücken müsse. (Tatsächlich ist der Text-Sinn der Hexagramme durchaus in Übereinstimmung mit ihrer Linienstruktur.) Ob er jemals Antwort auf Fragen dieser Art bekommen hat, ist zweifelhaft. Und so ist die Leibnizsche Entdeckung im Episodischen steckengeblieben. Sie wirft aber ein klares Licht auf das System des Buchs der Wandlungen, das unter diesem Aspekt ein in der Zeit sich entwickelndes, Schritt für Schritt vordringendes ist. Es mag hinzugefügt werden, daß diese zeitlich geradlinige Fortschreitung die Spekulation eines Schau Yung zur Voraussetzung hat, der die »aposteriorische« Anordnung (die Anordnung des späteren Himmels) des Buchs in eine »apriorische« (Anordnung des früheren Himmels) verkehrte. Daß in der »Anordnung des späteren Himmels« (der aposteriorischen, empirischen) die Zeitrelation von Hexagramm zu Hexagramm verdeckter erscheint als in der des »früheren Himmels« (der apriorischen, logischen), trifft einen Punkt, der den Unterschied zwischen dem unmittelbar erlebten (sinnlich

6 Leibniz hat die Entdeckung dieser Korrespondenz in einer Denkschrift der Pariser Akademie bekanntgemacht (1703 Vol. 3, 85 ff.). Im einzelnen ist über den Briefwechsel zwischen Leibniz und Pater Bouvet gehandelt in: Hellmut Wilhelm, Leibnitz and the I-ching, Collectanea Commissionis Synodalis 16, Peking 1943, 205—219.

wahrgenommenen) und dem abstrahierten (mathematischen) Zeitbegriff klarmacht. Der letztere ist im System des Buchs der Wandlungen, verdeckt, auch enthalten; der Orakelsuchende überläßt ihn aber willig logischen Spekulanten und konzentriert sich auf die im gezogenen Zeichen zutage tretende erlebte Zeitsituation.

Das Problem freilich, wie denn nun eigentlich ein Orakel zustande kommt, wie einer gestellten Frage sich aus dem Text des Buchs die richtige Antwort koordiniert, kann nur auf Grund der Annahme eines Systems gelöst werden. Ohne ein solches wäre die Synchronizität von Antwort und Frage, wenn nicht gar ein Spiel des Zufalls, so doch über das Vage nicht hinausreichend. Der Orakelsuchende mag sich mit einer vagen Harmonie hier durchaus zufriedengeben, wenn anders die Antwort seine Frage trifft; die Institution des Orakels aber bedarf eines festeren Grundes. Wo diese Ordnung gesucht wird, ist von geringerem Gewicht, als daß sie besteht. Man kann sie unter der Leibnizschen Kategorie der prästabilierten Harmonie ansehen, unter der die harmonische Gleichordnung des Geschehens als feststehend angenommen wird, oder man kann sich seine Idee zu eigen machen, daß allen Wahrheiten, nicht nur denen der physischen Welt, Gesetzmäßigkeiten zugrunde liegen, die sich in Zahlen sollten ausdrücken lassen.

Wir verdanken Wang Fu-dschï[7] eine Grundlegung des Orakelwesens, die sich mehr in den Bahnen der zweiten Möglichkeit bewegt. Als Prämisse nimmt er ein geordnetes Kontinuum aller Existenz an, das in sich gesetzmäßig und allumfassend ist. Dieses Kontinuum »entbehrt der Erscheinung«, ist also sinnlicher Wahrnehmung nicht unmittelbar zugänglich. Durch die der Existenz innewohnenden Dynamik aber differenzieren sich aus diesem Kontinuum Bilder, die in ihrer Struktur und ihrer Position an der Gesetzmäßigkeit des Kontinuums teilhaben, also sozusagen Individuationen aus diesem Kontinuum sind. Diese Bilder, eben die 64 Situationen des Buchs der Wandlungen, können einerseits wahrgenommen und erlebt werden und sind andererseits, als Verkörperungen des Gesetzes und damit gesetzmäßig, auch der theoretischen Spekulation offen. Damit rücken sie in das Spielfeld

7 1619—1692.

der Zahl und können als gesetzmäßige Objekte der Theorie zahlenmäßig strukturiert und angeordnet werden. Jede Situation ist also einer doppelten Erfassung offen: unmittelbar erlebnismäßig als Folge der Dynamik der Existenz und durch theoretische Spekulation als Folge der Kontinuierlichkeit und Gesetzmäßigkeit der Existenz. Das eine mit dem anderen in Einklang zu bringen, d. h. einer sich aus unmittelbarem differenziertem Erleben ergebenden Frage, die theoretisch richtige – und einzig richtige – Antwort zu koordinieren, ist der Sinn des Orakels. Der Fragende erhält damit Zugang zu dem theoretisch fixierten Aspekt seiner eigenen Situation und, durch Hinweis auf die unter diesem Aspekt im Buch der Wandlungen aufgezeichneten Texte, Rat und Leitung aus den Erfahrungen früherer Generationen und den Einsichten großer Meister. Die durch das Orakel aufgedeckte Synchronizität ist also nichts weiter als die Erfassung zweier verschiedener Erfahrungsweisen desselben Tatbestands.

Diese – hier etwas ausgeführte – Erklärung des Wang Fudschï ist seither in China ziemlich allgemein akzeptiert worden. Uns mag an ihr verschiedenes beunruhigen. Zunächst mag es beunruhigend erscheinen, daß diese Erklärung etwa zweitausend Jahre nach Fertigstellung des Buchs der Wandlungen ersonnen worden ist. Doch kann in diesem Zusammenhang an einen Ausspruch von Kungfutse erinnert werden, der einmal ausrief: »Wenn mir der Sinn des großen Opfers bekannt wäre, so könnte ich die Welt regieren, als läge sie auf meiner flachen Hand[8].« Das offenbar sehr komplizierte große Opfer bestand und hatte zweifellos einen Sinn, nach der Vermutung des Kungfutse sogar einen, der, wenn bekannt, die Weltordnung zu erhellen imstande gewesen wäre. Und doch war dieser Sinn nicht bekannt. Denn wenn irgend jemand, so hätte ihn wohl Kungfutse gewußt, der wie niemand sonst in seiner Zeit sich für Form und Bedeutung der Riten interessierte. Ähnliche Beispiele ließen sich auch aus anderen Kulturen beibringen. Es scheint der Fall zu sein, daß soziale Institutionen entstehen und wachsen und dabei der Bedeutung ihrer Funktion gerecht werden, ohne daß diese Bedeutung notwendig bekannt oder die Institution auf Grund dieser Bedeutung ausgedacht worden wäre. Und so

8 *Lun-yü* 3, 11; R. Wilhelms Übersetzung, 21. Tsd. 1971, S. 53.

braucht es nicht störend zu wirken, wenn diese Bedeutung nachträglich aus Form und Funktion der Institution herausanalysiert wird.

Dies hilft jedoch noch nicht über die Schwierigkeit hinweg, daß mit Hilfe von Zahlen und Zahlenformeln, die durch Münzenwurf oder die Manipulation von Schafgarbenstengeln herausgefunden werden, ein Sinnzusammenhang aufgedeckt werden soll, der das eigene Schicksal in der Zeit fixiert und in seiner Entwicklung erhellt. Daß es ein Wurf von Münzen oder die Teilung eines Bündels von Schafgarbenstengeln ist, durch den dieses erreicht werden soll, scheint uns den Prozeß des Orakels doch wieder in das Gebiet des »Zufälligen« zu verweisen. Uns wird es schwer zu verstehen, daß auf scheinbar so mechanische Weise eine echte Synchronizität festgestellt werden könne.

Die rationale Schwierigkeit, die sich hinter diesem Zweifel verbirgt, ist selbstverständlich auch Wang Fu-dschï bewußt gewesen. Für ihn sind Zahl und Zahlformel Werkzeug, und die Art, wie sie erreicht werden, Methode. Unrecht gehandhabt, kann natürlich mit dieser Methode das Gesetz ebenso leicht verwirrt wie enthüllt werden. Es bedarf noch eines weiteren, das einen erst in die Lage versetzt, Werkzeuge und Methode richtig anzuwenden. Dieses weitere ist nicht mehr etwas, das rational beliebig bewirkt und herbeigeführt werden kann, es ist eine Haltung, aus der allein Werkzeug und Methode wirkungsvoll eingesetzt werden. Die moderne Psychologie beschreibt ja auch die Haltung, aus der heraus sich eine Synchronizität erfassen läßt. Eine Offenheit für solche Zusammenhänge muß gegeben sein. Im Unterschied zu diesen Beschreibungen stellt Wang Fu-dschï fest, daß die erforderte Haltung die Wahrhaftigkeit ist. »Nur der höchst Wahrhaftige«, sagt er, »kann dieses Gesetz erfassen; auf diese Offenbarung gestützt, kann er die Symbole begreifen, und dann kann er aus kleinen Äußerungen die Vorbedeutungen ersehen[9].«

Also nur dem Wahrhaftigen offenbart sich das Gesetz, nur er kann den Zusammenhang erfassen, der zwischen Erleben und dem Sinn des Erlebten besteht, nur ihm ist es gegeben, die Methode so zu handhaben, daß er die Tendenzen des Ge-

9 Hellmut Wilhelm, *Die Wandlung*, Peking 1944, S. 147—148.

schehens aus kleinen Äußerungen ablesen kann. Dazu ist keine besondere Weisheit nötig und keine besondere Erfahrung, es ist nicht das Vorrecht einer privilegierten oder besonders ausgebildeten Gruppe, kein Priester macht sich zum Verwalter oder Deuter menschlichen Geschicks, keine mystische Versenkung ist die Brücke zu geheimnisvoller Schau. Alles, was verlangt wird, ist Wahrhaftigkeit, die Bereitschaft, die Dinge so zu sehen, wie sie sind, die Haltung, die sich selbst und anderen nichts vormacht und sich nicht hinter landläufigen oder ausgeklügelten Rationalisierungen verbirgt. Mit dieser gespannten Offenheit für die Realität des Geschehens verwandeln sich Werkzeug und Methode in das Mittel, Erleben und Sinn, Gegenwart und Zukunft in Harmonie zu bringen.

Das bedeutet nun freilich nicht, daß es ratsam wäre, Werkzeug und Methode außer Spiel zu lassen. Denn wie gesagt, die Zahl ist diejenige der Äußerungen des Gesetzes, in denen es faßbar ist. Die 64 Hexagramme sind aus Linien aufgebaut, die Zahlbedeutungen haben. Und die Methode, die Hexagramme auszulosen, wählt wieder den Weg über die Zahl. In dieser Methode selbst sind gewisse grundlegende Einsichten in das Wesen der Existenz und der Entwicklung eingebaut, die wieder durch Zahlen und die Häufigkeit einer möglichen Zahlenkombination ausgedrückt werden. Diese Einsichten sind in beiden der angewandten Methoden, dem Münzwurf und der Schafgarbe, enthalten, in der ersten in etwas gröberer Form und in der zweiten sehr wesentlich verfeinert. Eine Zusammenstellung der möglichen Ergebnisse des Wurfs der drei Münzen, bei dem, wie bekannt, die Schriftseite als zwei und die andere Seite als drei gezählt wird, macht das Gesagte klar. Die acht verschiedenen Möglichkeiten, die bei einem Wurf herauskommen können, verteilen sich auf die Linienzahlen folgendermaßen:

6 (sich wandelnde Yin-Linie): 1
7 (ruhende Yang-Linie) : 3
8 (ruhende Yin-Linie) : 3
9 (sich wandelnde Yang-Linie) : 1

In diesen Möglichkeiten liegen gewisse Wahrscheinlichkeitstendenzen des Ergebnisses. Die Wahrscheinlichkeit, eine ruhende Linie zu werfen, verhält sich zu einer sich wandelnden

wie drei zu eins. Die Wahrscheinlichkeiten der Yin- und Yang-Linien verhalten sich wie eins zu eins.
Ein sehr viel verfeinerteres Gesetz der Wahrscheinlichkeit ist jedoch in der Methode der Schafgarbe enthalten. Die möglichen Ergebnisse für eine Linie sind hier nicht acht, sondern 64, die sich auf die Linienzahlen folgendermaßen verteilen:

6:4
7:20
8:28
9:12

Auch hier verläßt sich die Wahrscheinlichkeit einer Yang-Linie (20 + 12) und einer Yin-Linie (28 + 4) wie eins zu eins, und das Verhältnis der ruhenden Linien (20 + 28) und der sich wandelnden (4 + 12) wie drei zu eins; aber eine weitere Wahrscheinlichkeit ist in diese Methode eingebaut, daß nämlich Ruhe und Wandlung sich verschieden auf Yin und Yang verteilen, und zwar so, daß das Yang der Wandlung in höherem Maße zugeneigt ist (3:5) als das Yin (1:7).

II

Als Einführung in die Art, wie der Zeitaspekt in den Texten des Buchs der Wandlungen zum Ausdruck gebracht ist und wie er in den dort gezeichneten Situationen wirkt, mögen hier zwei Zitate gegeben werden, die das besondere des Zeitelements deutlich machen. Das erste ist dem 4. Hexagramm, Mong, die Jugendtorheit, entnommen, wo es im Urteil, sehr zum Ärger der Alten und Weisen, heißt:

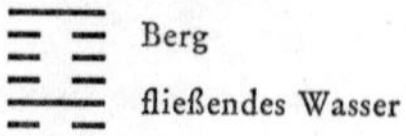

Jugendtorheit hat Gelingen.

Der Tuan-Kommentar erläutert diesen Satz mit den Worten:

Daß es ihm in seinem Handeln gelingt, kommt davon her, daß er die Zeit (ins Zentrum) trifft[10].

Der Erfolg der Handlungen des jugendlichen Toren wird also hier dem Umstand zugeschrieben, daß er in besserem Einvernehmen mit der Zeit ist als die Alten und Weisen, denen Erfahrungen und Dogmen in dieser Beziehung hinderlich im Weg stehen mögen. Die spontane, unreflektierte Haltung setzt den jugendlichen Toren in die Lage, sich im Herzen (Zentrum) der Zeit zu halten. Und das Zeitelement dieser Situation ist ein solch starker Faktor in ihrem Ablauf, daß selbst die Torheit der Jugend dies in seiner Wirkung nicht aufheben kann. (Die Texte zu diesem Hexagramm machen völlig klar, daß es sich hier nicht um ein junges Genie, sondern wirklich um einen Toren handelt.)
Das zweite Zitat ist dem 63. Hexagramm, nach der Vollendung, entnommen.

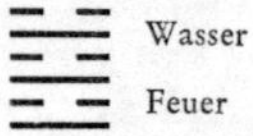

Dort ist unter der 9 auf 5. Platz eine Situation gezeichnet, die ähnlich auch in den Religionen anderer Kulturen vorkommt, daß nämlich der Nachbar im Osten, der einen Ochsen schlachtet, nicht so viel wirkliches Glück bekommt wie der Nachbar im Westen mit seinem kleinen Opfer. Der Bildkommentar zu diesem Text besagt:

Der östliche Nachbar, der einen Ochsen schlachtet, ist nicht so zeitgemäß wie der westliche Nachbar.

Diese Erklärung ist überraschend. Der verschiedene Erfolg ist nicht, wie etwa sonst, von der Gesinnung des Opfernden, sondern von der Zeitgemäßheit des Opfers abgeleitet. Dies wirft nicht nur Licht auf die Institution des Opfers überhaupt und auf die Haltung des Opfernden, sondern wiederum auf den Zeitfaktor einer gegebenen Situation.
Der Zeitbegriff, der uns aus diesen Zitaten entgegentritt, ist sehr konkret. Die Zeit ist hier unmittelbar erlebt und wahrgenommen, nicht lediglich das Prinzip abstrakter Fortschreitung, sondern erfüllt in jedem ihrer Abschnitte, und ein wirk-

10 Ich folge im allgemeinen der Übersetzung meines Vaters. Wo es die Verdeutlichung hier erörterter Tatbestände erforderte, habe ich sie verschärft.

sames Agens, in dem nicht nur die Wirklichkeit sich vollzieht, sondern das auf die Wirklichkeit vollendend einwirkt. Ebenso wie der Raum sich dem konkreten Verstand nicht nur als ein Ausdehnungsschema darstellt, sondern angefüllt ist mit Hügeln, Seen und Flächen, in jedem seiner Teile anderen Möglichkeiten offen, so ist auch die Zeit hier als etwas Erfülltes begriffen, trächtig mit Möglichkeiten, die verschieden sind in ihren verschiedenen Augenblicken, und die das Geschehen gleichsam magisch herausfordern und bestätigen. Die Zeit ist hier mit Attributen versehen, zu denen sich das Geschehen in ein Verhältnis von Richtig oder Falsch, Günstig oder Ungünstig stellt.

Ein abstrakterer Zeitbegriff war im China jener Periode durchaus nicht unbekannt. Spätestens als die jüngeren Schichten des Buchs der Wandlungen entstanden sind, aus denen die eben angezogenen Kommentare stammen, wurde mit einem mathematisch-astronomischen Zeitbegriff gearbeitet, der zur Grundlage einer hochentwickelten Kalenderwissenschaft diente; und auch ein Raum-Zeit-Schema, in dem die Zeit als eine der Koordinaten der Ausdehnung angesehen ist, ist belegt[11]. Demgegenüber hält sich das Buch der Wandlungen von solchen theoretischen Zeitbegriffen frei und operiert mit dem Wort Zeit, Schï, in einer Weise, die seiner Herkunft noch viel näher ist. Das Wort bedeutet ursprünglich die Saatzeit, dann die Jahreszeit überhaupt (vgl. frz.: saison, lat.: satio). In seiner Frühform ist es zusammengesetzt aus der Fußsohle (lat.: planta) über einer Maßeinheit[12]. Auch in China hat die Fußsohle semantisch mit dem Pflanzen zu tun, und so bedeutet das Wort einen für eine bestimmte Tätigkeit vorgesehenen Zeitabschnitt und ist von hier auf die vier Jahreszeiten übertragen, die alle in entsprechender Weise regelmäßig mit gewissen Handlungen angefüllt sind, und dann erst auf die Zeit im allgemeinen. In der Bedeutung Jahreszeit ist das Wort im Buch der Wandlungen häufig benützt, und viele der charakteristischen Attribute der Zeit stammen aus dieser Erbschaft.

11 Siehe Ed. Erkes in Sinologica 2 (1949) 2, 132 n. Eine ähnliche Stelle findet sich schon bei *Schï-dsï,* einem Mann des 4. Jh. v. Chr., siehe Suns Ausgabe 2, 50.

12 Auch diesen Hinweis verdanke ich Erwin Reifler.

So ist z. B. mehrfach von den Jahreszeiten gesagt, daß sie sich nicht irren[13] und daß daher der große Mann in seiner Folgerichtigkeit sie zum Vorbild nimmt[14]. Zwei ihrer wichtigsten Merkmale erhalten sie von der gegliederten Umwälzung von Himmel und Erde[15]. Hieraus ergibt sich einerseits die unablässige Veränderlichkeit, andererseits auch der folgerichtige Zusammenhang. In der Großen Abhandlung ist das so ausgedrückt:

> Es gibt nichts Veränderlicheres und nichts Zusammenhängenderes als die vier Jahreszeiten[16].

und:

> Die Veränderungen und Zusammenhänge entsprechen (wörtl.: sind zugeordnet) den vier Jahreszeiten[17].

Die Veränderung ist nicht nur etwas, das mit ihnen oder in ihnen geschieht, sondern das auch auf das Geschehen einwirkt:

> Die vier Jahreszeiten verändern und gestalten und können dadurch dauernd vollenden[18].

Die Zeit in ihrem Verhältnis zum formativen Prozeß ist dann im einzelnen abgehandelt im Tuan-Kommentar zu 22, Bi, die Anmut:

> ... Das ist die Form des Himmels[19]. Formvoll, klar und ruhig (wörtl.: fähig zurückzuhalten): das ist die Form der Menschen. Wenn man die Form des Himmels betrachtet, so kann man daraus die Veränderung der Zeit erforschen. Wenn man die Formen der Menschen betrachtet, so kann man die Welt gestalten.

13 Tuan-Kommentar zu 16, *Yü,* Die Begeisterung, und zu 20, *Guan,* Die Betrachtung.

14 *Wen-yen* zu 1, *Kiën,* Das Schöpferische, 9 auf 5. Platz.

15 Tuan-Kommentar zu 49, *Go,* Die Umwälzung: »Himmel und Erde bewirken Umwälzung, und die vier Jahreszeiten vollenden sich dadurch.« Ders. zu 60 *Dsië,* Die Beschränkung: »Himmel und Erde haben ihre Gliederung, und die vier Jahreszeiten kommen dadurch zustande.«

16 I. II. 7.

17 I. 6. 3.

18 Tuan-Kommentar zu 32, *Heng,* Die Dauer.

19 Der Satz, der besagen würde, was die Form des Himmels sei, ist verloren gegangen. *Wang Bi* ergänzt: »Das Feste und das Weiche verbinden sich abwechselnd.«

Sehr aufschlußreich ist dann die Stelle, ebenfalls im Wen Yen zur 9 auf 5. Platz des ersten Hexagramms, die das Verhältnis des großen Mannes zum Himmel (der Natur) und zur Zeit darstellte:

> Wo er (der große Mann) dem Himmel zuvorkommt (siën-tiën: im Apriorischen, Theoretischen), *da straft ihn der Himmel nicht Lügen;* wo er dem Himmel nachfolgt (hou-tiën: im Aposteriorischen, Empirischen), da richtet er sich nach der Zeit des Himmels (wörtl.: *empfängt er vom Himmel die Zeit).*

Die natürliche Gebundenheit des Begriffs der Zeit, die in ständigem Wechsel den Zusammenhang mit sich selbst nicht verliert, ergibt sich aus diesen Stellen deutlich. Auch ihr konkreter und formativer Charakter, demzufolge sie bestimmten Situationen angepaßt ist und sie hervorruft, läßt sich ersehen.

Allerdings sind all diese Zitate den späteren Schichten des Buchs der Wandlungen entnommen. In den früheren Schichten ist dieser Zeitbegriff implicite auch enthalten, aber das Wort ist nur einmal benützt und nirgends explicite definiert.

Die einzige Stelle der früheren Schichten, in der das Wort Zeit vorkommt, findet sich im 54. Hexagramm, Gui-me, Das

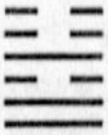

Donner
See

heiratende Mädchen, einem Hexagramm, das merkwürdig voll ist von Fangstricken und Fallgruben. Das Urteil zu dieser Situation lautet seltsamerweise:

> Unternehmungen bringen Unheil; nichts, das fördernd wäre.

Und der Bildtext besagt:

> So erkennt der Edle durch die Ewigkeit des Endes das Vergängliche.

Und auch die einzelnen Linien zeigen wenig erfreuliche Aspekte. Es spricht für die geistige Unabhängigkeit der Verfasser dieses Buches, daß sie ihre Texte nicht nach von gesellschaftlichen Institutionen ihrer Epoche Gefordertem formulierten, sondern, in völliger Unabhängigkeit von dem in einer bestimmten Periode sittlich Gebotenen, eine Situation so darstellten, wie sie wirklich ist. So erscheint der einzige Lichtblick hier in der 9 auf 4. Platz, die das Mädchen schildert, das zu spät zur Hochzeit kommt:

> Das heiratende Mädchen verzögert die Frist. Eine späte Heirat kommt zu ihrer Zeit (wörtl.: hat ihre rechte Zeit).

Wir können diese energische Person beglückwünschen, die eine Ehe nicht eingehen will, nur weil sie den Gepflogenheiten entspricht, und statt dessen lieber wartet, bis die »rechte Zeit« ihr die Grundlage zu einer wirklichen Ehe bietet[20]. Diesem Linientext könnte man noch zwei Bildtexte hinzufügen, die, wenn auch späteren Datums, doch vielfach der ursprünglichen Situation in ihren Formulierungen sehr nahe kommen. Der eine ist der des Hexagramms 25, Wu-wang, Die Unschuld:

Himmel
Donner

> Die alten Könige nährten alle Wesen, in Üppigkeit es den Zeiten gleichtuend.

Die Erklärung dieses Satzes liegt wohl darin, daß der Zustand naiver Unschuld etwas durchaus Zweischneidiges an sich hat, da er allzuleicht verloren werden kann[21]. So sagt der Tuan-Kommentar unter anderem:

> Wenn die Unschuld erst weg ist, wohin will man dann gehen? Wenn der Wille des Himmels einen nicht schützt, kann man da etwas machen?

20 Vergleiche auch den Bildkommentar zu dieser Linie und meines Vaters Bemerkungen, 3. Buch, S. 590. Der Bildkommentar ist auch in einer anderen Lesart überliefert, die sich übersetzen ließe: »Entschlossen, die Frist zu versäumen, wird sie erst gehen, wenn die rechte Zeit da ist.« Für die Bedeutung des Wortes *schï* = Zeit mag es bezeichnend sein, daß es hier und auch noch in einer Lesart einer anderen Stelle (Hex. 39, Bildkommentar zu Anfang 6) mit dem Wort *dai* = warten austauschbar erscheint.

21 Dies wird besonders deutlich bei der 6 auf 3. Platz, wo jemand eine in aller Unschuld angebundene Kuh in aller Unschuld mitlaufen läßt, was der Linientext ein unverschuldetes Unglück nennt. Auch hier sehen wir den Verfasser des Textes frei von jeder bürgerlichen Besitzmoral. Er fährt fort: »Des Wanderers Gewinn ist des Bürgers Verlust.«

Und der Kommentar Vermischte Zeichen fügt hinzu:

> Die Unschuld ist eine Katastrophe.

Sich in der labilen Situation der Unschuld zu halten, ist offenbar für ein so hinfälliges Wesen wie den Menschen nicht einfach. Wessen Position dies verlangt, kann das wohl nur durch üppiges Nähren aller Wesen, der Gerechten wie der Ungerechten, ebenso wie die blinden Zeiten frei sind von Bevorzugungen und Benachteiligungen.

Ein weiterer Bildtext, der den Zeitbegriff in ein neues Licht rückt, findet sich im 49. Hexagramm, Go, Die Umwälzung. Dieses Hexagramm enthält viele Erinnerungen an die Zeit, als die Dschou die Herrschaft übernahmen. Es ist davon die

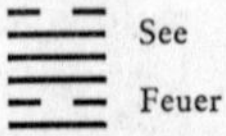

Rede, daß es heilbringend ist, die Staatsordnung zu wechseln (9 auf 4. Platz), und daß es in einer solchen Situation nicht einmal notwendig ist, auf das Orakel zu warten (9 auf 5. Platz)[22]. Der Bildtext zu diesem Hexagramm heißt:

> Der Edle macht durch Ordnung des Kalenders die Zeiten klar.

Hier ist also der natürliche Zeitbegriff mit dem mathematisch-astronomischen gekoppelt. Auf diese Weise kann den Menschen die Zeit klargemacht werden, das heißt, von der formativen Funktion der natürlichen Zeit kann so ein politischer Gebrauch gemacht werden.

Innerhalb der 64 Situationen des Buchs der Wandlungen ist nun das Zeitelement keineswegs immer von gleicher Stärke. Obwohl überall vorhanden und mitbestimmend, gibt es doch Situationen, in denen andere Faktoren so stark im Vordergrund stehen, daß der Zeit überhaupt nicht Erwähnung getan wird. Das Zeitelement anderer Situationen dagegen ist so bedeutungsvoll, daß es auf die Gesamtkonstellation bestimmend einwirkt. In diesen Fällen pflegte der Tuan-Kommentar zu sagen, die Zeit einer bestimmten Situation sei groß.

22 Tatsächlich ist überliefert, daß die Omina ungünstig waren, als König Wu in die große Schlacht zog, die ihm die Herrschaft über das Reich sicherte. Eine andere Überlieferung will, daß die Schildkröte abgeraten habe, die Schafgarbe aber zugestimmt.

Es kann sich so fügen, daß dabei auch die Situation als solche groß oder bedeutend ist. Ein Blick auf die Hexagramme, denen eine solche Bemerkung hinzugefügt ist, zeigt aber, daß das keineswegs notwendig der Fall ist, sondern daß diese Bemerkungen lediglich das Gewicht der Zeitkategorie der Situation hervorheben wollen. Wir finden einen derartigen Satz bei den Hexagrammen 27, I, Die Ernährung; 28, Daguo, Des Großen Übergewicht; 40, Hië, Die Befreiung, und 49, Go, Die Umwälzung.

In anderen Fällen hebt der Tuan-Kommentar einen bestimmten Aspekt des Zeitbegriffes hervor. Mehrfach ist der Sinn der Zeit einer gegebenen Situation groß genannt. Das hier mit Sinn wiedergegebene Wort I zielt nicht so sehr auf den Bedeutungsinhalt im allgemeinen, sondern auf die normative Bedeutung. Die Zeit hat hier die Kraft eines Urteils, durch das gewisse Verhältnisse entschieden werden, so daß es bindet wie ein Gesetz. Eine solche Aussage findet sich bei den Hexagrammen 17, Sui, Die Nachfolge; 33, Dun, Der Rückzug; 44, Gou, Das Entgegenkommen, und 56, Lü, Der Wanderer, also lauter Situationen, in denen auf gut Glück (for better or worse) »das Haus des Vaters verlassen« worden ist.

Dann ist wieder auf die praktische Wirkung der Zeit abgestellt, und diese ist groß genannt, besonders bei einigen, nicht allen, widrigen Verhältnissen, wie den Hexagrammen 29, Kan, Das Abgründige, die Gefahr; 38, Kui, Der Gegensatz, und 39, Giën, Das Hemmnis.

Das Verhältnis, in dem die Person zu einer so begriffenen Zeit steht, kann Aufgabe sein oder Fügung. Das heißt, daß man sich in gewissen Situationen zur Zeit richtig (oder falsch) stellen kann, in andern aber die Zeit als Schicksal hinnehmen muß. Das vorteilhafteste Verhältnis zu der Zeit ist natürlich das der Harmonie. In Situationen, in denen man sich im Einklang mit der Zeit befindet, sind die Maximen des Handelns gegeben oder doch leicht zu befolgen. Oben schon wurden Fälle gezeigt, in denen man sich in der Zeit befindet oder die rechte Zeit (gleichsam in Besitz) hat. In diesen Fällen stellt sich der Erfolg von selbst ein, oder wenigstens wird es nicht schwer, »mit der Zeit zu gehen«, »im Einvernehmen mit der Zeit zu wirken«, »zeitgemäß zu handeln«. Das Musterbeispiel für diese Situationen ist in einem Ausspruch des

Wen Yen-Kommentars zum 2. Hexagramm, Kun, Das Empfangende, enthalten:

> Der Weg des Empfangenden, wie hingebend ist er! Es nimmt den Himmel in sich auf und wirkt mit seiner Zeit.

Ähnlich einfach ist die Situation in den Fällen der Hexagramme 41 und 42, Sun und *I*, Minderung und Mehrung, wo der Tuan-Kommentar lautet:

> Der Weg der Mehrung aller Orten geht mit der Zeit harmonisch fort.

und:

> Das Mindern und Mehren, im Vollsein und Leersein, wirkt in Harmonie mit der Zeit[23].

Etwas mehr persönliche Initiative ist erfordert im Fall des 14. Hexagramms Da Yu, Der Besitz von Großem. Auch dies ist eine zeitlich gesegnete Situation, die aber nur durch eigene Haltung voll ausgenützt werden kann. Hier sagt der Tuan-Kommentar:

> Er entspricht dem Himmel und geht mit der Zeit, darum hat er erhabenes Gelingen.

Auch weniger glückverheißende Situationen können durch ihr Zeitelement und durch eine zeitlich richtige (zeitige) Haltung so beeinflußt werden, daß Heil, ja großes Heil resultiert. Dies ist zum Beispiel der Fall im 62. Hexagramm, Siau Go, Des Kleinen Übergewicht, einer Übergangssituation, die durch kleine Dinge (Mörser und Stößel) herbeigeführt wird, und die der Urteilstext u. a. folgendermaßen charakterisiert:

> Der fliegende Vogel bringt die Botschaft: es ist nicht gut, nach oben zu streben, es ist gut, unten zu bleiben. Großes Heil

wozu der Tuan-Kommentar bemerkt:

23 Hier ist noch viel von dem jahreszeitlichen Charakter des Wortes Zeit aufbewahrt. Vgl. aber den vorhergehenden Passus: »Zwei kleine Schüsselchen (die man zum Opfer benützt) entsprechen der Zeit (wörtl.: haben ihre rechte Zeit).« Und: »Das Feste zu mindern und das Weiche zu mehren, hat seine Zeit.«

> Beim Übergang gefördert werden durch Beharrlichkeit, kommt davon her, daß man mit der Zeit geht.

Selbst äußerlich noch nachteiliger erscheinende Situationen können wiederum zum mindesten unter Mitwirkung des Zeitelementes zum Gelingen gebracht werden, wie zum Beispiel im 33. Hexagramm, Dun, Der Rückzug, wo das Urteil trotz der Widrigkeit der Verhältnisse Gelingen verspricht, was der Tuan-Kommentar erklärt:

> Das Feste ist auf gebührendem Platz und hat Entsprechung: er geht mit der Zeit.

Sich im Einklang mit der Zeit zu halten, bedarf aber oft noch größerer Anstrengungen. Zweimal innerhalb des ersten Hexagramms, Kiën, Das Schöpferische, ist eine Situation geschildert, wo nur unter Aufbietung aller Kräfte dieser Einklang bewahrt oder herbeigeführt werden kann. Bei der 9 auf 3. Platz, der Zeit der ersten Wirkung des schöpferischen Mannes, lautet der Linientext:

> Der Edle ist den ganzen Tag schöpferisch tätig. Des Abends noch ist er voll innerer Sorge. Gefahr. Kein Makel

wozu eine Stelle des Wen Yen-Kommentars bemerkt:

> Den ganzen Tag ist er schöpferisch tätig, um in Harmonie mit der Zeit zu wirken.

Die Bewußtheit der Verantwortung, die sich darüber im klaren ist, daß in solchen Situationen auch ein schöpferisches Genie nur im Einklang mit der Zeit wirken kann, drückt sich in all dieser inneren Sorge aus.

Selbst auf der folgenden Entwicklungsstufe desselben Hexagramms, deren Linientext heißt:

> Schwankender Aufschwung über die Tiefe. Kein Makel

ist der Zeitfaktor von äußerster Bedeutung, und immer noch ist angespannte Arbeit nötig, um mit der Zeit Schritt zu halten. Allerdings ist hier eine Bemühung anderer Art geboten. Während bei der 9 auf 3. Platz äußeres Wirken erfordert war, ist es hier die Arbeit an sich selbst. Der Wen Yen-Kommentar sagt zu dieser Linie:

> Der Edle fördert seinen Charakter und arbeitet an seinem Werk, um mit der Zeit Schritt zu halten.

Man beachte die verschiedene Ausdrucksweise, in der der erstrebte Einklang mit der Zeit bei diesen beiden Linien ausgesprochen ist. Im ersten Fall soll das Wirken einer an sich bestehenden Harmonie mit der Zeit entsprechen, hier aber hat man alle Mühe, um mit der Zeit Schritt zu halten.
Eine Bemerkung der Großen Abhandlung verdeutlicht schließlich noch einen weiteren, höchst dramatischen Fall des zeitigen Wirkens.

Donner
Gefahr

Diese Bemerkung bezieht sich auf die obere 6 des Hexagramms 40, Hie, Die Befreiung, deren Text lautet:

> Der Fürst schießt nach einem Habicht auf hoher Mauer. Er erlegt ihn. Alles ist fördernd.

Dieses Urbild der höchsten und letzten Befreiung veranlaßt die Große Abhandlung, zu sagen:

> Der Edle birgt die Mittel in seiner Person; er wartet die Zeit ab, dann handelt er.

Hier handelt es sich darum, einen genauen Zeitpunkt zu treffen, zu dem allein die Befreiungstat wirkungsvoll vollzogen werden kann, ein Zufrüh oder Zuspät lenkt den Pfeil vom Ziel (der Befreiung, nicht der Erlegung des Habichts). Auf die richtige Zeit warten zu müssen, mag in einer solchen, höchst gespannten Situation schwieriger sein als das erforderte aktive Handeln in den Lagen des Schöpferischen.
Diese Zeitharmonie ist nun freilich nicht etwas, das in allen Fällen besteht oder herbeigeführt werden kann. Das Buch der Wandlungen enthält auch einige Situationen, in denen dies nicht möglich oder nicht erreicht ist, sei es durch die Fügung der Verhältnisse, sei es durch eigene Schuld. Da ist die höchst tragische Anfangssechs des Hexagramms 48, Dsing, Der Brunnen:

Der Schlamm des Brunnens wird nicht getrunken, zu einem alten Brunnen kommen keine Tiere

mit dem Bildkommentar:

Die Zeit hat ihn verworfen.

Die Situation spricht für sich. Die Funktion des Brunnens, lebenspendendes Wasser zu geben, kann mit einem Mal nicht mehr erfüllt werden. Keine persönliche Anstrengung kann daran etwas ändern.
Eine andere Situation ist vielleicht noch tragischer, nämlich die der 9 auf 2. Platz wiederum des 1. Hexagramms, wo das Schöpferische zum erstenmal in Erscheinung tritt, sich aber nicht über das Feld erheben kann, also ohne Erfolg und Antwort bleibt. Auch hier sagt der Wen Yen-Kommentar:

Die Zeit hat ihn verworfen[24].

Hier ist es nicht das Schicksal des erschöpften Alten, sondern des schöpferischen Jungen, daß die Zeit an ihm vorbeigeht. Er muß sich unterordnen, und es ist ihm nicht gegeben, sich über die Gemeinschaft der Menschen zu erheben. Auch diese Situation ist nicht durch eigene Schuld, sondern durch Schicksal gefügt[25].
In einem Fall schreibt der Bildkommentar das Außer-Einklang-Sein mit der Zeit persönlicher Verfehlung zu und spricht von einem »die Zeit versäumen«. Die zugrunde lie-

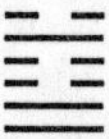

gende Situation findet sich im 60. Hexagramm, Dsië, Die Beschränkung. Es ist dies eines jener Zeichen, unter denen Un-

24 Meines Vaters Übersetzung: »Der Grund ist, daß er zur Zeit noch nicht gebraucht wird«, ist euphemistisch.
25 Man vergleiche hierzu die *Schï-dsï*-Stelle (Suns Ausgabe 2, 174): »Die Wildente heißt *Fu*, die Hausente heißt *Wu*. Ihre Flügel sind zum Fliegen ungeeignet. Wie ein gewöhnlicher Mensch hütet sie den Acker und weiter nichts.«

bequemlichkeiten im allgemeinen vergleichsweise mühelos durchschritten werden oder doch ohne allzu große Nachteile getragen werden[26], namentlich da vorgesehen ist, daß die Beschränkung nicht bitter empfunden wird. Nur zwei der beschränkten Linien sind wirklich unheilvoll, die obere 6, die die Beschränkung bis zur Bitterkeit fortsetzt, wo sie gar nicht mehr nötig ist, und die 9 auf 2. Platz, wo der Linientext heißt:

> Nicht zu Tor und Hof hinausgehen bringt Unheil.

Zu dieser Linie sagt der Bildkommentar:

> Ein solches Versäumen der (rechten) Zeit ist doch die Höhe!

Tatsächlich steht vor dieser Linie das Tor offen, die Linie selbst ist stark und drängt zur Aktivität. Wenn man hier noch Beschränkung übt, so scheint das wirklich, als ob man die Zeit nicht versteht. Dennoch können wir den humorvollen Zorn des Kommentars so ernst nicht nehmen. Denn ein Blick auf das Gesamtzeichen lehrt, wohin man geraten würde, wenn man, dem Drang zur Bewegung folgend, das offene Tor in aller Heiterkeit durchschritte, nämlich in den Abgrund. Wir müssen hier den Kommentar einer gewissen Kurzsichtigkeit anklagen, der da eine Zeitversäumnis rügt, wo jemand das Unheil der Zurückhaltung auf sich nimmt, um nicht vom Strudel des Abgrunds fortgerissen zu werden. Von der Position der Linie allein gesehen, hat der Kommentar freilich recht. Aber er hat hier die Zeit allzu persönlich genommen[27]. Viele, die den Verlockungen einer offenen Tür gefolgt sind, haben dies spüren müssen.

Es wurden im Vorstehenden einige Fälle aufgezählt, in denen das Zeitelement einer Gesamtsituation oder in einer ihrer Stufen tragend oder formend zum Ausdruck kommt. In all diesen Situationen ist die Zeit ein Element unter mehreren, und die höchst komplexe Struktur eines Zeichens wird durch

26 Ein Satz des Tuan-Kommentars besagt: »Beschränkung durch (politische) Institutionen schafft, daß die Güter nicht beeinträchtigt und die Menschen nicht geschädigt werden.«

27 Das ergibt sich auch aus dem Widerspruch der Kernzeichen: *Dschen*, Der Bewegung, deren erste Linie dies ist, steht *Gen*, Das Stillehalten, unmittelbar entgegen.

die Erläuterung des Zeitbegriffs zwar in verschiedenem Grade, aber doch nur teilweise erhellt. Unter den 64 Hexagrammen ist nun eines, von dem der Kommentar Vermischte Zeichen sagt, daß es völlig auf der Zeit beruht. Dies ist das Hexagramm 26, Da Tschu, Des Großen Zähmungskraft. Die urbildliche Situation, von der dieses Zeichen ausgeht, ist die

Das Stillehalten, der Berg

Das Schöpferische, der Himmel

Zähmung der Haustiere Rind und Schwein, also des Herdentiers und des Tiers des niederen Individualismus, das sich in seinem eigenen Kot wälzt. Beide Tiere bedeuten ungezähmt eine Gefahr für Leib und Leben, gezähmt aber sind sie von größter Nützlichkeit, und unerläßliche Hilfe im Aufbau der materiellen Kultur. Das Rind zieht den Pflug und befördert Lasten, das Schwein bereitet den Ackerboden zur Fruchtbarkeit und dient zur Nahrung.

Die Gefahr, die darin liegt, daß diese Tiere ungezähmt herumlaufen, kommt in den ersten drei starken Linien des Zeichens sehr deutlich zum Ausdruck. Das Bewußtsein der Gefahr (die Befürchtung) ist sogar so stark, daß die Leute sich im Waffenschutz üben[28]. Aber es ist, in all ihrer männlichen Kraft, keiner der drei Yang-Linien gegeben, die Gefahr zu bannen und die Tiere zu zähmen. Sie finden es fördernd, abzustehen, geraten gar in hilflose Situationen (die Achslager sind ihnen abgenommen), oder finden es fördernd, nach einem Ausweg zu suchen. Es sind die beiden Yin-Linien auf 4. und 5. Platz, die das Zähmungswerk vollbringen. Die Art des Vorgehens ist dabei verschieden. Dem Rind die Wildheit zu nehmen, ist vergleichsweise leicht. Hier wird in einer Situation gehandelt, noch ehe die Wildheit zum Ausdruck kommt. Dem jungen Stier wird ein Schutzbrett vor die Stirn gebunden, das verhindert, daß sich seine Hörner zur Gefahr auswachsen. Beim Schwein sind schon stärkere Eingriffe nötig. Des Ebers Zahn wird seiner Wildheit beraubt, indem der Eber verschnitten (also in seiner Natur verändert) wird. Beide Operationen gelingen völlig und einzig auf Grund ihrer

28 Dies ist die einzige Stelle in der das Wort *we* = Waffenschutz im Buch der Wandlungen vorkommt. Eine Lesart dieser Stelle lautet: »Es heißt: schließe dich ab und übe dich im Wagenlenken und Waffenschutz.«

Zeitigkeit und schaffen damit Raum für die obere 9, den Himmelsweg[29], die Zeit, wo die Wahrheit wieder im großen wirken kann.

> Der Weg des Empfangenden, wie erfolgreich ist er! Es nimmt den Himmel in sich auf und wirkt mit seiner Zeit.

29 Weg ist hier nicht Tao, sondern der Pfad natürlicher Entwicklung.

DAS SCHÖPFERISCHE PRINZIP

Jedem, der sich mit der geistigen Welt des klassischen China befaßt hat, wird es aufgefallen sein, welch geringe Rolle hier der Mythos spielt. Das klassische China kennt keine echten Mythen. Dies gilt für die gehobene Literatur, deren früheste Schriften, ungleich denen anderer Kulturen, historischen, poetischen, philosophischen oder sozialethischen Inhalt haben; es gilt aber auch, bei all ihrem Reichtum an Märchen und Legenden, für die Folklore. Was es im vorklassischen China an Mythen gegeben hat, ist zertrümmert oder bis zur Unkenntlichkeit umgedeutet. Einige dieser Mythen können wir uns noch aus Resten in verschiedenen Traditionen rekonstruieren, wie etwa die Mythe von Gun, der vom Himmel die Erdscholle stahl, um die Wasserfluten einzudämmen, und dafür dem Tod verfiel. Mit dem Wu-Messer wurde dem Leichnam sein Sohn Yü entnommen, der dann der Bezwinger der Fluten wurde, aber gleichzeitig das große Wasseruntier ist.

Mythen, die noch vorhanden sind, spielen eine ganz andere Rolle als in anderen Kulturen; sie stehen an einem anderen Ort innerhalb des geistigen Gefüges. Die Ban-gu-Mythe mag hier als Beispiel dienen, sie scheint alle Attribute einer kosmogonischen Mythe zu haben. Ban-gu wird gewöhnlich dargestellt als zwergenhafte Gestalt, mit einem Bärenfell oder einem Blätterschurz bekleidet, oft mit zwei Hörnern versehen und Hammer und Meißel in den Händen haltend. Es wird von ihm erzählt, daß er die Welt aus dem Chaos gemeißelt habe, eine Arbeit, die achtzehntausend Jahre währte. Er starb schließlich, um seinem Werk Leben zu geben; aus seinem Kopf wurden die Berge, aus seinem Atem Wind und Wolken, aus seiner Stimme der Donner, aus seinen Gliedern die vier Weltteile, aus seinem Blut die Ströme, aus seinem Fleisch der Erdboden, aus seinem Bart die Sternbilder, aus Haut und Haaren Kräuter und Bäume, aus Zähnen, Knochen und Mark die Metalle und Edelsteine, aus seinem Schweiß der Regen und aus seinen Flöhen und Läusen die Menschen. Es kann aber gezeigt werden, daß diese Mythe spät ist und nicht chinesischen Ursprungs; wichtiger jedoch ist, daß sie im chinesischen Geistesleben eine geringe Rolle spielt. Sie wird erzählt wie ein Märchen und nicht wie eine sakrale Begebenheit, sie hat niemals die impulsive Kraft ausgestrahlt, die von echten sakralen Mythen ausgeht. Sie hat nicht, wie andere Mythen, formgebend auf den Geist der Zeit gewirkt und diesen hervorgerufen. Es ist eine Mythe ohne Wiederkehr.

Unter der Oberfläche der klassischen Welt und neben ihr hat sich vieles im Ritus und Ritual volkstümlicher Religionen und auch im täglichen Leben erhalten, was als ein Niederschlag von frühen Mythen gedeutet werden kann. An Übungen und Gebräuche haben sich Erzählungen geknüpft, die oft wie Mythen aussehen. Doch diese Erzählungen erscheinen mehr als Reflexionen aus dem Gebrauch oder der Sitte, also als konstruiert oder rekonstruiert; und wenn sie auch in gewisser Weise Spiegelungen aus dem Ursprung sind, so sind sie vielleicht gerade noch stark genug, einen Brauch zu tragen oder ein Tabu zu stützen, sie sind aber nicht stark genug, durch Nachformung Neuem den Weg zu öffnen.

Das ist nicht zufällig so. Die klassische chinesische Welt ist von verschiedener Art, sie ist nicht wie die griechische oder die indische, in denen der Mythos eine solch bedeutungsvolle Rolle spielt. Den Schöpfern der klassischen chinesischen Welt war natürlich auch das aus dem Dunkel Herausdringende vertraut. Auch sie saßen wie langbeinige Fliegen über dem Strom, und ihr Geist bewegte sich über dem Schweigen[1]. Die Stimmen des Schweigens, die sie vernahmen, waren nicht etwas, von dem sie weghörten, das sie umdeuteten oder gar unterdrückten. Es war ihnen jedoch klar, daß das dunkle Tor zu Himmeln führen kann oder zu Höllen und daß jede von dort ausgehende Kraft himmlische wie höllische Erscheinungen annehmen kann. Es erwuchs daraus die Erkenntnis, daß es hier einer Klärung bedarf und einer Ordnung, wenn diese Kräfte zeugen und nicht vernichten sollen.

Das Buch der Wandlungen ist ein Versuch, dieser Erkenntnis

1 William Butler Yeats, *Long-legged Fly,* in »Last Poems and Plays«.

gerecht zu werden. Es ist ein Versuch, den gleichen universellen Problemen nahe zu kommen, deren Reflexe in anderen Kulturen zu in Mythologien eingekleideten Einsichten geführt haben; insbesondere ist es ein Versuch, das allgegenwärtige Problem von Dauer und Wandlung, von Sein und Werden einer Lösung näher zu bringen. Die Art, wie die Verfasser des Buchs der Wandlungen dieses Problem angegriffen haben, kann man – es sei eine grobe Verkürzung gestattet – als die Umkehrung dessen auffassen, was die Schau anderer Völker hier beigetragen hat. Den Indern und den frühen Griechen etwa erschien die geschaffene Welt als solche statisch, ruhend, dauernd. Die hereinbrechenden Kräfte, die dieses Dauernde in Bewegung bringen, die Neues schaffen und ständig neuem Werden die Bahnen weisen, sind als Mythen konzipiert, die ihrem Wesen nach stets etwas Erschütterndes, etwas der Ordnung Zuwideres und damit etwas inhärent Tragisches sind. Die Spannkraft zwischen diesen Mythen und der ruhenden Welt ist dabei von solcher Stärke, daß sie nicht nur für den einmaligen erneuernden Akt stehen, sondern richtungweisend künftige Erneuerungen, ja regelmäßige Bewegungen inaugurieren[2]. Sie sind Formulierungen von Urbildern (Archetypen), die, einmal dem Bewußtsein eingefügt, ihre Wirkung erst mit der Desorganisation dieses Bewußtseins verlieren. Der »Sündenfall«, das »Prometheische«, das »Faustische« kommen zu immer wiederkehrendem Durchbruch in einer statisch geordneten Welt; Vischnu ist nicht ein historisch Einmaliger, sondern ein ständig Wiederkehrender.

Demgegenüber entbehrt für die Verfasser des Buchs der Wandlungen die Welt als solche der Dauer und der Ordnung. Sie ist das Zusammenspiel gärender Kräfte, die in ihrer wirren Fülle der Ordnung und der Dauer widersprechen, sie ist eine Welt ungerichteter Dynamik, eine Welt chaotischen Wandels. So sind ihre Fragen nicht auf die Einfügung des Neuen gerichtet, sondern auf die Zähmung des Vorhandenen. Schöpferische Rechtsbrecher und tragische Helden können ihnen nichts bedeuten. Die Spannung zu dieser Welt ungeordneten Wandels bilden so nicht Mythen, sondern die

2 Vgl. Mircea Eliade, *Le mythe de l'éternel retour,* Paris 1949, und Walter Otto, *Gesetz, Urbild und Mythos,* Stuttgart 1951.

Urbilder, als die Ruhepunkte, auf die bezogen Ordnung in das Chaos gebracht werden kann.

Die Autoren des Buchs der Wandlungen haben sich nicht darauf beschränkt, einzelne Bilder aufzustellen; sie sind darüber hinausgegangen und haben ein System von solchen Bildern geschaffen. In diesem System repräsentieren die Bilder Werte. Bestimmte Situationen werden aus dem Chaos herausgegriffen (abstrahiert), ihnen sind bestimmte Werte zugeteilt, und es wird ihnen damit Dauer verliehen. Eine im Chaos (also in der realen Welt) gegebene, zuweilen historische Situation wird bildhaft erschaut und geformt (gebildet), und der ihr innewohnende Wert wird festgestellt (beurteilt) und damit zu einem Pfeiler der Ordnung. Dieses System wertverhafteter Bilder entbehrt allerdings einer Hierarchie. Nicht eine Rangordnung der Werte wird hier geschaffen, sondern eine Verteilung der Werte auf verschiedene Bildsituationen, die an sich untereinander gleichrangig sind. Auf diese Weise erhält sich das System unvoreingenommen und frei bei all seiner Geschlossenheit und seiner Logik.

Diese Logik des Systems ist herbeigeführt durch die Logik der Zahl. Zahlen und Zahlenverbindungen bestimmen die Situationen und die Beziehungen zwischen ihnen. Uns mag zunächst ein durch Zahlen bestimmtes System abstrakt und rational erscheinen und nicht ein geeignetes Instrument, die wirre Fülle der Welt zu erfassen. Daß die Zahl jedoch ein nicht nur Rationales ist, ist eine Erkenntnis, die auch unserer Kultur nicht fremd ist. Leibniz war zutiefst von der Symbolkraft der Zahl überzeugt, und auch neuere Mathematiker sprechen von der mathematischen Schönheit, von der Harmonie der Zahlen und von dem Zauber, der von einem glücklichen Zahlengefüge ausgeht[3]. So werden wir einsehen müssen, daß auch mit Hilfe der Zahl Ordnung in den menschlichen Kosmos gebracht werden kann.

In dem System der Bilder des Buchs der Wandlungen ist der Versuch gemacht, den menschlichen Kosmos zu umschreiben. Daß damit die Welt als solche nicht erschöpft ist, war den Autoren des Buchs der Wandlungen durchaus bewußt. Der

3 Vgl. Henri Poincaré, *Le raisonnement mathématique,* in »Science et Méthode«, Paris 1908; G. H. Hardy, *A mathematician's apology,* Cambridge 1941.

menschliche Kosmos aber sollte dargestellt werden in seiner Gänze und ohne Scheidung zwischen dem hellen und dem dunklen, dem rationalen und dem metarationalen Teil.
In der Großen Abhandlung zum Buch der Wandlungen wird verschiedentlich über die Bedeutung der Bilder gesprochen. In einem Abschnitt heißt es da:

> Der Meister sprach: »Die Schrift kann die Worte nicht restlos ausdrücken. Die Worte können die Gedanken nicht restlos ausdrücken.«
> Dann kann man also die Gedanken der Heiligen nicht erfahren?
> Der Meister sprach: »Die Heiligen stellten die Urbilder auf, um ihre Gedanken restlos auszudrücken.«

Die Urbilder gelten also als ein vollkommenerer Ausdruck der Gedanken als Wort und Schrift. Sie sind von Heiligen aufgestellt, nicht willkürlich erfunden. Wie sich dies vollzog, darüber spricht ein anderer Abschnitt der Großen Abhandlung:

> Darum, was die Urbilder anlangt: Die Heiligen hatten die Fähigkeit, die wirre Fülle unter dem Himmel zu übersehen (wörtlich: sie hatten etwas, womit sie ... übersehen konnten). Und sie bildeten sie nach in der ihr eigenen Form und stellten sie dar in der ihr angemessenen Dinglichkeit. Daher nennt man dies die Urbilder (Darstellungen).

In diesem Satz ist mehreres von Gewicht. Es ist zunächst von Gewicht, daß diese Erkenntnisfähigkeit den Heiligen vorbehalten ist, die allein in der Lage sind, die Dinge zu übersehen und darzustellen in der ihnen eigenen Form. Das Wort, das hier mit »Form« wiedergegeben ist, ist ein chinesischer Doppelbegriff, der sowohl das Geformte bedeutet wie das Formende. Die Form ist also auch Matrix, aus der Nachbildungen geschaffen werden können. Sie ist hier als etwas gesetzt, das nicht nur einer geschauten Erkenntnis Dauer verleiht, sondern das ihr eine Qualität gibt, die zur Nachformung auffordert.
Ein Weiteres ist, daß diese Darstellung eine angemessene sein muß. Das Wort »angemessen« bedeutet das, was recht und

billig ist, was den richtigen Ort bezeichnet und die richtige Funktion. Durch die Darstellung der Urbilder haben wir nicht nur etwas, das nachgeformt werden kann, sondern dessen Nachformung die Garantie gibt, daß man nach der rechten Norm verfährt.

Auf diese Weise werden die Urbilder aufgestellt als Richtpunkte des Geschehens und des Handelns. Das System des Buchs der Wandlungen besteht aus vierundsechzig solchen Bildern, den vierundsechzig Hexagrammen. Das ursprüngliche System der vierundsechzig ist dann reduziert worden in dem Versuch, aus den vierundsechzig Bildern allgemeingültige Gesichtspunkte zu abstrahieren. Diese sogenannten acht Trigramme sind sicher späteren Ursprungs als die vierundsechzig Hexagramme. Sie stellen jedoch eine gültige Abstraktion dar, eine wirkungsvolle Vereinfachung aus dem Gegebenen und nicht ein willkürliches Spiel des Geistes. Beide Serien, die vierundsechzig sowohl wie die acht, werden übrigens in den späteren Schichten des Buchs der Wandlungen »Zeichen« (Gua) genannt, so daß es mitunter Mühe macht festzustellen, ob das Urbild gemeint ist oder die Abstraktion.

Die formative Kraft der Urbilder wird an einer anderen Stelle der Großen Abhandlung sehr deutlich gemacht. Dieser Abschnitt leitet die Schöpfungstaten der Kulturheroen von Urbildern ab, die im System des Buchs der Wandlungen gegeben sind, und beginnt mit der folgenden Einleitung:

> Als zur Urzeit Bau Hi die Welt beherrschte, da blickte er empor und betrachtete die Bilder am Himmel, blickte nieder und betrachtete die Vorgänge auf Erden. Er betrachtete die Zeichnungen der Vögel und Tiere und die Anpassungen an die Orte. Unmittelbar ging er von sich selbst aus, mittelbar ging er von den Dingen aus. So erfand er die acht Zeichen, um mit den Tugenden der lichten Götter in Verbindung zu kommen und aller Wesen Verhältnisse zu ordnen.

In der Fortsetzung wird dann gezeigt, wie aus bestimmten Hexagrammen bestimmte Kulturschöpfungen abgeleitet worden sind, Netze und Reusen etwa für die Jagd und den Fischfang, der Markt als Ort des Warenaustauschs, die Klei-

dung, dann Schiffe und Ruder, die Zähmung von Rind und Pferd, doppelte Tore und Nachtwächter als Schutz gegen Räuber, Stößel und Mörser, Bogen und Pfeil, das Haus, dann die korrekte Art der Bestattung in Särgen und Sarkophagen und als letztes die Schrift als Instrument der Regierung.
Es war oben von der Fähigkeit der Heiligen die Rede, die wirre Fülle unter dem Himmel zu übersehen. Diese Fähigkeit ist definiert an einer anderen Stelle der Großen Abhandlung, in der es heißt:

> Was die Urbilder setzt, heißt das Schöpferische; was sie nachformt, heißt das Empfangende.

Damit wären wir also beim Schöpferischen angelangt. Das Wort Kiën, das hier mit »schöpferisch« übersetzt ist, macht Schwierigkeiten. Es kommt nämlich in dieser prägnanten Bedeutung nur im ersten Hexagramm des Buchs der Wandlungen vor und in Schriften und Kommentaren, die direkt von diesem Hexagramm abgeleitet sind. Das gesamte chinesische Schrifttum kennt das Wort sonst in dieser Bedeutung nicht. In der Aussprache Gan, mit der Bedeutung »trocken«, ist es eines der geläufigsten Wörter und kommt unter anderem auch schon in den frühen Schichten des Buchs der Wandlungen vor. Es sei bemerkt, daß das Trockene von jeher in China als das Symbol des Männlichen galt.
Um der Bedeutung dieses einmaligen Wortes Kiën nahe zu kommen, wird es vielleicht helfen, einen Blick auf die Form des Zeichens zu werfen. Das primäre Element in diesem Zeichen scheint der Radikal 62 gewesen zu sein, der die Fahnenstange bedeutet. In alter Schrift wurde er dargestellt durch eine aufgepflanzte Hellebarde, von der ein Yakschweif flattert. Es war dies das Symbol der Befehlsgewalt im Heer. Zu diesem primären Element sind zwei Bedeutungszusätze hinzugetreten. Das eine ist das Wort für Sonne, aber nicht für die Sonne als Himmelskörper, sondern für die Sonne als Lichtspender, ein Wort, das sich auch in dem Zeichen Yang wiederfindet, einem der beiden Urpinzipien der alten chinesischen Philosophie. Und der zweite Bedeutungszusatz ist das Zeichen für Wasser[4]. Wir haben hier zwei sich widerspre-

4 Meinem Kollegen Erwin Reifler sei für seine Hilfe bei der Analyse dieses Zeichens gedankt.

chende Bedeutungszusätze, die Sonne, die von jeher als Symbol des Männlichen, und das Wasser, das von jeher als Symbol des Weiblichen aufgefaßt worden ist. So haben wir hier eine merkwürdige Ambivalenz in das Zeichen eingebaut, dem dann nichts Menschliches mehr fremd ist.

Das Wort Kiën mit »schöpferisch« zu übersetzen, beruht auf der chinesischen Tradition. Die Erläuterungen früher Kommentare, die sich zum Teil schon in den späteren Schichten des Buchs der Wandlungen finden, scheinen diese Übersetzung zu bestätigen. Verschiedentlich finden wir Sätze wie: »Kiën beginnt alles« oder »Kiën setzt die großen Anfänge«. Das Schöpferische wäre also das, was die Urbilder setzt, zu ihrer Nachformung bedarf es freilich des Empfangenden.

Die Zweischichtigkeit des schöpferischen Vorgangs, in der zur schöpferischen Fähigkeit noch etwas hinzutreten muß, um die Schöpfung zu vollenden, ist im Buch der Wandlungen in mehreren Varianten ausgedrückt. An einer Stelle heißt es:

> Das Schöpferische erkennt die großen Anfänge, das Empfangende bewirkt (schafft) die vollendeten Dinge.

Der schöpferische Vorgang ist also hier in einen erkenntnismäßigen und einen gestaltenden Aspekt geteilt. Das Wort »Erkennen« ist hier nicht im rationalen, kognitiven Sinn zu verstehen, sondern im Sinne einer Einsicht, wie er ja auch unserem Wort »erkennen« semantisch zugrunde liegt. Was der schöpferischen Fähigkeit vorbehalten ist zu erkennen, sind die großen Anfänge, das heißt diejenigen unter den Urbildern, deren Setzung den Keim eines Prozesses in sich trägt.

Die Aufteilung des schöpferischen Prozesses in zwei Aspekte ist ein Gedanke, der sich in frühen chinesischen Schriften mehrfach findet. Er findet sich auch im Taoismus, namentlich in der bekannten Anfangsstelle des dem Laotse zugeschriebenen Taoteking:

> Der Sinn, den man ersinnen kann,
> ist nicht der ständige Sinn.
> Der Name, den man nennen kann,
> ist nicht der ständige Name.

Das Nichtsein wird genannt
der Anfang von Himmel und Erde,
Das Sein heißt die Mutter aller Dinge.
Darum verweilt man ständig beim Nichtsein,
Wenn man die Geheimnisse erschauen will;
Und man verweilt ständig beim Sein,
Wenn man die Begrenztheiten schauen will.
Diese zwei sind eins nach dem Ursprung,
Aber verschieden durch die Namen.
Gemeinsam heißen sie das Wunder.
Des Wunders noch tieferes Wunder
ist das Tor aller Geheimnisse.

Auch hier haben wir ein Zweifaches, das Erkennen der geheimnisvollen Anfänge aus dem Nichtsein und die räumlichen Begrenztheiten des Seins, der (schaffenden) Mutter aller Dinge. Die Schöpfung aus Erkenntnis bedarf zur Gestaltung der Ergänzung durch das, was das Taoteking die Mutter aller Dinge nennt, und das Buch der Wandlungen das Empfangende.

Dieses Zusammenwirken des Schöpferischen und des Empfangenden ist im Buch der Wandlungen oft so eng, daß beide gemeinsam wie ein einheitlicher Begriff wirken. So heißt es zum Beispiel an einer anderen Stelle der Großen Abhandlung:

> Das Schöpferische und das Empfangende sind das eigentliche Geheimnis der Wandlungen. Indem das Schöpferische und das Empfangende die Vorbilder setzen, ist die Wandlung zwischen ihnen mitgesetzt. Würden das Schöpferische und das Empfangende vernichtet, so gäbe es nichts, woran man die Wandlungen schauen könnte. Wenn die Wandlungen nicht mehr zu sehen wären, so würden die Wirkungen des Schöpferischen und des Empfangenden auch allmählich aufhören.

Die frühen Schichten schon des Buchs der Wandlungen und mit noch größerer Deutlichkeit die späteren Schichten haben eine große Anzahl von Attributen aufgestellt, die dem Prinzip des Schöpferischen zu eigen sind. Eines dieser Attribute, das stets mit dem Schöpferischen verbunden wird, ist das Feste, das Starke, das Entschiedene, das Harte, das Unbeugsame. Das Feste, das nicht von seinem Weg abgebracht werden kann, bezieht sich vor allem auf die Willenshaltung, und die Wichtigkeit des schöpferischen Willens innerhalb des schöpferischen Prozesses ist etwas, worauf immer wieder hingewiesen wird.

Daneben sind noch eine Anzahl anderer Attribute aufgezählt, von denen manche in ihrer Deutung schwierig sind. Das Schöpferische wird als rund bezeichnet. Es wird als Nephrit bezeichnet und als Metall, also wieder als das Harte, Feste, Klare, ja Kalte. Es wird direkt als die Kälte bezeichnet und als das Eis. Als Farbe hat es das Tiefrote. Weiter wird ihm eine Reihe von Tieren zugewiesen, namentlich verschiedene Arten von Pferden, nicht nur das gute Pferd, sondern auch ein altes Pferd, ein mageres Pferd und eine besonders wilde Pferdeart mit Sägezähnen, die selbst Tiger auffressen kann. Unter den Pflanzen ist es das Obst.

Wichtiger als dieses sind eine weitere Anzahl von Gestalten, unter denen das Schöpferische verstanden wird. Der Vater spielt hier natürlich eine große Rolle, dann aber auch der Fürst und schließlich als letztes der Himmel. Die Gleichsetzung des Schöpferischen mit dem Himmel ist so häufig und bedeutet einen derartig elementaren Bestandteil des Begriffs des Schöpferischen, daß das Zeichen Kiën vielfach schlechthin mit Himmel übersetzt worden ist.

Durch die Hineinnahme des Himmlischen in den Begriff des Schöpferischen ist allerdings dem Himmel etwas angetan, das recht bedeutungsvoll ist. Der Himmel wird dadurch aus seinen Höhen herab- und hineingezogen in den menschlichen Kosmos, er wird Teil des menschlichen Kosmos. Aus dem göttlichen Himmel wird ein menschlicher Himmel. Der Gedanke des göttlichen Himmels ist auch dem Buch der Wandlungen bekannt. Die Stellen, wo schlechthin der göttliche Himmel gemeint ist, sind so klar und stehen in einer so lebendigen, fruchtbaren Spannung zu dem menschlichen Himmel, daß das Beziehungsspiel durchaus erkennbar wird.

Als letztes findet sich ein Merkmal des Schöpferischen, das unheimlich anmutet. Es wird an einer Stelle von den Offenbarungen Gottes im menschlichen Leben gesprochen, und es wird gezeigt, wie die verschiedenen Akte Gottes in den acht Urbildern zum Ausdruck gebracht werden. Das, was Gott im Zeichen des Schöpferischen tut, ist die Bekämpfung. »Gott bekämpft die Menschen im Zeichen des Schöpferischen.« Im Zusammenhang mit dem Gedanken der Spannung zwischen dem göttlichen Himmel und dem menschlichen Himmel bekommt dieser Satz ein ganz besonderes Licht. Dieser Kampf Gottes kann natürlich von zweierlei Art sein. Er ist als der Kampf eines eifersüchtigen Gottes gedeutet worden, der die Schöpfung sich allein vorbehalten will und schöpferische Kräfte unter den Menschen nicht duldet. Als solcher hat dieser Kampf Gottes Niederschlag gefunden in den frühen Mythenresten von Gun, der dem Himmel die Erdscholle stahl und dafür von Gott bekämpft worden ist.

Aber dieser Kampf Gottes kann auch noch unter einem anderen Gesichtspunkt aufgefaßt werden; nicht als Kampf eines eifersüchtigen Gottes gegen die Menschen, sondern als Kampf, sich unter den Menschen durchzusetzen, als Kampf des Göttlichen, im Zeichen dieses Bildes in den menschlichen Kosmos einzudringen und da zu wirken. Dem abstrahierten Bild einer natürlichen Schöpfung ist der unheimliche Hintergrund des Kampfes nicht genommen worden.

Das Wort für »Gott«, das hier benutzt wird, kommt sonst im Buch der Wandlungen nicht vor, es wurde auch in der Zeit, in dem das Buch der Wandlungen entstand, wenig benutzt. Es ist das Wort Di, das ungefähr die gleiche Bedeutung hat wie das lateinische *divus*, also das Göttliche, das, abgeleitet, auch als Name des Herrschers benutzt wird. Die Gottesbegriffe des vorklassischen China haben geschwankt. Das früheste noch greifbare Gottesbild wurde mit dem Zeichen Tiën, Himmel, wiedergegeben. Der Himmel war schlechthin Gott, der als solcher auch angebetet wurde. Auf diese frühe und reine Schau des Göttlichen folgte dann in einer späteren Periode das Wort Di als Bezeichnung für Gott. Es war dies ein wesentlich anthropomorpherer Begriff, um den sich Gedanken gruppieren, die wir mit animistischen und totemistischen Religionen zu verbinden pflegen. Auch Tiën war durchaus ein persönlicher Gott, Di aber war ein persönlicher Gott, der einem sehr nahe kam und sehr unheimlich werden konnte. In der klassischen Zeit wurden dann die beiden Gottbegriffe häufig gegeneinander ausgetauscht, das eine Wort wurde sowohl benutzt wie das andere, obwohl in der Zeit, in der das Buch der Wandlungen entstanden ist, der Gebrauch des Wortes Tiën überwiegt. An solchen Stellen aber, wo etwas sehr Konkretes ausgedrückt werden sollte über Gott, hat man dann doch von dem Wort Di wieder Gebrauch gemacht, wie eben in der Aussage, daß Gott die Menschen im Zeichen des Schöpferischen bekämpft.

Der schöpferische Vorgang innerhalb des menschlichen Kosmos wird also von den Autoren des Buchs der Wandlungen in zwei Phasen geteilt, die schöpferische Einsicht und das eigentliche Schaffen. Das Zusammenspiel der beiden Kräfte des Schöpferischen und des Empfangenden ist in vielerlei Hinsicht wirksam. Allein die Spannung, die zwischen diesen beiden Kräften besteht, ist stark genug, kreative Wandlungen aus dem Chaos hervorzurufen und damit unsere Welt zu tragen.

Das schöpferische Prinzip rückt jedoch mitunter in eine Position, für die es dem System nach nicht vorgesehen ist. Im System des Buchs der Wandlungen steht dem Schöpferischen immer das Empfangende gegenüber. In einer bestimmten Situation ist jedoch das Schöpferische auf sich allein gestellt. Diese Situation ist im ersten Hexagramm des Buches beschrieben, das eben den Namen Kiën trägt. Hier ist dargestellt, in welchen Zusammenhängen und auf welche Weise es seinen Weg allein gehen muß.

Der Tuan-Text (das Urteil) fügt dem Namen Kiën vier Worte bei, nämlich: das Erhabene, das Gelingen, das Fördernde und das Beharrliche. Diese vier großen Attribute werden im Buch der Wandlungen nicht nur dem Schöpferischen zugeordnet, sie kommen auch beim Zeichen des Empfangenden vor, hier allerdings mit einem bedeutungsvollen Zusatz. Sie kommen weiter vor bei dem Hexagramm 3, Dschun, Die Anfangsschwierigkeit, bei dem das Bild das fließende Wasser über dem Donner zeigt, zu dem der Tuan-Kommentar hinzufügt: »Das Feste und das Weiche vereinigen sich zum erstenmal. Die Geburt ist schwer.« Es ist dies sozusagen der letzte Akt der Schöpfungsgeschichte, über dessen spezielle Aspekte noch zu sprechen sein wird. Dieselben vier Charakteristika haben wir dann bei dem Zeichen 17, Sui, Die Nachfolge; das Bild zeigt auch hier den Donner unten, oben ist das fließende Wasser durch den See ersetzt. Hier ist die Entscheidung nahegelegt, wie der Text des Hexagramms ausführt, welchem der Zwillinge man folgen will, dem kleinen Knaben oder dem starken Mann, und die, wenn man entschlossen ist, dem starken Mann nachzufolgen, zur Wahrheit und zum Schönen führt.

Die vier Attribute finden sich ferner beim Hexagramm 19, Lin, Die Annäherung, das in gewisser Weise dem vorhergehenden entgegengesetzt ist; dann beim Hexagramm 25, Wu Wang, Die Unschuld, und schließlich beim Hexagramm 49, Go, Die Umwälzung oder die Revolution.

Das Wort, das hier mit »erhaben« übersetzt worden ist, bedeutet eigentlich den Anfang, und in dieser Bedeutung wird es auch heute noch benutzt. Es hat schon sehr früh die Bedeutung angenommen dessen, was Ehrfurcht einflößt, wie sich das ja aus der Situation ergibt. Das zweite Wort, »Gelingen«, bedeutet eigentlich die Dauer, das Andauern. In dieser Bedeutung ist es auch eine der vierundsechzig Situationen des Buchs der Wandlungen. Es ist das, was sich durchgesetzt hat, was Ständigkeit und Dauer besitzt und dadurch Gelingen zum Ausdruck bringt. Das dritte heißt eigentlich der Nutzen, der Vorteil; in der modernen Sprache sind es die Zinsen. Das letzte schließlich, die Beharrlichkeit, das Beharren beim Rechten, heißt ursprünglich Keuschheit, das Beharren in einer als recht und richtig angesehenen Natur.

Diese vier Zeichen werden im Hexagramm Kiën und in den zusätzlichen Kapiteln näher erläutert. Dem Erhabenen wird das Gute zugeordnet. »Das Erhabene ist von allem Guten das Höchste.« Es wird ihm die Menschlichkeit zugeordnet und im Anschluß daran die Fähigkeit zu herrschen. »Indem der Edle die Menschlichkeit verkörpert, ist er imstande, die Menschen zu beherrschen.«

Das zweite wird als das Zusammentreffen von allem Schönen gekennzeichnet, als die Schönheit der gelungenen, gültigen Form, der Form des Kunstwerks, aber auch der schönen Form des Umgangs, der Sitte. Unter der Herrschaft der schönen Form kommen die Menschen zur Einheit. »Der Edle einigt durch die Sitte.«

Dem Fördernden ist das Recht zugeordnet, das, was recht und billig ist, und damit auch die Pflicht, das, was dem Menschen angemessen ist, zu tun. Das Beharren schließlich ist die Grundlinie aller Handlungen, die Konsequenz. Ihm wird die Weisheit zugeordnet, und die Kommentare sagen: »Indem er beharrlich und fest ist, ist der Edle imstande, alle Handlungen durchzuführen.«
Dies sind also die vier Qualitäten, unter denen das Schöpferische angeschaut wird, wenn es allein und auf sich selbst gestellt wirken muß. In diesen Qualitäten sind Relationen gegeben, die zwar vom Träger des Schöpferischen ausgehen, die aber das Schöpferische sofort mit dem Feld der Schöpfung in Beziehung bringen. Das Feld der Schöpfung wird so abgesteckt durch die Wirkung des Schönen und des Guten, des Nützlichen und des gültig Bestehenden.
In einer frühen Glosse zum ersten Hexagramm werden die vier Attribute mit folgenden Worten zusammengefaßt:

> Die Erhabenheit des Schöpferischen beruht darauf, daß es alles beginnt und Gelingen hat. Förderung und Beharrlichkeit, dadurch bewirkt es Natur und Art der Wesen. Das Schöpferische vermag durch den von ihm gesetzten Beginn mit Schönheit und mit Nutzen die Welt zu fördern. Darin, daß nicht angegeben ist, wodurch es fördert, besteht seine wahre Größe.

Diese vier Qualitäten sind, wie gesagt, von allgemeiner Art, die nicht dem Schöpferischen allein vorbehalten sind, die aber dem Schöpferischen notwendig sind, um zu wirken.
Das Gegeneinanderspiel der schöpferischen Persönlichkeit und des Felds der Schöpfung ist im Bildtext ausgedrückt, in dem es heißt:

> Des Himmels Bewegung ist kraftvoll. So macht der Edle sich stark und unermüdlich.

Er stärkt sich selbst und läßt nicht ab; ein weiterer Hinweis auf die Notwendigkeit eines starken schöpferischen Willens.
Es werden dann die sechs Stufen beschrieben, in denen sich der schöpferische Prozeß abspielt und in denen sich gleichzeitig das Schicksal des schöpferischen Menschen widerspiegelt. Die untere Neun hat den ganz kurzen Text: »Verdeckter

Drache, handle nicht.« Das Wort »verdeckt« ist hier wörtlich: unter dem Wasser verborgen, im Wasser versteckt. Das Wasser ist natürlich des Drachen ursprüngliches Element.
Wir sehen hier zum erstenmal den Drachen auftreten. Der Drache bleibt durch fast alle der sechs Stufen das Symbol des Schöpferischen. In späteren Schichten des Textes ist ja das Pferd das Tier, das dem Schöpferischen zugeteilt ist. In den frühen Schichten ist das Pferd oder die Stute der Vertreter des Empfangenden, des Weiblichen. Es scheint, daß hier das Männliche in eine Position aufgerückt ist, die ursprünglich dem Weiblichen vorbehalten war, während das Weibliche munter fortgeschritten ist.
Auf der untersten Linie ist der Drache zunächst noch unter dem Wasser verborgen mit dem Ratschlag: handle nicht. Das ist die Zeit, in der das schöpferische Prinzip zunächst der Sammlung bedarf, des Hinabtauchens in die eigene Tiefe, wobei noch ungewiß ist, womit man herauskommen wird, und die deshalb natürlich jedes Handeln verbietet. Ein Versuch, schon jetzt zu handeln, ist deutlich ausgeschlossen. Wenn sich diese Linie wandelte, dann wäre der Mann, der unter diesem Zeichen handelt, durch das Hexagramm 44 dargestellt, Gou, Das Entgegenkommen, dessen Bild das Mädchen ist, das sich anträgt. Das Urteil heißt hier: »Das Mädchen ist mächtig. Man soll ein solches Mädchen nicht heiraten.« Die Situation ist allerdings nicht ganz so scherzhaft. Jemandem, der schöpferische Kräfte in sich spürt, ist natürlich auch der Drang eingegeben, diese schöpferischen Kräfte durchzusetzen. Das aktive, tätige Element, das durchaus und von vornherein ein Teil des Schöpferischen ist, ist schon hier gegeben; die Gefahr des vorzeitigen Handelns liegt also durchaus nahe, und dem muß mit Gewalt entgegengetreten werden. »Man muß es hemmen mit ehernem Radschuh. Beharrlichkeit ist von Heil. Wenn man es hingehen läßt, so erfährt man Unheil. Auch ein mageres Schwein hat die Anlage dazu, umherzutoben.«
In der zweiten Linie taucht dann der Drache aus dem Wasser auf. Der Text heißt:

> Erscheinender Drache auf dem Feld. Fördernd ist es, den großen Mann zu sehen.

Diese Situation ist vermutlich noch schwieriger als die erste. Hier tritt man schon auf, man erscheint unter seinesgleichen mit einer Botschaft, die man aus der Tiefe heraufgebracht hat, und möchte natürlich der Botschaft Widerhall verschaffen. Aber immer noch ist es nicht die Zeit, zu handeln. Der Drache ist noch auf dem Feld; das Gebiet des Drachen ist das Wasser oder der Himmel, aber nicht die Erde. Im Ablauf des schöpferischen Prozesses ist die gewonnene Einsicht noch ungeformt, noch nicht in gültiger Form und deswegen noch nicht reif, dargestellt zu werden. Es ist die Zeit, beim Meister in die Schule zu gehen und am Material zu lernen. So wird der Mensch, der sich hier zum Handeln hinreißen läßt, dargestellt durch das Hexagramm 13, Die Gemeinschaft mit Menschen. Dies ist an sich ein schönes Hexagramm, voll von fruchtbaren Situationen. Man ist aber unter den anderen einer. Es ist eine Situation von Menschen in ihrer Gemeinschaft, die im übrigen nicht innerhalb der gefügten Ordnung stehen, die mit der bestehenden Ordnung unzufrieden sind, also durchaus Leute, denen eine schöpferische Botschaft willkommen wäre. Das Merkwürdige an diesem Hexagramm ist aber, daß diesen Revolutionären, die sich beiseitegestellt haben, schließlich der letzte Erfolg doch nicht zuerkannt wird.

Die Position des Schöpferischen in dieser Situation ist gekennzeichnet durch die Gefahr, mit Gleichgesinnten aus der Ordnung zu treten und den Revolutionär zu spielen. Wer dabei verharrt, den wird die Zeit verwerfen. Spezifisch sagt der Text zur zweiten Linie: »Gemeinschaft mit Menschen im Klan. Beschämung.« Dies ist wieder eines der Worte, die für die Unvoreingenommenheit des Buchs der Wandlungen zeugen. Das I Ging ist auch hier nicht gebunden durch die spezifischen Kulturbedingungen, unter denen es entstanden ist und in denen die Gemeinschaft der Menschen im Klan die natürliche und verherrlichte Grundlage der Sozialstruktur war.

Hier ist die Gemeinschaft der Menschen im Klan etwas Beschämendes. Es ist hier der Mann gezeichnet, der gern den Führer spielen will, dem aber zur Entfaltung seiner Führerqualitäten nicht das Heer zur Verfügung steht, sondern nur der Klan.

Mit der dritten Linie ändert sich die Situation. Der Text zu dieser Linie lautet:

Der Edle ist den ganzen Tag schöpferisch tätig. Des Abends noch ist er voll innerer Sorge. Gefahr, aber kein Makel.

Hier fängt das Schöpferische an, sich zu gestalten, und es ist der Punkt gegeben, wo der Umschlag aus dem Erkannten in das Erschaffene erfolgt. Diese Situation ist gekennzeichnet durch unablässige schöpferische Arbeit und eine gespannte Sorge, daß das Gebilde auch entstehe. Hier muß man bewußt arbeiten an dem, was man aus der Tiefe mit sich gebracht hat, man muß wirken und schleifen, damit die richtige Form gefunden werde für das, was man zu tun oder zu sagen hat. Es ist die Zeit dem Anfang ganz nahe, in dem die Wirkung beginnt: es ist die obere Linie im unteren Trigramm. Man hat Mühe, mit der Zeit Schritt zu halten und in Harmonie mit der Zeit zu bleiben, denn die Zeit geht hier rasch, und nur durch sorgfältige und sorgende Tätigkeit ist man in der Lage, der Losung dieser Linie gerecht zu werden.
Das wird wiederum klarer, wenn wir den Mann sehen, der hier handelt. Hier verwandelt sich das Zeichen in das Hexagramm 10, Das Auftreten. Die Bedeutung des Wortes »Auftreten« ist wie die unsere, es bedeutet das Auftreten im Sinne von Treten auf etwas, aber auch das Auftreten in der Gesellschaft, das Benehmen. Der Tuan-Text lautet hier: »Auftreten auf des Tigers Schwanz. Er beißt den Menschen nicht. Gelingen.« Auch diese Situation ist natürlich nicht ohne Gefahr, die deutlich gemacht ist im Bild, das unten den See und oben den Himmel zeigt. Das Zeichen des Sees steht für die Anmut, für den Charme. Mit Anmut muß hier dem Starken entgegengetreten werden. Das führt natürlich leicht dazu, daß man sich auf das nur Anmutige, das nur Formvollendete, das spielerisch Schöne beschränkt und darüber den Rang seiner Botschaft vergißt. So ist denn auch hier in der Regel noch nicht die Zeit der Wirkung gegeben. In Ausnahmefällen kann dies jetzt schon notwendig sein; dann allerdings muß man die Gefahr bewußt auf sich nehmen. Die Losung dieses Striches heißt: »Er tritt auf des Tigers Schwanz. Der Tiger beißt den Menschen. Unheil. Ein Krieger handelt so für seinen großen Fürsten.« In gewissen Situationen ist also vorzeitiges Handeln, ein Handeln mit unzureichenden

Mitteln, gefordert, und dann darf das Opfer der Person selbst nicht gescheut werden. Das ist die Situation des Kriegers.
Die Entscheidung fällt dann mit der vierten Linie. Hier heißt der Text:

> Schwankender Aufschwung über die Tiefe. Kein Makel.

Schwanken ist hier ein geistiges Schwanken, ein Im-Zweifel-Sein; die Situation verlangt aber eine Entscheidung. Dies ist die erste Linie im Feld des oberen Trigramms und damit im Feld, in dem man seine Kräfte versuchen kann. Der Weg des Schöpferischen ist hier, wie ein Kommentar sagt, im Begriff, sich umzugestalten. Das Wort Umgestaltung ist die Revolution, eine Transformation also, die aus einem Alten etwas wesentlich Neues macht. Eine solche Transformation ist das Grundprinzip alles Schaffens, des kulturellen sowohl wie des künstlerischen. Der Begriff des künstlerischen Schaffens ist hier sehr weit gefaßt, fast alle Lebensbereiche werden durch die Kunst geordnet; nicht nur die, die wir im engeren Sinn die Künste nennen, sondern die gesamte Lebensführung. Hierher gehören auch solche Dinge, wie die Kunst, einen Spaziergang zu machen, die Kunst, einen Nachmittagsschlaf zu halten, es gibt sogar eine Abhandlung über die Kunst des Schimpfens. Jede Kunst bewirkt eine Transformation aus einer Einsicht in das Produkt der Schöpfung; und eine solche Transformation ist hier verlangt. Hier hat man die Wahl, wie das Darzustellende gestaltet werden soll. »Das Schwanken bedeutet, daß man die Wahlfreiheit hat.«
Wandelt sich diese Linie, so ergibt sich das Hexagramm 9, Des Kleinen Zähmungskraft. Der Tuan-Text heißt hier: »Dichte Wolken, kein Regen aus unserem westlichen Gebiet.« Das westliche Gebiet ist die Heimat der Dschou. Aber der Linientext besagt: »Bist du wahrhaftig, so schwindet Blut und weicht Angst.« Das Wort, das hier mit »wahrhaftig« wiedergegeben worden ist, zeigt einen brütenden Muttervogel; es bedeutet also eine innere Wahrhaftigkeit, in der man seinem Wesen gerecht bleibt und seiner Bestimmung treu. Dies ist die geforderte Haltung, die Blut und Angst des Vorhergehenden zum Weichen bringt.

Die fünfte Linie ist dann die herrschende Linie im Zeichen des Schöpferischen. Der Text heißt:

> Fliegender Drache am Himmel. Fördernd ist es, den großen Mann zu sehen.

Hier hat sich der Drache in das ihm eigene Element erhoben, er schwankt nicht mehr, die Entscheidung ist getroffen, er steht am Himmel und kann nun wirken. Der Kommentar sagt: »Er steht auf dem Platz der himmlischen Kraft.« Also in einer Position, die sonst dem Himmel vorbehalten ist, und zwar nicht dem menschlichen Himmel, sondern dem göttlichen. So steht er da als Repräsentant Gottes, und daher ist der Erfolg der Schöpfung gegeben. Hier gibt es keine Hemmungen mehr, keine Warnungen mehr sind eingeschlossen. Hier kommt die Schöpfung zur Vollendung, freilich dem inneren Gesetz folgend, das durch die vier vorhergehenden Linien vorgezeichnet ist, sich dann aber ganz frei und ohne Schwierigkeit vollzieht. Das Produkt einer solchen Schöpfung wird im Chinesischen als Schen Pin bezeichnet, als göttliches Produkt. Es ist die höchste Stufe möglicher Schöpfung im Rahmen des Gegebenen. Wir haben hier dem starken Bild »Fliegender Drache am Himmel« noch den Zusatz beigefügt: »Fördernd ist es, den großen Mann zu sehen.« Der große Mann steht dafür, daß das Schaffen innerhalb des Rahmens der vier Qualitäten des Schöpferischen bleibt, daß das Schaffen das Schöne, das Gute, das Nützliche und das Stetige verkörpert, daß das Schaffen nicht eine chaotische Werdung ist, sondern innerhalb der gefestigten Welt des Menschen bleibt. Der große Mann ist der Weise, der die Rechte der Menschen vertritt gegenüber der schöpferischen Persönlichkeit.
Wenn sich diese Linie wandelt, so ergibt sich das Hexagramm 14, Da Yu, Der Besitz von Großem, zu dem der Text schlicht heißt: »Erhabenes Gelingen.« Das Bild zeigt das Feuer über dem Himmel, und der Bildtext heißt: »Der Edle folgt (ist im Einklang mit) des Himmels gutem Willen.« Dies ist wiederum nicht der menschliche Himmel, den das Schöpferische ja ohnehin repräsentiert, sondern der göttliche. Des Himmels Willen, von dem hier gesprochen wird, ist das göttliche Mandat, der Befehl des Himmels. Die spezielle Linie macht die Situation klarer; sie heißt: »Seine innere Wahr-

haftigkeit ist gleichsam umgänglich und doch gleichsam würdig.« Es ist hier das gleiche Wort »Wahrhaftigkeit« benutzt, auf das bei der vorigen Linie hingewiesen worden ist. Die innere Wahrhaftigkeit ist in diesem Satz nach beiden Richtungen hin dargestellt. Den Menschen gegenüber ist er umgänglich, ohne jeden Hochmut, ohne Besserwissen- oder Besserkönnenwollen; in sich selbst aber ist er würdig, ohne die Qualen des Zweifels mehr, bewußt, daß er am richtigen Ort steht.

All dies ändert sich in der nächsten Linie. Eigentlich sollte das Zeichen hier aufhören, aber es gibt leider keine fünflinigen Hexagramme, und jede Entwicklung führt zu ihrer notwendigen Konsequenz, selbst wenn diese Konsequenz fürchterlich ist. So haben wir hier bei der obersten Linie, also im Gipfelpunkt des Schöpferischen, den Text:

Hochmütiger Drache wird zu bereuen haben.

Das Wort »hochmütig« heißt ursprünglich nichts weiter, als sich in die Höhe erheben, sich hoch erheben, auf einen Berg steigen oder wie ein Vogel hoch in die Luft fliegen, damit aber auch: sich überheben oder überheblich sein. Es liegt durchaus in der Konsequenz der Situation, daß dieser Schritt sich ergibt. Ein früher Kommentar sagt sogar: »In Harmonie mit der Zeit geht er bis zum Äußersten.« Getragen vom Erfolg des Geschaffenen und vom Widerhall unter den Menschen, für die er schuf, wagt er nun, über das Gesetzte hinauszugehen und sich auf eine Perspektive zu erheben, in der das Gesetzte ihm klein erscheint.

Wir dürfen uns hier nicht stören lassen durch den moralistisch klingenden Ausdruck »überheblich«. Es ist dies eine Situation, die freilich vom Gesetzten her als überheblich erscheint, in der Entwicklung des Schöpferischen aber ist es durchaus logisch, daß man nicht zurückweicht, wenn das Werk vollendet ist, daß man nicht zugrunde gehen will, wenn Fortbestand möglich erscheint, daß man, auf den Erfolg bauend, etwas Neues schaffen will, das den Rahmen des Gesetzten sprengt.

Der Mann, der zu dieser Konsequenz getrieben wird, ist gekennzeichnet durch das Hexagramm 43, Den Durchbruch, in dem alle Linien stark, nur die oberste schwach ist. Es ist der

Durchbruch nach einer großen Spannung, der Wolkenbruch, der Dammbruch, ein Zeichen von höchster Gefahr, aber auch ein Zeichen, das potentiell die höchste Befruchtung ist. Es beschreibt eine ungewöhnliche Situation, die niemand vorausgesehen hat und die notwendig gleich in Angriff genommen werden muß, eine Situation aber auch, die im Licht der Wandlung immer noch zur Förderung dienen kann, was allen, die in ariden Ländern gelebt haben, unmittelbar verständlich sein wird. Der Dammbruch schwemmt fruchtbaren Schlamm auf die Felder, der Wolkenbruch treibt das Grundwasser empor für das kommende Jahr.

Der Unmut, sich im Rahmen des Gesetzten halten zu müssen, wird hier im Bildtext ausgedrückt: »Der Edle scheut es, bei seiner Tugend zu verweilen.« Die Losung freilich für den Mann, der diese erregende Situation herbeigeführt hat, heißt dann: »Kein Ruf (kein Anruf), schließlich kommt Unheil.« Diese überhebliche Situation herbeizuführen ist natürlich nur möglich nicht etwa durch das Opfer der Person, die auch sonst wohl geopfert werden muß, sondern durch die absolute Erschöpfung des Schöpferischen.

Diese ungewöhnliche, einmalige Schöpfung, die hier das Unheil in das Hexagramm Kiën hineinträgt, ist in der Regel nicht Aufgabe des Menschen, sondern die Aufgabe des göttlichen Himmels. Das Wort, das in diesem Zusammenhang für Schaffen benutzt wird, ist ein völlig anderes. Es ist das Wort Dsau, das die Funktion des göttlichen Schaffens bezeichnet. Der göttliche Himmel kommt, wie gezeigt, auch im Buch der Wandlungen vor. Vom göttlichen Schaffen ist die Rede in einem Zeichen, auf das schon hingewiesen worden ist, im Zeichen Die Anfangsschwierigkeit. Die schwere Geburt bedarf der Mitwirkung des göttlichen Himmels, und der Tuan-Kommentar heißt hier: »Der Himmel schafft (Dsau) aus Chaos und Finsternis.« Sonst wird das Wort Dsau im Buch der Wandlungen nur einmal benutzt, und zwar bei der Neun auf fünftem Platz des Zeichens Kiën, wo die schöpferische Persönlichkeit als Repräsentant Gottes erscheint. Hier sagt der Bildkommentar: »Der große Mann schafft (Dsau).«

Der schaffende Himmel, der kosmogonische Kreator, ist also dem klassischen China durchaus geläufig, wenn auch davon in taoistischen Büchern mehr die Rede ist als in konfutsianischen. Das Prinzip des Schöpferischen, die höchste Potenz menschlichen Wesens, steht aber unter seinem Zeichen; und der scheinbar rationalisierende Kungfutse stellte sich selbst unter diesen göttlichen Himmel. Dies kommt vielleicht am schönsten zum Ausdruck in einem Wort, das sich in den Gesprächen des Kungfutse findet. Dort wird Kungfutse von Jüngern nach kleinen Ritualen für den Herdgeist und den Hausgeist gefragt, worauf er antwortet: »Laßt das doch! Wer aber gegen den Himmel sündigt, hat niemand, zu dem er beten kann.«

DER SINN DES GESCHEHENS

I

Die im Buch der Wandlungen niedergelegten Texte sind in erster Linie mit der Stellung und der Rolle des Menschen im Kosmos befaßt. Schon allein die Tatsache, daß das Buch ein Orakelbuch ist, das heißt, daß es den Anspruch erhebt, den Standort des Menschen im Gefüge der Welt festzustellen und ihm Führung zu gewähren in seinem Wirken innerhalb des historischen Geschehens, umschreibt das Ausmaß dessen, was wir von diesen Texten erwarten können. Wenn wir allerdings hier vom Menschen sprechen, so ist damit innerhalb des Weltbildes des Buches der Wandlungen doch wohl etwas anderes gemeint als das, was unser rationaleres Zeitalter als Individuum und Person verstanden wissen will. Im Rahmen dieses Weltbildes, namentlich soweit es aus den älteren Textschichten[1] des Buches entnommen werden kann, ist die Grenze zwischen Physik und Metaphysik noch nicht gezogen. Die Konzentration des Blicks braucht also noch nicht zwischen sinnlichem Erfassen und intuitivem Erkennen zu differenzieren. Beschränkungen des Standorts des Menschen und seines Wirkungsfeldes, an die wir uns haben gewöhnen müssen, sind also damit noch nicht gegeben; der Mensch reicht noch hinein ins Überindividuelle und hinaus ins Unpersönliche.

Diese intimere und unmittelbarere Beziehung zwischen Mensch und Welt, von der die Texte des Buchs der Wandlungen ausgehen, darf nun nicht als eine Überhebung menschlichen Wesens verstanden werden. Kosmische Potenzen, die schicksalsbildend wirken, unterstehen zwar der Einsicht, nicht aber notwendig dem Einfluß des Menschen. In dem Gefüge dieser vielfachen Kräfte seinen Ort zu finden und im Einvernehmen mit ihnen zu wirken, erlegt dem Menschen eine Bescheidung auf, in der das Titanische in der Regel keinen

1 Unter den älteren Textschichten verstehe ich die sogenannten Urteilstexte und die Linientexte.

Platz hat; natürliche Gegebenheiten und göttliche Fügungen bestimmen in der Regel des Menschen Sein und Tun.
Uns interessiert hier zunächst die Einwirkung göttlicher Fügung auf den menschlichen Kosmos. Die Einsicht, daß das göttliche Gebot oder das himmlische Mandat menschliches Schicksal bedeutet, ist allen chinesischen Klassikern gemeinsam. Sie kommt in den älteren sowohl wie den jüngeren Schichten des Buchs der Wandlungen in der gleichen Art und in der gleichen Stärke zum Ausdruck. Das hier benutzte Wort Ming oder Tiën-Ming bedeutet die Verordnung Gottes, durch die bestimmte Einrichtungen und bestimmte Geschehnisse gebildet und sanktioniert werden. Ein solcher göttlicher Befehl kann an Menschen ergehen und ihnen eine bestimmte Handlungsweise auferlegen[2]; Handlungen können zeitlich von solchen Befehlen abhängig sein[3]; man hat an ihnen mit äußerster Willensanspannung festzuhalten[4]; man muß ihnen durch Einnahme einer korrekten Position Dauer verleihen[5]. Göttliche Fügungen können ferner das Geschehen bestimmen, wobei den Menschen dann positive oder negative Richtlinien des Handelns gesetzt sind. Sind sie zuwider, so muß man sich ihnen fügen[6]; Schutz kann unter ihnen versagt werden[7]; wenn immer möglich, soll man sich ihnen hingeben[8].
Doch auch das göttliche Gebot ist keine absolute Macht, und durch göttliche Fügung hervorgerufene Einrichtungen besitzen keine absolute Dauer. Es hatte sich eingeführt, die Stellung des Herrschers als auf göttlichem Mandat beruhend anzusehen. Weltliche Autorität wurde also mit göttlichem Willen gleichgesetzt. Die weltliche Manifestation dieses Mandats

2 Siehe Hexagramm 12, 9/4: »Wer auf Befehl (Ming) des Höchsten handelt, bleibt ohne Makel.«

3 Siehe Hex. 35, 6/1, Bildkommentar: »Noch hat man die Berufung (Ming) nicht bekommen.«

4 Siehe Hex. 44, 9/5: »Der Wille läßt die Fügung (Ming) nicht los.«

5 Siehe Hex. 50, Bild: »Der Edle festigt durch Richtigmachung der Stellung das Schicksal (Ming).«

6 Siehe Hex. 6, 9/4: »Man kann nicht streiten und fügt sich dem Geschick (Ming).«

7 Siehe Hex. 25, Tuan-Kommentar: »Wenn der Wille des Himmels (Tiën-Ming) einen nicht schützt, kann man dann etwas machen?«

8 Siehe Hex. 14, Bild: »Er gehorcht des Himmels gutem Willen«; 45, Tuan-Kommentar: »Hingebend gegen des Himmels Gebot.«

und die mit ihr zusammenhängenden Einrichtungen sind durchaus Änderungen, selbst gewaltsamen Änderungen unterworfen. Das Wort für Revolution bedeutet wörtlich »Änderung des Mandats«. Hierüber ist im einzelnen die Rede im 49. Hexagramm, Die Umwälzung, wo es unter anderem bei der Neun auf viertem Platz heißt: »Das Mandat (Ming, hier: die Staatsordnung) zu wechseln, bringt Heil.«

Aber nicht nur gefestigte Einrichtungen als Manifestationen des göttlichen Mandats entbehren dauernder Wirkung; das Buch der Wandlungen spricht auch einmal von einer Situation, die so stark ist, daß man den Willen des Himmels außer acht lassen kann. Dies ist der Fall im Hexagramm 19, Lin, Die Annäherung, in dem vier geteilte Linien über zwei ungeteilten stehen. Dort heißt der Text zur Neun auf zweitem Platz: »Gemeinsame Annäherung. Heil! Alles ist fördernd!« wozu der Kommentar bemerkt: »Man braucht sich dem Schicksal (Ming) nicht hinzugeben.«

Im allgemeinen kann gesagt werden, daß zur Erklärung des Geschehens von göttlichen Einwirkungen im Buch der Wandlungen ein sparsamer Gebrauch gemacht ist. Nur in ganz bestimmten, wohl umschriebenen Situationen wird der Wille Gottes spürbar; im übrigen ist die geschaffene Welt der ihr eigenen Entwicklung überlassen. Unabdingbares Geschehen, das dem menschlichen Wirken entzogen ist oder ihm Grenzen setzt, wird nur in Ausnahmefällen als von Gott gefügtes Schicksal angesehen. Das, was ich hier zunächst als die einer Situation innewohnende Tendenz bezeichnen will, bildet zusammen mit der göttlichen Fügung und menschlichem Wirken die große Trinität, die das Geschehen bestimmt.

Das Zusammenwirken dieser drei Potenzen wirft Licht auf die Frage, inwieweit historische Begebenheiten einmalig sind. Die älteren Textschichten des Buchs der Wandlungen spielen sehr häufig auf historisches Geschehen an. Wir sind nicht mehr in der Lage, all diese Anspielungen zu erklären oder überhaupt zu entdecken. Die historischen Tatbestände, um die es sich hier handelt, sind zu lückenhaft überliefert. So stehen wir hier vielfach vor noch ungelösten und wahrscheinlich überhaupt unlösbaren Fragen. Wenn es zum Beispiel zweimal heißt:

> Dichte Wolken; kein Regen von unserem westlichen Gebiet[9],

so ist damit sehr wahrscheinlich auf die Situation eines bestimmten Jahres hingewiesen, das wir nicht mehr wissen. Oder wenn es heißt:

> Der König stellt ihn dem Berg Ki vor[10]

oder:

> Der König stellt ihn dem Westberg vor[11],

so ist damit wohl auf die Vorstellung bestimmter Persönlichkeiten hingewiesen, die wir nicht mehr kennen.
In diesen und ähnlichen Fällen mag unsere Unkenntnis nicht allzu schwerwiegend sein. Wir wissen, daß der Berg Ki und der Westberg heilige Stätten der Dschou waren, denen verdiente Helfer und Minister des Herrscherhauses vorgestellt und damit gleichsam in den Klan aufgenommen wurden. Und der nicht zum Durchbruch kommende Regen im westlichen Gebiet mag auch eine wiederkehrende Situation darstellen.
In anderen Fällen jedoch ist unser Verständnis des Textes zweifellos dadurch beeinträchtigt, daß wir die historischen Zusammenhänge nicht mehr kennen. Wenn es zum Beispiel heißt:

> Der Fürst schießt und trifft jenen in der Höhle[12],

so wäre ein Wissen um diesen Fürsten und um jenen in der Höhle doch wohl hilfreich zur Erklärung des Gemeinten. Wir kennen sie beide nicht mehr. Auch bei dem Ausspruch:

> Versteckt Waffen im Dickicht, steigt auf den hohen Hügel davor; drei Jahre lang erhebt er sich nicht[13]

würden wir gerne wissen, wer das alles tut. Ebenso wäre die Kenntnis des historischen Tatbestandes zweifellos nützlich bei Aussprüchen wie:

9 Hex. 9, Urteil, und Hex. 62, 6/5.
10 Hex. 46, 6/4.
11 Hex. 17, 6/6.
12 Hex. 62, 6/5.
13 Hex. 13, 9/3.

Mit Stricken und Tauen gebunden, eingeschlossen zwischen dornumhegten Kerkermauern; drei Jahre lang findet man nicht hinaus[14]

oder:

Verfinsterung des Lichts auf der Jagd im Süden. Man bekommt ihr großes Haupt[15].

Der historische Hintergrund anderer Anspielungen im Buch der Wandlungen ist schon etwas klarer. So heißt es zum Beispiel im Urteil zum 35. Hexagramm, Der Fortschritt:

Der Fürst von Kang wird geehrt durch Pferde in großer Menge. An einem Tag wird er dreimal empfangen.

Die spätere Kommentarliteratur hat den Namen Kang nicht erkannt und ihn in seiner Wortbedeutung erklärt; daher die Übersetzung: »der starke Fürst«. Der Fürst von Kang ist aber eine bekannte historische Persönlichkeit. Sein Name war Feng; er war ein Verwandter des Dschou-Hauses und wird daher oft der »Onkel Kang« genannt. Er ist als erster, wohl noch vor der Machtergreifung der Dschou, in Kang belehnt worden und erhielt nach der Machtergreifung das Lehen We. Seine Position im Zeitgeschehen muß überragend gewesen sein: Er ist in den Ahnentempel der Dschou aufgenommen worden[16], und ein Kapitel des Buchs der Urkunden bezieht sich auf ihn[17]. Leider ist über seine Biographie wenig mehr bekannt, so daß wir uns über die Bedeutung dieser ersten Belehnung kein Bild machen können und auch offenbare andere historische Anspielungen in diesem Hexagramm[18] nicht mehr aufklären können: Wir können höchstens vermuten, daß die institutionelle Neuerung, die mit ihm begann, ein

14 Hex. 29, 6/6. Es ist die Vermutung ausgesprochen worden, daß es sich hier um König Wen selbst handelt.

15 Hex. 36, 9/3. Eine spätere Konjektur, daß es sich hier um den König Wu handelt, ist schwer mit der Tatsache zu vereinen, daß König Wu nach Osten, nicht nach Süden vorstieß.

16 *Kuo-yü* 10, Sï-bu, ed. 4 v.

17 Siehe James Legge, *The Chinese Classics,* London 1865, Vol. 3, 2, p. 381—398. Über chronologische Probleme hierzu siehe Max Loehr, *Bronzetexte der Chou-Zeit,* 1 (2), in »Monumenta Serica« 11, 1946, S. 275—281.

18 Wie zum Beispiel 6/2: »Er bekommt dann großes Glück von seiner Ahnfrau (königlichen Mutter).«

gefestigtes Verhältnis in persönliche Beziehungen gebracht hat, die als ein Fortschritt angesehen wurden[19].

Auch der in der Sechs auf fünftem Platz des Hexagramms 36, Verfinsterung des Lichts, erwähnte Prinz Gi ist eine bekannte Persönlichkeit. Er war ein Prinz aus dem Haus der Schang, der den Zuständen unter dem letzten Schang-Herrscher allzusehr entgegengesetzt war, um nicht Verdacht auf sich zu ziehen. Um Verfolgungen zu entgehen, mußte er »sein Licht verfinstern«. Er hat sich seinen Körper tätowiert und den Verrückten gespielt[20]. Die Dschou haben ihn nach ihrer Machtübernahme geehrt; die Legende will aber, daß er ihnen die Zusammenarbeit versagt hat und mit den Seinen in den Nordosten ausgewandert ist.

Schließlich mag noch der bemerkenswerte Feldzug gegen das Teufelsland erwähnt werden, der im Buch der Wandlungen zweimal an entsprechenden Stellen vorkommt. In der Neun auf drittem Platz des Hexagramms 63, Nach der Vollendung, heißt es:

> Der hohe Ahn züchtigt das Teufelsland. Nach drei Jahren überwindet er es. Gemeine darf man nicht verwenden.

Und in der Neun auf viertem Platz des Hexagramms 64, Vor der Vollendung, heißt es:

> Erschütterung, um das Teufelsland zu züchtigen. Drei Jahre lang gibt es Belohnungen mit großen Reichen.

Der hohe Ahn ist Gau Dsung, der Tempelname des Schang-Herrschers Wu Ding, unter dem die Schang eine neue Ausbreitung erfuhren. Das Teufelsland, Gui Fang, ist der Name eines westlichen Stammes, der möglicherweise den Hunnen affiliert war[21]. Der Feldzug gegen Gui Fang ist in den Annalen belegt; Einzelheiten sind jedoch nicht mehr bekannt. So wissen wir nicht mehr, ob dieser Feldzug lediglich der Machtausweitung der Schang dienen oder ob ein den Schang

19 Es ist wahrscheinlich, daß das Buch der Wandlungen ursprünglich noch mehr Anspielungen auf diesen Mann enthielt; siehe *Tso-chuan*, Chao 7, Couvreur, *Tch'ouen Ts'iou et Tso Tchouan*, Hokienfu 1914, 3, 151.

20 Siehe *Schï-dsï*, ed. Wang, 2, 45.

21 Oder den Tibetern?

durch seine nomadisierenden Übergriffe unbequemer Nachbar auf diese Weise befriedet werden sollte. Nach den im I Ging enthaltenen Texten scheint die Vorbereitung dieses Feldzugs auf nicht unbedeutende Schwierigkeiten gestoßen zu sein, die sich nur durch reiches Spenden beschwichtigen ließen (Vor der Vollendung) und daß der Feldzug als solcher langwierig und nicht ohne Zwischenfälle gewesen ist (Nach der Vollendung). Es verdient bemerkt zu werden, daß das Buch der Wandlungen zwei verschiedene Phasen dieses Geschehens behandelt, von denen die erste, gewandelt, für »Jugendtorheit« steht und die zweite für »Anfangsschwierigkeiten«[22].

Die späteren Dschou scheinen sich übrigens mit den Gui Fang gewissermaßen solidarisch empfunden zu haben. Es ist ein Lied überliefert, in dem eine Strophe heißt:

> Der König Wen sprach: Wehe dir,
> o wehe dir, du Jin und Schang!
> Es ist wie wirrer Grillensang,
> wie Sprudelbrüh im Siededrang;
> und klein und groß naht Untergang,
> und dennoch ziehen jene stets denselben Strang.
> Inwendig wächst der Grimm im Mittellande
> bis zum Dämonenland (Gui Fang) entlang[23].

In einigen Fällen ist die neuere Forschung einer längst verschollenen Geschichte auf die Spur gekommen[24]. Die erste dieser Begebenheiten ist in zwei Textstellen enthalten, in denen der Ortsname »I« vorkommt. Die Sechs auf fünftem Platz des Hexagramms 34, Des Großen Macht, heißt:

> Verliert das Schaf (oder den Bock) in I. Keine Reue.

22 Die Sechs auf drittem Platz heißt hier: »Den Hirsch jagen ohne Förster; verirrt sich im Wald. Der Edle steht ab.« Das ist möglicherweise eine Wiederaufnahme des Hinweises auf den Gemeinen. Sollte es sich dabei um einen eigenwilligen Heerführer handeln, der durch sein ungeleitetes Handeln den Abschluß des Feldzugs verzögert hat?

23 *Schï-ging* 255, Strophe 6. Victor von Strauss, *Schi-king, Das kanonische Liederbuch der Chinesen*, Heidelberg 1880, S. 433/34.

24 Vergleiche zum Folgenden: Ku Chieh-Kang, *Historische Begebenheiten in den Urteilen und Linientexten des Buchs der Wandlungen* (chinesisch), in »Ku-shih-pien« 3, 1931, 1—69.

Die obere Neun des Hexagramms 56, Der Wanderer, heißt:

> Dem Vogel verbrennt sein Nest. Der Wanderer lacht erst, dann muß er klagen und weinen. Er verliert das Rind in I. Unheil.

Die bisherige Kommentarliteratur hat das Wort »I« nicht als Ortsnamen erkannt, sondern hat es in seiner Bedeutung »leicht« verstanden, also: »in Leichtigkeit« oder »im Leichtsinn«. Daß eine derartige Interpretation grammatisch gezwungen klingt, mußte in Kauf genommen werden, da der historische Sachverhalt nicht bekannt war. Inzwischen ist aber aufgedeckt worden, daß derjenige, der das Schaf und das Rind in I verlor, und zudem noch sein Leben, der König Hai der Schang war. Dieser König ist, wahrscheinlich auf Grund seiner Handlungsweise, aus der orthodoxen Historiographie ausgeschlossen worden. Hinweise auf ihn in Schriften imaginären Inhalts wurden historisch nicht ernst genommen, bis seine Historizität kürzlich eindeutig erwiesen wurde, da sein Name mehrfach auf Orakelknochen vorkommt.

Wenn alle jetzt zugänglichen Traditionen über den König Hai zusammengefaßt werden, so erscheint er als eine außergewöhnliche Figur. Es wird von ihm gesagt, daß er mit Schaf- und Rinderherden nomadisierend umherzog, daß er also das Wirtschaftsgefüge der Schang, deren Aristokratie im wesentlichen auf der Jagd beruhte, um einen neuen Zug bereichert hat. Es wird auch von ihm gesagt, daß er das Rind an den Wagen geschirrt hat, also eine größere Beweglichkeit in das Transportwesen brachte. Er wird verschiedentlich der Besitzer des dienenden Rindes genannt. Auf seinen Wanderungen ist er auch in das Land des Herrn von I gekommen, das nördlich des Gelben Flusses lag, ungefähr südwestlich vom heutigen Peking. Dort scheint er zunächst gastfreundlich aufgenommen worden zu sein, sich aber dann leichtfertig benommen zu haben und dafür vom Herrn von I zur Rechenschaft gezogen worden zu sein. Der Verlust der Schafe mag eine Buße gewesen sein, die in Anbetracht der Schwere seines Delikts als leicht angesehen werden konnte (Keine Reue). Daß ihm der Herr von I jedoch das dienende Rind nahm, beeinträchtigte seine Beweglichkeit (Unheil), und so ist er schließlich umgekommen.

Im Lichte dieser Tradition erhalten die beiden Linientexte einen neuen und prägnanteren Sinn: die Sechs auf fünftem Platz des 34. Hexagramms bezeichnet eine Situation, in der des Großen Macht schon im Abklingen ist, der Verlust der Schafe aber noch leicht getragen werden kann[25]. Die obere Neun des 56. Hexagramms sieht jedoch den Wanderer in einer ausweglosen Lage, in die er durch eigene Schuld, durch Verbrennen des eigenen Nests, geraten ist und in der leichtfertige Heiterkeit sich in Klagen und Weinen verkehrt hat[26].

Auf Orakelknochen ist auch eine andere historische Begebenheit registriert, auf die zweimal im Buch der Wandlungen angespielt ist. Es ist das die Geschichte des Herrschers I, der seine jüngste Tochter verheiratet. Bei der Sechs auf fünftem Platz des Hexagramms 11, Frieden, heißt es:

> Der Herrscher I gibt seine jüngste Tochter in die Ehe. Das bringt Segen und erhabenes Heil.

Und bei der Sechs auf fünftem Platz des Hexagramms 54, Das heiratende Mädchen, heißt es:

> Der Herrscher I verheiratet seine jüngste Tochter. Da waren die gestickten Kleider der Fürstin nicht so prächtig wie die der Dienerin. Der Mond, der fast voll ist, bringt Heil.

I war der vorletzte Herrscher der Schang. Die Annalen berichten wenig über ihn, besagen aber, daß unter ihm der Verfall der Schang schon deutlich wurde. Die Verheiratung seiner Tochter ist in den offiziellen Annalen nicht erwähnt. Wir wissen aber jetzt, daß seine Tochter dem Dschou-Haus in die

25 Freilich nur, wenn äußeres und inneres Geschehen im Einklang sind und die Erkenntnis vom Symbolischen zum Symbolisierten führt. Für einen, der die Macht und nicht die Gewalt verkörpert, ist dies nur möglich durch den festen Entschluß, gleichzeitig mit den Schafen auch die Bocksnatur loszuwerden. Das Schaf steht hier für das Zeichen dui, das auch die Konkubine bedeutet. Hex. 43, 9/5, sagt: »Dem Unkraut gegenüber braucht es feste Entschlossenheit.«

26 Die Situation ist absolut aussichtslos und kann durch nichts gerettet werden, weil Wesentliches verlorengegangen ist. Siehe Hex. 62, 6/6. Der Tod des Königs Hai braucht deshalb gar nicht mehr erwähnt zu werden. Beide Linien beziehen sich nur auf die Lage des Königs Hai und nicht auf die des Herrn von I, der schließlich einem Rachefeldzug der Schang zum Opfer fiel.

Ehe gegeben worden ist. Es ist sehr wahrscheinlich, daß sie mit dem Dschou-König Gi verheiratet worden, also dann die Mutter des Königs Wen geworden ist. Die Tatsache, daß der Herrscher eines verfeinerten Reiches seine Tochter einem Stammesfürsten in die Ehe gab, der, von Schang aus gesehen, ein unkultivierter Barbar war, legt den Schluß nahe, daß wir es hier mit einem frühen Fall der sogenannten Prinzessinnendiplomatie zu tun haben. In der chinesischen Geschichte ist es häufig vorgekommen, daß kaiserliche Prinzessinnen mit mächtigen Barbarenfürsten verheiratet wurden, um diese zu befrieden. Die kräftig aufstrebenden Dschou müssen damals den Schang ein recht unbequemer, ja unheimlicher Nachbar gewesen sein. Durch diese Ehe sind sie näher an die Schang herangebracht worden und haben ihre Verantwortlichkeiten im chinesischen Reichsverband anerkannt und angenommen. Das Resultat war Friede für beide Teile; die Beförderung ihrer Position wirkte sich auch für die Dschou segensreich und heilvoll aus. Die spätere Machtübernahme der Dschou ist in dieser Linie selbst noch nicht antizipiert. Wandelt sie sich aber, so ergibt sich das Hexagramm 5, Das Warten, bei dem die Neun auf fünftem Platz heißt:

> Warten bei Wein und Speise. Beharrlichkeit bringt Heil.

Die große Zukunft der Dschou war also durch diese Heirat etwas geworden, das sie unbesorgt erwarten konnten, wenn sie ihren Zielen beharrlich treu blieben.

Ist so in der Sechs auf fünftem Platz des Hexagramms 11 die Position der Dschou in dieser Begebenheit bezeichnet, so schildert die Sechs auf fünftem Platz des Hexagramms 54 die Situation des Mädchens selbst. Wir wissen aus anderen Quellen, daß die Kulturdifferenz zwischen den Schang und den Dschou damals recht kraß gewesen ist[27]. Das Mädchen, in Dschou-Kostüme gekleidet, verblaßt vor der Pracht der Schang-Gewänder ihrer Dienerin. Die Situation ist jedoch zukunftsträchtig. Sie ist ja schließlich dazu ausersehen, dem König Wen, dem großen Kulturkönig, das Leben zu geben; ihr

27 Nach einer Lesart soll König Wen im Schweinestall geboren worden sein. Siehe Eduard Erkes, *Das Schwein im alten China,* in »Monumenta Serica« 7, 1942, S. 76.

Einfluß ist schon jetzt heilvoll offenbar, ihr Glanz noch im Wachsen, wenn sie sich nur der Gefahr entzieht, ihrer vergangenen Position nachzutrauern. Die Neun auf fünftem Platz des Hexagramms 58, Die jüngste Tochter, das sich ergibt, wenn sich diese Linie wandelt, hat den Text:

> Brütende Hingabe an das, was in Zersetzung begriffen ist, ist gefährlich.

Solche Behandlungen historischer Begebenheiten geben Aufschluß über die Art, wie historisches Geschehen aufgefaßt wurde. Aus dieser Auffassung können zwei Leitsätze entnommen werden, die für unsere Frage nach dem Sinn des Geschehens von Wert sind. Die Berechtigung, einmalige historische Begebenheiten in Orakeltexte einzubauen, die schließlich für alle Zukunft richtungweisend sein sollen, kann nur davon abgeleitet werden, daß eine historische Manifestation oder gewisse historische Manifestationen Aspekte haben, die über das Momentane hinausreichen. Im historischen Moment kommt das Zusammenspiel der Potenzen zum Klingen, die das Geschehen bestimmen. Die Faszination dieses Klangs ist in der Regel so absorbierend, daß darüber die Potenzen, die ihn zuwege bringen, vergessen werden. Aber nur die Konzentration auf diesen Klang und die Hingabe an ihn läßt uns sein Wesen und seine Wirkung erkennen: Art und Wirkung immanenter Kräfte können nur in ihrer Manifestation begriffen werden. Mit anderen Worten: nur die Hingabe an den historischen Moment kann uns zum Sinn des Geschehens hinführen. Es scheint, daß den Autoren der frühen Schichten des Buchs der Wandlungen Immanenz und Manifestation noch nicht als in eine Zweiheit auseinandergelegt erschienen, daß also der historische Moment nicht nur als Erkenntnismittel von oder Zugang zu immanenten Potenzen angesehen wurde, sondern als deren vollkommene Darstellung; die Einmaligkeit war ihnen also der vollendete Ausdruck der Gesetzmäßigkeit. Es ist auf diese Weise, daß eine einmalige historische Begebenheit und jeder Moment innerhalb dieser Begebenheit richtungweisend sein kann für wiederkehrendes Geschehen. In der Geschichte des Königs Hai ist der Verlust des Schafs ein anderes Moment als der Verlust des Rinds. Jeder hat seine besondere Botschaft, wenn auch im speziellen

Fall des Königs Hai der eine zum anderen geführt hat. Kein Augenblick verweilt, und sei er noch so schön; aber nur durch Hingabe an seine Schönheit wird uns sein Sinn offenbar. Und es ist dies, dessen wir bedürfen.

Der Schritt von der Immanenz zur Permanenz beruht freilich noch auf etwas anderem. Es ist vorhin von dem Einklang des äußeren und des inneren Geschehens die Rede gewesen und von der Koordination des Symbolischen und des Symbolisierten. Die Konzentration auf die Erscheinung ist auch in der Anwendung auf den Menschen vonnöten. Die Auffassung der älteren Schichten des Buchs der Wandlungen scheint jedoch gewesen zu sein, daß auch das, was dem Menschen geschieht, und das, was er geschehen macht, die dem Licht zugekehrte Seite eines Zusammenhangs ist, dessen Einheit und Einheitlichkeit vorausgesetzt werden muß. Das Beleuchtete ist dabei in Formen gekleidet, die der Welt des Faßbaren und Erfaßbaren zugehören, Bildern, vielfach historischen Bildern also, die dem Bewußtsein, auch dem historischen Bewußtsein, innewohnen. Die Kontinuität der Situation, die durch diese Bilder bezeichnet wird, reicht jedoch über das Bewußtsein hinaus. Es wird dabei nicht geleugnet, daß die Konzentration auf das Faßbare zu einer Verzerrung der Kontinuität führen kann, daß eine Hypertrophie des einen oder, im Umschlag, des anderen Aspekts das Gefüge des Ganzen aus der Ordnung bringt. Eine solche einsichtslose und gewaltsame Handhabung der Zeichen bringt Störungen, die bedeutungsvoll, ja ausschlaggebend sein können. Wer das Geschehen nicht verstehen will und sich mit ihm herumschlägt, versäumt damit seine Position und seine Möglichkeiten innerhalb des Geschehens. Das Geschehen aber geschieht allein dem Menschen oder wird durch ihn herbeigeführt, und dies kann nur so sein, da die Totalität des Menschen die Welt des Geschehens in sich begreift. Das, was das äußere und das innere Geschehen genannt worden ist, sind also zwei Aspekte desselben Komplexes; der Ablauf der Ereignisse und die Stellung des Menschen in ihm sind eins. Auch wer sich gegen diesen Zusammenhang stemmt, entflieht ihm nicht. Das »So mußt du sein«, leidend *und* handelnd, ergibt sich aus ihm.

Dieser Zusammenhang ist in den älteren Schichten des Buches völlig unreflektiert angenommen. Die jüngeren Schichten bringen dann manches darüber, wie Kungfutse und seine Schule sich diesen Zusammenhang vorgestellt haben. Uns interessiert aber hier in erster Linie das unmittelbare der älteren Auffassung. Diese findet sich in einer Reihe von frühen Orakeln, die in historischen Annalen unter vorkonfuzianischen Daten aufgezeichnet sind[28]. Die historischen Vorgänge sind dabei ebenso von Bedeutung wie die Art, in der die Hexagramme des Orakels auf sie angewendet werden. Zur Erhellung der Situation werden dabei in der Regel die Texte des sogenannten Urteils und der sich wandelnden Linien verwandt, aber mehr noch die den Hexagrammen und den Trigrammen zugehörigen Bilder[29].

Als Beispiel möge zunächst eine Serie von Orakeln dienen, in denen die Zukunft derzeit in Unbedeutendheit weilender Angehöriger von Adelsgeschlechtern zur Frage stand. Das erste bezog sich auf Bi Wan[30], den Abkömmling des Fürstenhauses eines untergegangenen kleinen Lehens. Zur Zeit der Befragung diente er als Vasall dem Fürsten des großen Lehnsstaates Dsin. Das zweite bezog sich auf zwei Söhne des Fürsten von We, von denen der jüngere vor seinem gelähmten

28 Eine Verwendung dieser Texte in unserem Zusammenhang beruht auf der Voraussetzung, daß wir es hier mit zuverlässigen historischen Traditionen zu tun haben. Ich kann hier nicht auf die Gründe eingehen, die mich zur Annahme dieser Voraussetzung bewegt haben; vergleiche zum Folgenden: Li Chien-Ch'ih, *Untersuchungen an Orakeln nach dem Buch der Wandlungen im Tso-chuan und Kuo-yü* (chinesisch), in »Ku-shih-pien« 3, 1931, S. 171—187.

29 Der Komplex der hier verwandten Bilder, die den Gesamthexagrammen zugehören, ist im heutigen Buch der Wandlungen nicht mehr enthalten. Sie kehren in den hier verwandten Texten mit großer Konsequenz wieder. So zum Beispiel Hex. 3 »Die Anfangsschwierigkeit« bedeutet Festigkeit; Hex. 8 »Das Zusammenwirken« bedeutet Eindringen; Hex. 17 »Die Nachfolge« bedeutet Heraustreten; Hex. 36 »Die Verfinsterung des Lichts« bedeutet die Sonne; Hex. 16 »Die Begeisterung« bedeutet die Freude. Ähnliche Gleichsetzungen, die sich im Buche *Tsa-kua* finden, beruhen auf einer völlig anderen Tradition. Der Bildwert der Trigramme stimmt im wesentlichen mit dem im Buche *Shuo-gua* wiedergegebenen überein. In Einzelfällen scheinen wir hier aber eine ältere Tradition vor uns zu haben. So ist das Pferd noch Kun zugeordnet und nicht Kiën, während die Kuh bei Li erscheint. Der Wagen ist Dschen zugeordnet und nicht Kun. Das Eindringen der jüngeren Tradition überschneidet in einem Fall die ältere: die Menge erscheint wie im *Shuo-kua* bei Kun aber auch noch bei Kan.

30 *Tso-chuan,* Min 1; Couvreur 1, 214.

älteren Bruder, der an sich zur Nachfolge berufen gewesen wäre, vom Orakel den Vorzug erhielt[31]. Das dritte schließlich bezog sich auf den Thronfolger des Lehnsstaates Dsin, der sich wegen in seiner Heimat herrschender Wirren im Exil befand[32]. In allen drei Fällen ergab sich das Hexagramm 3, Die Anfangsschwierigkeit, das sich in den ersten beiden in 8, Das Zusammenhalten, wandelte.

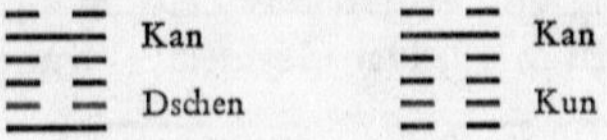

Das Urteil zum ersten Hexagramm ebenso wie die sich wandelnde untere Neun enthält die Worte: »Fördernd ist es, Fürsten einzusetzen.« Das Spiel der Bilder ist im ersten Fall in folgender Weise ausgeführt:

> Dschen (das Erregte) wird zum Landbesitz (Kun, die Erde); der Wagen (Dschen) folgt dem Pferd (Kun); der Fuß (Dschen) stützt ihn; der ältere Bruder (Dschen) geht ihm voraus; die Mutter (Kun) deckt ihn; die Menge (Kun) fällt ihm zu.

Es ist reizvoll, diesem schimmernden Spiel der Symbole nachzugehen und ihre Folgerichtigkeit im einzelnen aufzudecken. Wir müssen uns das hier versagen.
Im dritten Fall war das zweite Hexagramm 16, Die Begeisterung

Hier enthält auch das Urteil des zweiten Hexagramms die Worte:

> Fördernd ist es, Fürsten einzusetzen.

Die Exegese arbeitet auch hier wieder, abgesehen von den Urteilstexten, hauptsächlich mit den Zeichensymbolen. Der exilierte Thronfolger Tschung-erl ist einer der bedeutendsten Fürsten des alten China geworden.

31 *Tso-chuan*, Chao 7; Couvreur 3, 150—152.
32 *Kuo-yü* 10, Chin-yü 4, I. c. 11v—14r. Es ist interessant, daß in diesem Fall die professionellen Orakelpriester das Urteil sämtlich mißdeuteten. Ein Unabhängiger war weise genug, in diesem Zeichen die Größe von Tschung-erls Zukunft angelegt zu sehen.

Ein anderer Fall ist interessant, da zwei verschiedene Orakel sich auf den Ausgang derselben Schlacht zwischen den Lehnsstaaten Tsin und Dsin beziehen. In der Mitte des 7. Jahrhunderts gehörten diese beiden zu den mächtigsten Staaten Chinas. Hiën, der Fürst von Dsin, plante, durch Verheiratung seiner Tochter an den Fürsten Mu von Tsin die beiden näher aneinander zu binden. Er befragte das Orakel über diese Verbindung und erhielt das Zeichen 54, Das heiratende Mädchen, das sich in 18, Der Gegensatz, wandelte.

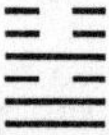
Dschen
Dui

Li
Dui

Die Exegese, die von der geplanten Heirat abriet, arbeitete mit den Texten der sich wandelnden obersten Linie in beiden Hexagrammen[33] und sagte, falls die Ehe vollzogen würde, eine für Dsin vernichtende Schlacht zwischen den beiden Staaten voraus. Fürst Hiën hielt sich nicht an diese Warnung und verheiratete seine Tochter doch an den Fürsten von Tsin. Hiëns Sohn und Nachfolger Hui, ein Mann von geringen Grundsätzen, dessen Handlungen Inzest und Verrat einschlossen, zog sich die Verachtung seiner Schwester in einem Grade zu, daß sie nach einem besonders krassem Fall von Undankbarkeit ihren Gemahl Mu bestimmte, Dsin zu bestrafen. Vor dem Angriff fragte auch Mu von Tsin das Orakel und erhielt das Hexagramm 18, Die Arbeit am Verdorbenen, zur Antwort, das sich in diesem Fall nicht wandelte[34].

Gen
Sun

Die Exegese arbeitete in diesem Fall mit dem Urteilstext[35] und sagte einen glücklichen Ausgang bevor.

Interessant für die Auffassung des Gewebes der Geschichte ist, daß Hui von Dsin, als er nach verlorener Schlacht sich als

33 *Tso-chuan*, Hsi 15; Couvreur 1, 304—306. Die im *Tso-chuan* zitierten Linientexte weichen im Wortlaut vom heutigen Text im Buch der Wandlungen verschiedentlich ab, stimmen aber in Bildern und Bedeutung weitgehend überein.

34 *Tso-chuan*, ibid.; Couvreur 1, 295/96.

35 Der im *Tso-chuan* zitierte Text weicht sehr wesentlich von dem im Buch der Wandlungen überlieferten ab.

Gefangener in Tsin befand, ausrief: »Hätte mein verstorbener Vater das Orakel befolgt, so befände ich mich nicht in dieser Lage.« Worauf ihm ein Begleiter expliziert: »Die Schildkröte gibt Bilder, die Schafgarbe gibt Zahlen. Wenn die Dinge entstehen (in die Erscheinungswelt eintreten), dann gewinnen sie ein Bild (eine gebildete Form); aus den gebildeten Formen ergibt sich die Vielfalt, aus der Vielfalt ergibt sich die Zahl. Eures verstorbenen Vaters Abweichen vom rechten Weg, konnte das nicht mit Zahlen errechnet werden? Das Orakel lag vor, er folgte ihm nicht; was kann da noch hinzugefügt werden? In den Liedern heißt es:

Das Elend des Volkes hier unten
kommt nicht vom Himmel herab.
Geschwätz und Gerücht und hinterrücks Haß:
Der Streit kommt von den Menschen her[36].

In einer anderen Situation, die auf einem ethischen Konflikt beruhte, brachte das Orakel eine Antwort von großer Präzision und Schärfe. Gegen Ende des 6. Jahrhunderts hatten die Herrengeschlechter im Staate Lu, dem Heimatstaat von Kungfutse, Prärogativen usurpiert, die über ihre legitime Stellung weit hinausgingen. Einer von ihnen, der Herr von Gi, hatte zudem die Unvorsichtigkeit begangen, sich mit dem Verwalter einer seiner Domänen, Nan Kuai, zu überwerfen. Nan Kuai wollte in Ausführung seiner Rache die mangelnde Loyalität des Herrn von Gi zu seinen Gunsten ausnützen, ihn stürzen und seine Domäne dem Fürsten von Lu selbst zuführen. Vor der Ausführung fragte er das Orakel und erhielt als Antwort das zweite Hexagramm, Kun, mit einer sich wandelnden fünften Linie; das zweite Hexagramm war also 8, Das Zusammenhalten[37]:

36 *Schi-ging* 193, Strophe 7. Siehe Karlgren, *The Book of Odes*, Stockholm 1950, p. 139. Die Argumentation wäre auch ohne Hereinnahme der Schildkröte die gleiche. Daß die Schildkröte überhaupt erwähnt ist, beruht wohl darauf, daß sie in der Regel neben der Schafgarbe befragt wurde.

37 *Tso-chuan*, Chao 12; Couvreur 3, 200—203. Der zitierte Linientext stimmt hier wörtlich mit dem im Buch der Wandlungen überlieferten überein.

Die Sechs auf fünftem Platz heißt hier:

Gelbes Untergewand bringt erhabenes Heil.

Gelb ist die Farbe der Loyalität; Nan Kuai hielt daher diesen Ausspruch für günstig. Er mußte sich aber belehren lassen, daß sein Unternehmen nur dann Aussicht auf Erfolg habe, wenn einer proklamierten Loyalität auch eine innere loyale Gesinnung entspräche (Untergewand). Nan Kuai war nicht der Mann dafür und ist schließlich nach seinem Aufstand durch die Verhältnisse gezwungen worden, mit seiner Domäne zum Staate Tsi überzugehen. Er hat damit zu den Wirren beigetragen, in die der Staat Lu verfiel.

Dieses letzte Orakel ist um mehr als hundert Jahre jünger als die früher erwähnten. So wird hier schon auf die Gesinnung abgestellt, eine Differenzierung, die früheren Texten noch fremd war. Es ist dies ein Ausdruck der großen Zeitenwende, die durch den Namen Kungfutse charakterisiert ist. Das Taoteking schildert diesen Umbruch mit den folgenden Worten:

Geht der große Sinn zugrunde,
so gibt es Sittlichkeit und Pflicht.
Kommen Klugheit und Wissen auf,
so gibt es die großen Lügen.
Werden die Verwandten uneins,
so gibt es Kindespflicht und Liebe.
Geraten die Staaten in Verwirrung,
so gibt es die treuen Beamten[38].

Selten ist der »Sündenfall« der Erkenntnis von Gut und Böse in seinen Folgen klarer beschrieben worden. Die Konsequenz freilich, die manche Taoisten zogen, die Rückkehr nämlich zu dem, was nach diesem Erkenntnisakt als primitiv und naiv erscheinen mußte, wird der Situation kaum gerecht. Auch hier fördert es nicht, sich gegen den Zusammenhang des Geschehens zu stemmen; es gibt keinen Weg zurück in das verlorene Paradies. Nur die Hingabe an diesen Akt und seine Annahme als Beginn einer neuen Phase der Schöpfungsgeschichte bewahrt und entwickelt das große Erbe. Kungfutse hat bewußt diesen Weg beschritten. Er hatte wenig Geduld mit

38 R. Wilhelm, *Laotse, Tao te king*, 47. Tsd. 1971, S. 58.

dem Obskurantismus, der ihm von seiten der Taoisten zuweilen entgegentrat. Als ihm einer riet, sich von der Welt zurückzuziehen, sagte er: »Mit Vögeln und Tieren des Feldes kann man doch nicht zusammenhausen. Wenn ich nicht mit *diesem* Geschlecht von Menschen zusammensein will, mit wem soll ich dann zusammensein?[39]«

Über eines war er sich allerdings klar: daß nämlich durch diesen Akt dem Menschen innerhalb der Trinität der Potenzen eine neue und schwere Verantwortung zugewachsen war. Und es erschien ihm, daß die Schwere dieser Verantwortung nur getragen werden könne im Einklang mit dem Willen des Himmels. Nur unter göttlicher Führung kann auch nach diesem Akt die Einheit des Menschen und des Geschehens bewahrt und fortgeführt werden. Er hatte die Überzeugung, daß er, der Mensch Kungfutse, in dieser Aufgabe unter göttlicher Führung stand. Und so konnte er das stolze Wort sprechen, als er in Kuang in Gefahr geriet:

»Da der König Wen nicht mehr ist, ist doch die Kultur mir anvertraut. Wenn der Himmel diese Kultur vernichten wollte, so hätte ein spätgeborener Sterblicher sie nicht überkommen. Wenn aber der Himmel diese Kultur nicht vernichten will, was können die Leute von Kuang mir anhaben?[40]«

II

Das Wort, das in dem Taoteking-Zitat vorhin mit »Sinn« übersetzt worden ist, ist das chinesische Tao. Dieses Wort hat in der Geschichte der chinesischen Sprache mannigfaltige Bedeutungswandlungen durchgemacht. Das sinngebende Element in diesem Wort ist der Kopf oder das Haupt; es hat von da aus die Bedeutung »führen« oder »leiten« angenommen, ferner »führende Worte sprechen, belehren, ermahnen« und schließlich schlechthin »sprechen«. Auf der anderen Seite hat das Wort die Bedeutung einer Bahn angenommen, des großen Weges, der sicher zu einem bestimmten Ziele führt und auf dem man nicht in die Irre gehen kann. Von hier

39 *Lun Yü,* 18, 6; R. Wilhelm, *Kungfutse, Gespräche,* Taschenausgabe 21. Tsd. 1971, S. 180.

40 *Lun Yü,* 9, 5; R. Wilhelm, l. c., p. 98. Ähnlich auch 7, 22; ibid., p. 86.

aus ist das Wort in die Philosophie übernommen worden als der Begriff Tao der Konfuzianer sowohl wie der Taoisten. In den späteren Schichten des Buchs der Wandlungen, besonders in der Großen Abhandlung, wird sehr viel mit diesem Begriff gearbeitet, und zwar in generellen sowohl wie in spezifischen Anwendungen. Es ist dort vom Tao an sich die Rede, aber auch vom Tao des Himmels, der Erde und des Menschen, vom Tao des Männlichen und des Weiblichen, vom Tao des Edlen und des Gemeinen, vom Tao von Tag und Nacht. In manchen dieser spezifischen Anwendungen der späteren Zeit haben wir uns an die Übersetzung »Weg« gewöhnt. Für allgemeinere Anwendungen hat mein Vater mitunter die Übersetzung »Sinn« gewählt[41].

Ein Abschnitt der Großen Abhandlung beschreibt, wie die I Ging-Interpretation der späteren Textschichten diesen Begriff verstanden wissen will:

> Was einmal das Dunkle und einmal das Lichte hervortreten läßt, das ist der Sinn (Tao). Als Fortsetzender ist er gut; als Vollender ist er das Wesen. Der Gütige entdeckt ihn und nennt ihn Güte, der Weise entdeckt ihn und nennt ihn Weisheit. Das Volk wendet ihn täglich an und weiß nichts von ihm; denn der Sinn (Tao) des Edlen ist selten. Er offenbart sich in Güte, aber verbirgt sich in seinen Wirkungen. Er belebt alle Dinge, aber er teilt nicht die Sorgen des Heiligen. Seine herrliche Art und sein großes Wirkungsfeld sind das Höchste, was es gibt. Daß er alles in vollem Reichtum besitzt, das ist sein großes Wirkungsfeld; daß er alles täglich erneuert, das ist seine herrliche Art. Als Erzeuger alles Erzeugens heißt er die Wandlung. Als Vollender der Urbilder heißt er das Schöpferische. Als Nachbildender heißt er das Empfangende. Indem er dazu dient, die Gesetze der Zahl zu erforschen zur Erkenntnis des Zukünftigen, heißt er die Offenbarung. Als Zusammenhang in den Veränderungen heißt er das Werk. Dasjenige an ihm, was durch das Lichte und das Dunkle nicht ermessen werden kann, heißt der Geist.

41 Eine Begründung dieser Übersetzung hat mein Vater in der Einleitung zu seiner *Tao te king*-Übersetzung gegeben. S. 24/25.

Es muß wiederholt werden, daß dieser Abschnitt einer spekulierenden Zeit entstammt, der der Begriff Tao schon ein geläufiges Instrument war. In den früheren Schichten des Textes ist vom Sinn der Erscheinungen und des Geschehens noch nicht in dieser Ausführlichkeit die Rede. Er ist aber im System enthalten, ja mehr noch, er liegt ihm zugrunde. Ohne einen zugrunde liegenden Sinn könnte das System nicht bestehen, und die Einrichtung des Orakels fiele dahin. Also auch hier gilt das Wort: »Im Anfang war der Sinn.«

Um dem Wesen dieses Sinnes und der Möglichkeit seiner Erfassung näher zu kommen, muß in Erinnerung gerufen werden, daß die Welt dieses Buches eine Welt der Wandlungen ist. Der Sinn kann also nicht im Zustand erfaßt werden, sondern nur in der Bewegung. Er liegt in der Bahn (Tao) der Wandlung, und nur durch Beschreiten dieser Bahn kann er begriffen werden. Das erkenntniskritische Dilemma, dem zufolge das Wesen von Zustand und von Bewegung nicht gleichzeitig beobachtet werden können, muß in dieser Welt der Wandlungen gelöst werden durch die Einheit von Erfassen und Verfolgen, durch Beschreiten des Wegs, durch Wirken im Sinn.

Das in dieser Lösung enthaltene Problem des Verhältnisses von Erkennen und Handeln ist in der chinesischen Philosophie sehr häufig abgehandelt und in der verschiedensten Weise beantwortet worden. Die bedeutendsten Ausführungen dazu stammen von Wang Schou-jen (Wang Yang-ming 1472–1528), der durch gleichmäßige Betonung von Intuition und weltlicher Aktivität eine neue Einheit von Erkennen und Handeln herstellen wollte[42].

Für die älteren Schichten des Buchs der Wandlungen bestand ein derartiges Problem noch nicht. Die Richtung des Geschehens bedeutete seinen Sinn; er wurde erfaßt dadurch, daß man sich in seinem Lauf hielt. Das Fortschreiten auf dem Wege (Tao) war die Erfüllung des Sinns.

So ist der Sinn in jedem einzelnen der 64 Hexagramme des Buches enthalten und kann sich erfüllen in jeder denkbaren Wandlung der Linien. In jedem Geschehen ist er angelegt und

42 Vergleiche hierzu: David S. Nivison, *The Problem of »Knowledge« and »Action« in Chinese Thought Since Wang Yang-ming;* in: Arthur F. Wright ed., *Studies in Chinese Thought,* Chicago 1953, S. 112—145.

kann durch Hingabe an dieses erfaßt und erfüllt werden. Wenn wir aber über den Begriff des Sinnes und den Prozeß der Sinnerfüllung Näheres erfahren wollen, so können wir zwei Hexagramme vornehmen, die diese Bewegung darstellen. Es sind dies die Hexagramme 10, Das Auftreten, und 17, Die Nachfolge.

Das Hexagramm 10 besteht aus den Trigrammen Dui und Kiën.

Unbefangene Heiterkeit, die jüngste Tochter, steht unter dem Bild des Schöpferischen, dem Himmel in all seiner Wucht und Schwere. Dieser Gegensatz zwischen dem unbefangenen Mädchen und dem schöpferischen Himmel ist wert, ins Auge gefaßt zu werden. Sinnerfassung und Sinnerfüllung ergeben sich aus dem Zusammenspiel dieser beiden äußersten Extreme unter den acht Zeichen. Dui ist die Freude; unter den Bildern, die ihm beigegeben sind, ist der See, im Extrem auch der ausgetrocknete See, der eine salzige Kruste auf der Erde hinterläßt, ferner Mund und Zunge, also die Organe des Redens, dann das gehörnte Schaf oder die Ziege. Es steht im Westen, der Zeit der Vollendung und des Urteils, der Zeit des Mittherbstes, wenn die Früchte am Baum gereift sind, abfallen und aufspringen; im Extrem also bedeutet es das Zerbrechliche und dem Verderben Ausgesetzte. Der Charme der jüngsten Tochter jedoch und ihre Fähigkeit, mit Zungen zu reden, macht sie zur Zauberin, zur Schamanin. Und schließlich heißt es: »Gott erfreut die Menschen im Zeichen des Heiteren.« Diesem Zeichen ist das Schöpferische entgegengestellt, in dem Gott die Menschen bekämpft, der kalte Himmel, das schneidende Metall. Die Tragweite dieser extremen Spannung, aber auch die in ihr enthaltene Gefahr werden aus diesen Bildern unmittelbar evident.

Dem ist Ausdruck gegeben im Urteil, das lautet:

> Auftreten auf des Tigers Schwanz. Er beißt den Menschen nicht. Gelingen.

Das Auftreten, das Betreten des Weges, das Erfassen und Erfüllen des Sinns konfrontiert uns also mit dem Tiger[43].

43 Der weiße Tiger ist das Tier des Westens.

Jeder Akt der Erkenntnis schließt die Möglichkeit ein, daß das bis dahin Unerkannte sich gegen das Erkennen sträubt und dem Erkennenden zum Verderben wird. Das wilde Tier, dessen wir uns, unerkannt, nicht bewußt sind, tritt in Erscheinung; der Akt der Erkenntnis gibt ihm zähnefletschende Form. Ist die Erkenntnis jedoch einmal vollzogen, so kann sie nicht mehr rückgängig gemacht werden; das Tier ist mit uns, und wir müssen von nun an mit ihm leben. Mut und Verzweiflung des Entdeckers sind in dieser Situation enthalten.

Die Tatsache aber, daß Erfassen *und* Erfüllen des Sinns in *einem* Akt begriffen liegen und daß das Betreten der Bahn, der Akt der Sinnerfassung und Sinnerfüllung in unbefangener Heiterkeit erfolgt, bringt es mit sich, daß das gefährliche Tier uns hier seine liebenswürdigere Seite zukehrt. Es beißt nicht. Eine so vollzogene Erkenntnis und das so Erkannte führen also nicht zur Vertreibung aus dem Paradies.

Die einzelnen Phasen und Aspekte dieses Aktes werden dann in den Linientexten abgehandelt. Die Anfangsneun bringt die Worte:

> Einfaches Auftreten. Fortschreiten ohne Makel.

Der Kommentar erklärt dies: »Er folgt einzig seiner Neigung.« Dies ist noch ein naiver, absichtsloser Schritt. Weiteres Fortschreiten ist angezeigt. Das Zeichen Li, die Erleuchtung, das untere Kernzeichen, liegt noch vor einem.

Die Neun auf zweitem Platz bedeutet:

> Auftreten auf schlichter, ebener Bahn. Eines dunklen Mannes Beharrlichkeit bringt Heil.

Hier stoßen wir schon auf den Sinn. Die Bahn ist das Tao. Sie ist schlicht und eben, wenn man in ihr beharrt wie ein dunkler Mann. Der dunkle Mann ist wahrscheinlich wieder eine historische Anspielung, die wir nicht mehr aufklären können. Für unsere Zwecke muß es genügen festzustellen, daß es sich hier nicht um einen *vir obscurus* handelt, sondern um den *homo teneber,* nicht den Verdunkelten, sondern, der noch in der dunklen Welt, die unter der Schwelle der Erkenntnis liegt, zu Hause ist, der also noch nicht zum Homo sapiens geworden ist mit seinen Zwecken. Wenn sich diese

Linie wandelt, ergibt sich das Hexagramm 25, Die Unschuld, das Unerwartete, wo die Sechs auf zweitem Platz heißt: »Beim Pflügen nicht ans Ernten denken und beim Roden nicht an das Benutzen des Feldes[44].« Das Heitere hat sich hier in das Erregende gewandelt, in dem Gott hervortritt, der See in die Straße, das Schaf in das galoppierende Pferd. Mit der nächsten Linie jedoch geraten wir in das Netz der Verführungen der Erkenntnis. Der Text lautet hier:

> Ein Einäugiger kann sehen, ein Lahmer kann auftreten. Er tritt auf des Tigers Schwanz. Der beißt den Menschen. Unheil! Ein Krieger handelt so für seinen großen Fürsten.

Schöpfung durch Erkenntnis steht vor einem. Die Ziege will die Situation mit gesenkten Hörnern meistern. Der Akt des Erfassens und Erfüllens wird so nur partiell vollzogen. Die Verführung liegt in der Möglichkeit, auch einäugig zu sehen und auch humpelnd zu laufen. Die Einseitigkeit, die in dieser unvollkommenen Auswertung des Potentials liegt, kann aber nur zu Unheil führen. Das halbe Licht der Erkenntnis und die halbe Kraft des Wirkens können in dieser kritischen Situation nur dazu führen, daß das reißende Tier sich umwendet. Halbe Wahrheiten und halbe Maßnahmen sind gefährlicher als völliges Abstehen von Erkennen und Handeln. Nach diesem durch vorschnelles Fortschreiten ausgelösten Erlebnis kann nun kein Zweifel mehr sein, womit man es zu tun hat. Dem Tiger, den man bis dahin nur von hinten kannte, hat man ins Auge gesehen und hat seinen Reißzahn gefühlt. Der drohende und erschreckende Aspekt der Einsicht, den die antike Mythologie so eindringlich schildert, hat eine neue Stufe der Bewußtheit herbeigeführt. Den Autoren der früheren Schichten des Buchs der Wandlungen erschien es jedoch unrealistisch, nach diesem Erlebnis das Bild von Sais wieder zu verschleiern. Durch Wandlung dieser Linie wird aus dem Zeichen Dui das Zeichen Kiën; von Westen schreitet es zum Nordwesten vor, aus dem Unbefangenen wird das Schöpferische. Und das Hexagramm Lü wird zum Hexagramm Kiën, wo die Neun auf drittem Platz lautet:

44 Eine andere Lesart wäre: Ernten, ohne zu pflügen, und das Feld benutzen, ohne zu roden.

> Der Edle ist den ganzen Tag schöpferisch tätig. Des Abends noch ist er voll innerer Sorge. Gefahr. Kein Makel.

Im Hexagramm 10 folgt daher auf die erschreckende Sechs eine behutsame Neun. Der Text zur Neun auf viertem Platz heißt:

> Er tritt auf des Tigers Schwanz. Vorsicht und Behutsamkeit führen endlich zum Heil.

Das nicht wieder auslöschbare Trauma des großen Schreckens führt zur Vorsicht und Behutsamkeit; es hält aber nicht von weiterem Fortschreiten ab. Die Bahn führt zu weiteren Erkenntnissen und weiteren Aufgaben, jede in ihrer Art gefährlich. Die eigene Wahrhaftigkeit jedoch bringt Klärung und Heil. Wandelt sich diese Linie, so ergibt sich das Zeichen 61, Die innere Wahrheit. Es schwindet das Blut, es weicht die Angst. Behutsam befreit man sich von seinem Gespannpferd, und in Demut erkennt man seine Schweine und Fische. Es ist wieder einmal die Zeit, ehe der Mond ganz voll ist.

Ist diese Haltung gewonnen, so kann der letzte Durchbruch gewagt werden. Die Neun auf fünftem Platz bringt den Text:

> Entschlossenes Auftreten. Beharrlichkeit bei Bewußtsein der Gefahr.

Hier fällt die letzte Hülle; der kämpfende Himmel weicht der leuchtenden Sonne. Rückhaltlose Entschlossenheit bei Kenntnis der Gefahr bringt diesen Schritt zuwege. Die Gefahr jedoch ist hier nicht mehr der Tiger, nicht mehr das Erkannte. Die Gefahr liegt vielmehr darin, daß durch diesen entschlossenen Akt ein Gegensatz hergestellt wird zwischen dem Erkennenden und dem Erkannten, daß der Erkennende sich souverän erhebt über das, was er erkannt hat, und darüber vergißt, daß mit dem Erfassen des Sinns auch sein Erfüllen geboten ist. Die in der Situation erforderte Entschlossenheit führt folgerichtig zu diesem Gegensatz. Das Entgegengesetzte soll aber nicht das Unterworfene sein. Es ist in ihm der Blutsverwandte zu sehen, der sich durch die letzte Hülle durchbeißt. Was sollte es für ein Fehler sein, hinzugehen und sich mit ihm zu vereinen? Ist der drohende Gegensatz erkannt, so wird er durch Beharren beim Weg überwunden. In dieser beherrschenden Situation genügt es nicht, den Tiger zu bändigen, man muß ihn reiten.

So haben wir dann bei der oberen Neun nicht weiter fortzuschreiten. Man kann sich umwenden und den durchschrittenen Weg überschauen:

> Blicke auf dein Auftreten und prüfe die günstigen Zeichen! Ist alles gerundet, so kommt erhabenes Heil.

Selten nur findet sich im Buch der Wandlungen beim obersten Strich eines Hexagramms eine solch gemessene und beschauliche Situation. In den meisten Fällen fällt der oberste Strich zu seinem Unheil über den Rahmen des Gesetzten hinaus. Hier aber bleibt Gelegenheit, das Durchschrittene anzuschauen und zu überprüfen. Das Durchschreiten des Wegs brachte Erfassung und Erfüllung des Sinns und damit günstige Auspizien für die Zukunft. Kiën wandelt sich hier in Dui, das Schöpferische in das Heitere. So ist hier die vollkommene Rundung vollbracht; die Heiterkeit des Endes beruht auf der Heiterkeit des Anfangs, ein Zustand, in dem man verharren mag[45].

Die Aspekte und Phasen der Enthüllung des Sinns lassen sich also in den besprochenen Texten verfolgen. Im System des I Ging liegt Sinn in jeder gegebenen Wandlung, theoretisch also in dem Weg, der von jedem Hexagramm zu jedem anderen Hexagramm führt. Dieser spezifische Sinn des in einer Situation angezeigten Weges ist oft leicht zu begreifen. Wenn zum Beispiel das Wort »Tritt man auf Reif, so naht das feste Eis[46]« zur »Wendezeit« führt, so ist keine weitere Kontemplation nötig, den gradlinigen Sinn dieser Richtung zu sehen. Doch sind die Verhältnisse nicht immer so einfach. Soll man zum Beispiel vom Zustand des Haftens zum Zustand des Wanderns geführt werden, so heißt der Text: »Auftre-

45 In der Welt des späteren Himmels steht dieses Zeichen auch für die Sitte. Die Erfassung des Sinns hat hier zu formalisierten Institutionen geführt, von denen erwartet wird, daß sie ihn dauernd erfüllt. Siehe hierzu R. Wilhelm, *Der Geist der Kunst nach dem Buch der Wandlungen*, 3. Vortrag: »Der Geist der Lebenskunst« in: *Der Mensch und das Sein*, Jena 1931, S. 232—245.

46 Hex. 2, 6/1.

ten kreuz und quer. Kontempliere dies ernsthaft, dann ist kein Makel[47].« Das Abschreiten des Wegs ist hier also nicht geradlinig; es geht kreuz und quer, und es bedarf ernsthafter, ja ehrfürchtiger Versenkung, wenn man den Weg nicht verlieren will. Im Urteil des erwähnten Zeichens »Die Wendezeit« heißt es unter anderem: »Hin und her geht der Weg.« Der Sinn liegt also hier in der Wiederholung[48]. Und die Anfangsneun des neunten Hexagramms, Des Kleinen Zähmungskraft, lautet: »Wiederkehr auf (demselben) Weg, wie wäre das ein Makel! Heil!« Der Sinn liegt also hier in der Umkehr, im Rückzug. So sagt denn Kungfutse einmal:

> Der Edle mag seinen Sinn erfüllen draußen im Leben oder in der Zurückgezogenheit, im Schweigen oder im Reden.

Die Linie, anläßlich derer dieses Wort gesprochen wurde, ist die Neun auf fünftem Platz des Zeichens 13, Gemeinschaft mit Menschen:

> In Gemeinschaft mit Menschen gibt es erst Weinen und dann Lachen. Nach großen Kämpfen nur gelingt es, sich zu finden.

Die Suche nach dem Weg oder die Enthüllung des Sinns des Geschehens wird freilich nicht immer in einer so originären Weise erfolgen, wie dies in den Texten des 10. Hexagramms ausgedrückt ist. Nicht jedem ist es gegeben, das wilde Tier aus eigenem zu meistern. So besteht denn auch die Möglichkeit, den Sinn in der Nachfolge zu begreifen. Das 17. Hexagramm, Die Nachfolge, in dem dieser Weg im einzelnen beschrieben wird, mag uns zunächst befremden.

Dui, das Heitere, die jüngste Schwester

Dschen, das Erregende, der älteste Bruder

Wir sind geneigt, in der Haltung des Jüngers Gefahren zu sehen, die das Individuum selbst sowohl wie seinen Weg im Leben betreffen. Die im Begriff der Nachfolge enthaltene Selbstentäußerung läßt uns befürchten, daß wir hier in die

47 Hex. 30, 9/1.
48 Der Tuan-Kommentar zu 9/3 des ersten Hexagramms hat einen ähnlichen Text.

Position des einäugigen Sehers, des lahmen Wandlers geraten. Das 17. Hexagramm greift die Sachlage ein wenig anders an. Die Nachfolge ist hier unter dem Verhältnis des ältesten Bruders zur jüngsten Schwester begriffen, des Donners, der sich in den See zurückgezogen hat, der heftigen Entschiedenheit zur stillen Gelassenheit, des Erregenden, in dessen Zeichen Gott hervortritt, zum Heiteren, in dem Gott die Menschen erfreut. Der vorwärtsstrebende Fuß steht unter dem enthüllenden Wort, der Fanatiker unter der Zauberin. Ist die Haltung der Nachfolge so verstanden, so braucht trotz aller inhärenten Gefahren kein Teil Schaden zu nehmen; sie bedeutet keinen Makel, ja sie hat die Attribute des Schöpferischen[49]. Sie beruht auf einer naturgegebenen Neigung, der man sich hingibt; wir finden solche Verhältnisse im Kreise des Sokrates wieder. So läßt sich auch in der Nachfolge der Sinn verwirklichen.

In den Linientexten zu diesem Zeichen ist der Einsicht Ausdruck verliehen, daß in dieser Haltung das Maßgebende, also das institutionell Akzeptierte, sich geändert hat (gestört worden ist). Es ist auch den Gefahren Ausdruck verliehen, die dieses geänderte Maß in die Situation bringen kann. Die Zauberin mag zur Verführerin werden. Das Band der Anhänglichkeit mag einen allzu weit in die Richtung des kleinen Knaben ziehen, worüber man den Charakter des starken Mannes (des Ritters) verliert. Die Neun auf viertem Platz macht auf eine besonders naheliegende Gefahr aufmerksam:

> Die Nachfolge bringt (materiellen) Gewinn. Dabei zu verharren, ist Unheil. Mit Wahrhaftigkeit sich an den Sinn (Tao) zu halten, bringt Klärung. Wie könnte das ein Makel sein?

Der Sinn, der der Klärung bedarf, liegt auch hier im Weg der Nachfolge.

Die Neun auf fünftem Platz, der herrschende Strich des Zeichens, erinnert wieder an sokratische Verhältnisse:

> Wahrhaft im Guten. Heil!

49 Der Text des Urteils zum 17. Hexagramm enthält die gleichen vier Worte wie das Urteil zum Schöpferischen: »Erhabenes Gelingen, fördernd ist Beharrlichkeit.«

Das Wort »gia«, gut, kommt dem griechischen Begriff der Kalokagathie sehr nahe. Die Erfüllung des Sinns in der Haltung der Nachfolge hat hier zu einem Ideal geführt, in dessen Dienst man sich mit voller Hingabe gestellt hat.
Die obere Sechs zeigt schließlich, worin Sinnerfüllung auf dem Weg der Nachfolge gipfelt. Der Text heißt:

> Fest (eigensinnig) hängt er ihm an und wird noch dazu gebunden. Der König stellt ihn dem Westberg vor.

Die Nachfolge wird hier unverrückbar und bis zum letzten fortgeführt. Dies bringt Bindungen, stark wie Fesseln. Die Linie sieht aber hierin nicht die Hemmung der Bewegungsfreiheit. Der Gefesselte wird vielmehr in das Allerheiligste eingeführt und vor Gottes Angesicht geführt. In dieser höchsten Stufe der Initiation wird er als Gottes Knecht anerkannt und in die Gemeinschaft derer aufgenommen, die als Patriarchen um die Geschicke der Menschheit bemüht sind. Wer will da sagen, daß sich der Sinn nicht auch in der Nachfolge erfüllen ließe?
Die Texte des I Ging kennen neben dem Betreten und der Nachfolge noch eine dritte Art, den Weg zu durchschreiten. Diese ist in dem Wort Wang ausgedrückt, mit der Bedeutung »hingehen«, »sich auf ein Ziel zu bewegen«. Dieses Wort wird häufig in der Zusammensetzung Yu-wang benutzt: der Ort, wohin man geht, das Ziel, auf das man zuschreitet, der Hafen, auf den man zusteuert, das Heim, in das man zurückkehrt. Yu Yu-wang wäre dann: ein Ziel haben, etwas haben, auf das man zustrebt, einen Ort vor sich haben, der die Gewißheit der Erfüllung bedeutet. Diese Zielstrebigkeit umschließt wiederum beides: das Wissen und das Wirken, die Erkenntnis dessen, wohin der Weg geht, und die Handlungen, die zur Erreichung dieses Endes führen. Mein Vater hat daher denselben Begriff Yu Yu-wang, je nachdem, ob der Akzent mehr auf dem Erkennen oder auf dem Handeln liegt, in verschiedener Weise wiedergegeben: »Haben, wohin man gehe«, oder »etwas unternehmen«. Das Ende des Wegs setzt die Aufgabe.
So heißt es zum Beispiel im Urteil zum 2. Hexagramm, Das Empfangende:

Hat der Edle etwas zu unternehmen und will voraus, so geht er irre; doch folgt er nach, so findet er Leitung.

Oder in der Neun auf zweitem Platz des 14. Hexagramms:

Ein großer Wagen zum Beladen; man mag etwas unternehmen.

Das Ziel, das man vor Augen hat, kann ein kurzfristiges sein und nur eine bestimmte Wegstrecke betreffen. Im Urteil zum Hexagramm 40, Die Befreiung, heißt es:

Wenn nichts mehr da ist, wohin man zu gehen hätte, ist das Wiederkommen von Heil. Wenn es noch etwas gibt, wohin man gehen muß, dann ist Raschheit von Heil.

Oder das Wort im Urteil zu Hexagramm 22:

Im Kleinen ist es fördernd, etwas zu unternehmen.

Es kann aber auch ein Langfristiges sein, an dem gemessen die Widrigkeiten des Tags an Bedeutung verlieren. So sagt die Anfangsneun des Hexagramms 36:

Verfinsterung des Lichts im Fluge. Er senkt seine Flügel. Der Edle auf seiner Wanderschaft ißt drei Tage nichts. Aber er hat, wohin er gehe. Der Wirt hat über ihn zu reden.

Die Erkenntnis dieses Ziels, das Bewußtsein kommender Erfüllung, und die Unternehmungen, die dazu führen, sind in aller Regel fördernd. Die Beispiele hierfür sind zahlreich[50]. Darüber darf aber nicht vergessen werden, daß das Ziel das *Ende* des Wegs oder einer Wegstrecke ist. Der Sinn mag aber nicht im Ende des Wegs liegen, sondern im Weg als Ganzem. Zielbewußtheit kann also mitunter die Erkenntnis des Sinns eher verschließen als eröffnen. So heißt es zum Beispiel im Urteil des Hexagramms 3, Die Anfangsschwierigkeit:

Man soll nichts unternehmen.

50 Siehe zum Beispiel Hex. 24, Urteil; Hex. 25, 6/2 (vergleiche hierzu aber auch das Urteil); Hex. 26, 9/3; Hex. 28, Urteil; Hex. 32, Urteil; Hex. 41, Urteil; Hex. 42, Urteil; Hex. 43, Urteil; Hex. 45, Urteil; Hex. 57, Urteil.

Die Situation verbietet es, jetzt schon nach dem Endziel auszuschauen. Oder bei der Anfangssechs des Zeichens 33, Der Rückzug:

> Beim Rückzug am Schwanze sein, das ist gefährlich.
> Man darf nicht etwas unternehmen wollen.

Besonders deutlich ist die Situation in der Anfangssechs des Hexagramms 44, des Mädchens, das sich anträgt. Hier ist das Ziel zur Absicht geworden. Schließlich sei noch das Urteil des Zeichens 23, Die Zersplitterung, erwähnt, das das Bild des Hauses zeigt, dem der Einsturz droht. Hier ist alle Zielstrebigkeit unnütz. Man kann sich nur dem Unabwendbaren fügen und stillehalten. Der Sinn erfüllt sich hier nicht im Handeln, sondern im Dulden.

Es ist vorhin gesagt worden, daß mit dem Zeitalter des Kungfutse eine neue geistesgeschichtliche Epoche in China anhob. Diese Epoche ist im I Ging in den jüngeren Textschichten repräsentiert, den sogenannten »zehn Flügeln«, in denen die Probleme des Buches in einem neuen Lichte angeschaut werden. In diesen Schichten ist das Wort Tao ein ausgebildeter Begriff, von dem ein weiter Gebrauch gemacht wird. Vielfach ist er mit dem Wort De gekoppelt, das ursprünglich wohl einen gradlinigen Charakter, die Mannhaftigkeit, bedeutete, dann aber auch eine hierauf begründete Handlungsweise, die gradlinige Befolgung des Wegs, die Auswirkung des Sinns im Leben[51]. Ferner wird das Wort De für Tugend benutzt, und der Begriff Tao-De bedeutet im neueren Schrifttum »Moral«.

Daneben wird aber in den jüngeren Schichten ein neuer Weg zum Sinn des Geschehens beschritten, und es wird hier mit einem Begriff gearbeitet, der in den älteren Schichten noch nicht vorkommt. Dies ist der Begriff I.

Ich kann es mir nicht versagen, der Entwicklung der Semantik dieses Worts ein wenig nachzugehen. Das Wort zeigt in seiner unteren Hälfte als lautbestimmendes Element das Zeichen Ich. Dieses Zeichen für Ich wird in alten Texten nur in der Stellung des direkten Objekts benutzt und nicht in der

51 Mein Vater hat das Wort in taoistischen Zusammenhängen, aber auch vielfach in den späteren Schichten des Buchs der Wandlungen schlechthin mit »Leben« übersetzt. Eine Begründung findet sich in seiner *Tao teking*-Übersetzung, S. 25/26.

des Subjekts; es ist also das passive Ich und nicht das aktive. In Wörtern der Klasse, die durch dieses Zeichen gebildet wird, ist die Grundbedeutung des Leidens noch vielfach erhalten. Es scheint im Leiden und nicht im Handeln gewesen zu sein, daß das Ich zuerst seiner selbst bewußt geworden ist[52]. Zu diesen Zeichen des leidenden oder opfernden Ich ist im Worte I das Bild der Waage hinzugetreten; es deutet also an, daß hier durch Leiden oder Opfern ein Ausgleich hergestellt wird, spezifischer: daß man sich durch Darbringung eines Opfers in ein rechtes Verhältnis zu den übernatürlichen Mächten bringt; es bedeutet dann das rechte Verhältnis selbst, das was so sein soll, das Rechte, die Gerechtigkeit, weiter das, wie man sein soll, die Rechtschaffenheit, und auch das, was recht ist zu tun, was man tun soll, die Pflicht[53]. Das Wort bedeutet also das Urteil des Ich über das, was sein oder geschehen soll. In dieser Bedeutung wird das Wort in den Schriften der mittleren und späteren Dschou-Zeit sehr häufig gebraucht. Darüber hinaus heißt dann das Wort: der Sinn oder die Bedeutung. Das leitet sich von dem Postulat her, nur das, was recht oder gerecht erscheint, als bedeutungsvoll und sinngemäß anzuerkennen. Der Sinn wird also hier durch menschliches Urteil in das Sein und das Geschehen hineingelegt. Das Urteil über das Gesollte ist die Sinngebung. Daß hier der Sinn im Gesollten gesehen wird und nicht im Erfassen und Erfüllen des Geschehens, macht den Unterschied klar, der in dieser Zeitenwende liegt. Das souveräne Urteil des Menschen tritt seiner Intuition zur Seite.

Innerhalb dieser geistesgeschichtlichen Entwicklung ist es jedoch bedeutungsvoll, daß die Sinngebung neben die Sinnerfassung tritt und sie nicht ersetzt. Beide Begriffe werden in den neueren Schichten des Buches der Wandlungen nebeneinander gebraucht, mitunter werden sie sogar gekoppelt. Ein Satz in der großen Abhandlung lautet:

> Das vollendete Wesen des Menschen und sein dauernder Bestand sind das Tor zur Sinnerfassung (Tao) und zur Sinngebung (I).

52 Vergleiche lateinisch *ego* von *egere*, »Mangel leiden«.

53 Meinem Kollegen Erwin Reifler bin ich für seine Hilfe bei der Analyse dieses Zeichens dankbar.

Die sinnvolle Ordnung dessen, was recht ist, menschliche Gerechtigkeit, wird gemeinsam konzipiert mit dem großen Weg; in der Erfüllung des Tao nur kann das I ansetzen. Die geistesgeschichtliche Entwicklung hat hier allerdings zu dem Paradox geführt, daß der Zugang zu dieser doppelten Konzeption in der Vollendung und im Bestand gesucht werden muß, daß die Wandlung nur in der Dauer begriffen werden kann. Das erkenntnistheoretische Dilemma, von dem vorhin die Rede war, ist also in aller Schärfe hervorgetreten: Sinngebung, die ihrer Funktion nach dauernde Verhältnisse schaffen will, muß auf den Zustand abstellen, und die Gefahr, daß diese Konzentration auf das Zuständliche den in der Bewegung erfaßten Sinn vernachlässigt, ist nicht immer mit der notwendigen Schärfe erkannt worden. Glücklicherweise ist jedoch das I Ging nicht nur das Buch der Denker, sondern auch das Buch der Sucher gewesen, und so ist das Aufspüren des Sinns, der im Geschehen liegt, immer lebendig geblieben.
In den jüngeren Schichten des Buchs der Wandlungen sind die verschiedenen Aspekte des Begriffes I des näheren ausgeführt worden. In den Wen Yen, wohl dem ältesten der Flügel, der möglicherweise noch in vorkonfuzianische Zeit hinaufreicht, sind sie im Anschluß an bestimmte Attribute des Empfangenden und des Schöpferischen behandelt worden. Das was geschehen soll, ist an die rechtwinklige Art des Empfangenden angeschlossen worden. Es heißt dort: »Das Rechtwinklige bedeutet die Pflichterfüllung« und: »Der Edle tut seine Pflicht (I), um sein Äußeres rechtwinklig zu machen.« Das Rechtwinklige als Attribut des Empfangenden erscheint bei der Sechs auf zweitem Platz, der beherrschenden Linie des Zeichens; es steht für das abgegrenzte, feststehende Wirkungsfeld, in dem sich das Empfangende halten muß. Die Disziplin, die diese Beschränkung fordert, formt den Charakter. Diese Formung bedeutet jedoch keine Verkümmerung. Der Text fährt fort:

> Wo Ernst und Pflichterfüllung bestehen, da wird der Charakter nicht einseitig.

Das, was so sein soll, das Rechte, die Gerechtigkeit, ist mit dem Attribut des Fördernden im Zeichen des Schöpferischen in Zusammenhang gebracht. Es heißt da: »Das Fördernde ist die Harmonie von allem Rechten«, und weiter: »Förderung aller Wesen ist imstande, eine auf Harmonie beruhende Gerechtigkeit herbeizuführen.« Daß soziale Gerechtigkeit die Förderung aller Wesen zum Ziele hat und nur durch harmonischen Ausgleich der Interessen bewirkt werden kann, ist auch in einem Wort der Großen Abhandlung ausgesprochen, in dem es heißt: »Durch Ordnung der Güter und durch Richtigstellung der Urteile die Menschen abhalten, Unrecht zu tun, das ist Gerechtigkeit.«

Die Ordnung, auf der diese Gerechtigkeit beruht, ist also Menschenwerk. Sie ist jedoch nicht willkürlich. Dies ist durch die Funktion gegeben, die Wesen zu fördern und sie in Harmonie zu bringen. Es ist aber schon in der Konzeption dieser Ordnung gegeben, die das Tao zur Voraussetzung hat. Das Buch Schuo Gua drückt das folgendermaßen aus: »Die Heiligen brachten sich in Übereinstimmung (folgten harmonisch) dem Sinn (Tao) und dem Leben (De) und stellten demgemäß die Ordnung der Gerechtigkeit (I) auf.« Und weiter heißt es dort: »Sie stellten den Sinn (Tao) des Menschen fest und nannten ihn Menschlichkeit (Güte) und Gerechtigkeit (Pflicht, I).«

So wird durch die Einführung des Begriffs der Menschlichkeit der die Waage haltenden Justitia die Binde von den Augen genommen. Denn nur auf diese Weise kann vermieden werden, daß ihr schneidendes Schwert den Guten wie den Bösen trifft. Ihre Waage wägt nicht nur das, was sein oder geschehen soll oder hätte sein oder geschehen sollen, sie wägt auch die Umstände dieses Seins und Geschehens[54]. Die Große Abhandlung kleidet das in die Worte:

> Der Brunnen bewirkt die Unterscheidung dessen, was gerecht ist; das Sanfte vermag die besonderen Umstände zu berücksichtigen.

Das Wasser des Brunnens muß unter die Anlieger gerecht verteilt werden. Er wird damit zum Zentrum geordneter menschlicher Gemeinschaft; das sanft Eindringende jedoch lockert die Starrheit festgelegter Prinzipien und trägt den Bedürfnissen der Zeit Rechnung.

54 Das Wort Küan »außergewöhnliche Umstände« ist semantisch auch von der Waage abgeleitet.

Diese Relation der Rechtschaffenheit zur Menschlichkeit und des Rechtsspruchs zum Abwägen der besonderen Umstände ist von der chinesischen moralischen und politischen Philosophie stets beibehalten worden. Nur in dieser Relation kann der Begriff I den Sinn repräsentieren, den der Mensch in das Sein und das Geschehen legt.
Die Art, wie das Wort I in der Bedeutung »Sinn« verwendet wird, soll zunächst an einem sehr einfachen Beispiel aufgezeigt werden. Die Neun auf dem dritten Platz des Hexagramms 50 enthält die Worte: »Der Henkel des Tiegels ist verändert.« Dazu bemerkt der Kommentar: »Er hat seinen Sinn (I) verloren.« Der Henkel des Tiegels ist von Menschen gemacht, um eine bestimmte Funktion zu erfüllen. Wird er verändert, daß er in dieser Weise nicht mehr verwendet werden kann, so ist er sinnlos geworden, und das fette Fasanenfleisch im Tiegel bleibt ungegessen.
Auf größere Zusammenhänge angewendet finden wir dann Aussprüche wie:

> Daß Mann und Frau ihre rechte Stellung haben, ist der große Sinn (I) von Himmel und Erde. (Hexagramm 37, Die Sippe, Tuan-Kommentar.)

Und:

> (Die Verheiratung des Mädchens) ist der große Sinn (I) von Himmel und Erde. (Hexagramm 54, Das heiratende Mädchen, Tuan-Kommentar.)

Aus den älteren Texten zu diesen beiden Zeichen ergibt sich mit Deutlichkeit, daß die natürlich gegebene Sippe keineswegs lauter Freude ist und daß die Situation des heiratenden Mädchens an Dornen reich ist. Den sanktionierten Institutionen der Familie und der Ehe muß jedoch ein Sinn gegeben werden, der sie über temporäre und persönliche Schwierigkeiten hinaushebt. Dies geschieht *nicht* mit Hilfe des Sakraments, das sie zu göttlichen Stiftungen machte; menschliches Urteil vielmehr legt ihnen einen Sinn bei, durch den sie auf den als gebührend angesehenen Ort in der kosmischen Ordnung erhoben werden.
Die jüngeren Textschichten sprechen dann vielfach auch von

dem Sinn einer bestimmten Situation. Das Zeichen 5, Das Warten, zum Beispiel

䷄

zeigt das vorwärtsdrängende Kiën, vor dem sich die Gefahr befindet. Naives Handeln würde notwendig dazu führen, daß man in diese Gefahr hineingerät. Nur das abwägende Urteil des Menschen kann das verhindern und die Einsicht bringen, daß es in dieser Situation sinnvoll ist abzuwarten. So sagt der Tuan-Kommentar:

> Warten heißt sich zurückhalten. Gefahr ist vorn. Da man fest und stark ist, fällt man nicht hinein. Der Sinn (I) ist, nicht in Verlegenheit und Ratlosigkeit zu kommen.

Ähnlich verhält es sich bei der Neun auf viertem Platz des Hexagramms 17, wo die Nachfolge zu materiellem Gewinn führt. Nur ein moralisches Urteil wird erkennen, daß in der Situation der Nachfolge materielle Vorteile nicht erstrebt werden sollen. Und so sagt der Kommentar:

> Der Sinn (I) dieser Situation ist unheilvoll.

Als letztes Beispiel möge die Anfangsneun des Hexagramms 22, Die Anmut, dienen, wo der Text lautet: »Macht seine Zehen anmutig, verläßt den Wagen und geht«, wozu der Kommentar bemerkt: »Es wäre sinnlos zu fahren«, eine Bemerkung, deren Berechtigung ohne weiteres einleuchtet.

Es sei schließlich noch einmal auf die Stellen hingewiesen, in denen der Tuan-Kommentar vom Sinn der Zeit spricht[55]. In Situationen, wo menschlicher Entschluß das Gegebene sprengt und dem Geschehen seinen Willen einprägt, findet sich im Tuan-Kommentar der Satz: »Groß wahrlich ist der Sinn (I) dieser Zeit.« Die Zeit, die solches Handeln trägt und zur Reife führt, wird aus dem natürlichen Ablauf herausgehoben, und es wird ihr ein großer Sinn gegeben.

Sinngebung tritt also hier gleichberechtigt neben Sinnerfassung und Sinnerfüllung. Dem Menschen ist damit die Möglichkeit gegeben, seine Rolle im Geschehen fest und gültig

55 Vergleiche hierzu S. 26.

zu formen. Kungfutse war sich der hohen Verantwortung durchaus bewußt, die diese Möglichkeit mit sich bringt. In seinem letzten Lebensjahr hat er sich dazu berufen gefühlt, den Sinn historischen Geschehens festzulegen. Er hat die Chronik seines Heimatstaates Lu, eine trockene Aufzählung von Fakten, umgeschrieben und ihr Urteile (I) über das Zeitgeschehen eingebaut, die von da an als maßgebend angenommen wurden für menschliches und politisches Handeln. Und durch diesen Akt der Sinngebung hat er dem zum Bewußtsein erwachten Menschen in China den Kurs gesetzt, unbekannten Zielen entgegen, zum Scheitern oder zum Landen.

DIE »EIGENE STADT« ALS SCHAUPLATZ DER GESTALTUNG

In den Überlieferungen über die Frühgeschichte der Dschou findet sich eine Episode, deren Erklärung den Historikern stets Schwierigkeiten gemacht hat[1]. Unmittelbar nach der Eroberung des Schang-Reiches finden wir den König Wu von Dschou voll Sorge und Angst und keineswegs in der Laune des triumphierenden Siegers. Eine unserer Quellen enthält die folgende Schilderung[2]:

»Als der König das Reich der Schang überwunden und die Vasallen gefürstet hatte, da beriefen und führten die weisen Leute die Menge der neun Hirten, um vor dem König im Weichbild der Schang-Hauptstadt zu erscheinen. Da stieg der König auf den Fen-Hügel und schaute aus nach der Hauptstadt Schang. Er seufzte tief und sprach: ›Ach, oh unglückliches Land! Daß ich offenbar machte des Himmels Willen und sein Gebot erfüllte, war ein Tag nur, aber sein Grauen wird nicht vergessen werden.‹ Dann begab sich der König nach der Dschou-Hauptstadt ... An diesem Tage betrat er nicht das Schlafgemach. Des Königs kleiner Sohn [der spätere König Tscheng] ... berichtete es dem jüngeren Bruder Dan. [Des Königs jüngerer Bruder, Dan, der Herzog von Dschou, war des Königs erster Minister und später Reichsverweser.] Dan lief eilends, nahte sich dem König und sprach: ›Du hast dich lange gesorgt und geplagt‹, und darauf fragte er, warum der König nicht im Schlafzimmer sei. Der König sprach: ›... ich will es dir sagen ... ach, Dan, daß der Himmel nicht genossen hat die Opfer von Schang, das sind seit meiner Empfängnis bis auf den heutigen Tag 60

1 Siehe zum Beispiel Otto Franke, *Geschichte des chinesischen Reiches*, Bd. 1, 1930, S. 113—116.

2 *I-Chou-shu* 44. Siehe Bruno Schindler, *Zum 44. Kapitel des Chou-shu*, in: »Jubiläumsband der Deutschen Gesellschaft für Natur- und Völkerkunde Ostasiens«, Tōkyō 1933, 2, S. 180. Ich folge im wesentlichen Schindlers Übersetzung.

Jahre ... ob ihrer Verderbnis fand der Himmel kein Gefallen an den Opfern von Schang. Und darum habe ich jetzt mein Werk vollenden können ... Ach, ich bin bekümmert ob dieser Drangsal und bin nahezu gesättigt mit Ängsten. Zeitgemäß war es, daß ich nicht in meinem Schlafzimmer gewesen bin. Bevor ich mich nicht versichert habe des Schutzes des Himmels, wie wäre es Ruhe, was ich wünschen könnte?‹ ... Der jüngere Bruder Dan vergoß Tränen über den beständigen Kummer und vermochte nicht zu antworten.«

Um sich des Schutzes des Himmels zu versichern, beschloß dann der König, eine neue Stadt zu bauen, in der die Opfer an den Himmel wieder zur Geltung kommen könnten, und Dan, der Herzog von Dschou, wurde mit der Planung und Ausführung dieser Arbeiten betraut. Die vordringlichste Aufgabe des Herzogs war, einen neuen und angemessenen Ort für die Tempel und Altäre zu finden. Er fragte das Orakel und fand ihn in ziemlicher Entfernung von der alten Hauptstadt der Schang sowohl wie der alten Hauptstadt der Dschou in der Gegend des heutigen Loyang. Und so wurde die neue Stadt Lo-i, die Stadt am Lo-Fluß, genannt. Sie ist aber auch bekannt geworden unter dem Namen Dsung-Dschou, die Stätte der Ahnen der Dschou. Was uns bei diesem Plan auffallen mag, ist, daß es angesichts politischer Umwälzungen und politischer Schwierigkeiten als angebracht angesehen wurde, die Stätte des Ahnentempels und damit die Stätte der Ahnen und die Stätte der Altäre zu verlegen. Eine Abkehr von der Verderbnis allein oder ein Neuanfang mit reinem Herzen und reiner Gesinnung genügte nicht, den einmal verdorbenen oder abgelebten Tempeln und Altären wieder Geltung zu verschaffen; ein neuer, richtiger Ort mußte für neue, wirkungsvolle Tempel und Altäre gesucht werden. Und diese bildeten dann das Lebenszentrum einer neuen Stadt. Ebenso wie in der hochgebauten Stadt, Jerusalem, waren es die Heiligtümer und nicht der Palast, die einer Stadt Leben verliehen.

Der hier geschilderte Vorgang[3] ist nicht erstmalig in der chinesischen Geschichte. Schon die den Dschou voraufgehende Dynastie, die der Schang, hat mehrfach politischem Nieder-

3 Siehe Ssu-ma Ch'ien's *Shih-chi*, Kap. 4; Ed. Chavannes, *Mémoires historiques* I, S. 240—243, 247/48.

gang und drohendem Zusammenbruch dadurch entgegengewirkt, daß sie eine neue Hauptstadt gründete. Eine dieser Stadtgründungen ist in einem Kapitel des Buchs der Urkunden beschrieben[4]. Der damalige Monarch, der die Schang aus einer Krise herausführte, hatte offenbar gegen die Trägheit seiner Leute anzukämpfen, die den alten und gewohnten Platz nicht verlassen wollten. Er begegnete diesem Murren mit dem Hinweis, daß es des Himmels Willen sei und daß es das Orakel so verfügt habe:

»Als die früheren Könige dienten, sind sie sorgfältig den Befehlen des Himmels nachgekommen. Nun sind wir wieder in einer Lage, in der fortgesetzte Ruhe unmöglich ist und in der wir die alte Stadt nicht fortsetzen können. Bis heute haben wir fünf Hauptstädte gehabt. Wenn wir nun diese alte Übung nicht wieder aufnehmen, so heißt das, daß wir nicht verstehen, daß der Himmel im Begriff ist, sein Mandat an uns zu beenden ... Ebenso wie ein gefallener Baum neue Wurzeln treibt, wird der Himmel sein Mandat an uns verewigen in dieser neuen Stadt.«

In einer Strophe des Buchs der Lieder ist eine solche Schang-Hauptstadt in prächtigen Farben geschildert[5].

Die Stadt der Schang, wie auf Schwingen,
wie auf Schwingen,
Der Pol ist sie der vier Weltgegenden,
Leuchtend, leuchtend ihr Ruhm,
Hell, hell ihre göttliche Kraft.
Die Ahnen haben dort ihre Ruhe
Und können so uns Nachgeborene beschützen.

Und König Wen, der Vorgänger des Königs Wu, hat schon vor der Eroberung des Reiches zwei solche Städte gegründet, Feng und Hao[6]. Die Tradition, in politisch einschneidenden Augenblicken eine neue Stadt zu gründen, war also durchaus gegeben.

4 Kap. »P'an-keng«. Siehe Bernhard Karlgren, *The Book of Documents*, reprinted from: »The Museum of Far Eastern Antiquities«, Bull. 22, Stockholm 1950, S. 20.

5 *Shih-ching* 305, 5. Siehe Bernhard Karlgren, *The Book of Odes*, Stockholm 1950, S. 266.

6 *Shih-ching* 244. Karlgren, *The Book of Odes*, S. 198. Über diese beiden Stadtgründungen ist uns sehr viel weniger bekannt als über die Stadt am Lo.

Wie der Herzog von Dschou bei der Gründung dieser Stadt verfuhr, ist in mehreren Kapiteln des Buchs der Urkunden beschrieben. An einer Stelle ist da ein Bericht wiedergegeben, den der Herzog von Dschou seinem Neffen, dem König Tscheng, Nachfolger des inzwischen verstorbenen Königs Wu, erstattete[7]:

»Der Herzog von Dschou senkte die Hände zum Gruß, berührte mit dem Kopf den Boden und sprach: ›Ich berichte dir, mein Sohn und heller Fürst. Da der König nicht wagte, an der Stätte zu weilen, wo der Himmel das Mandat gegründet und das Mandat festgelegt hat [das heißt in der alten Hauptstadt], bin ich im Einvernehmen mit dem Großbeschützer [seinem Bruder, dem Herzog von Schao] ausgezogen und habe in weitem Bezirk das östliche Gebiet prognostiziert, um einen Ort zu gründen, wo er des Volkes heller Fürst sein könne. Am Morgen des Tages *i-mao* kam ich nach Lo. Ich habe das Orakel befragt nach der Gegend von Li, nördlich des Flusses, dann habe ich das Orakel befragt nach der Gegend östlich des Giën-Flusses und westlich des Tschan-Flusses, aber nur in der Gegend von Lo war das Orakel zustimmend. Wiederum habe ich das Orakel befragt nach der Gegend östlich des Tschan-Flusses, und wiederum war das Orakel nur in der Gegend von Lo zustimmend. So habe ich einen Boten gesandt mit den Plänen und um das Orakel mitzuteilen ... möge der König als erster die zeremoniellen Opfer darbringen in der neuen Stadt.‹ ...«

Und an einer anderen Stelle heißt es[8], nachdem der Herzog von Dschou den Ort der neuen Stadt gründlich inspiziert hatte: »... Am dritten Tage opferte er auf dem Angeraltar zwei Stiere, und am darauffolgenden Tag opferte er am Altar des Erdbodens einen Stier, ein Schaf und ein Schwein ... [Dann berichtete er dem König und sagte:] Möge der König kommen und das Werk Gottes übernehmen und selbst dienen in der Mitte des Landes. Ich, Dan, sage, nachdem wir die große Stadt gemacht haben, wirst du von dieser Zeit an dem erhabenen Himmel zugesellt sein, du wirst opfern denen oben und denen unten und wirst von dieser Zeit an zentral

7 *Lo-kao.* Siehe Karlgren, *The Book of Documents,* S. 51. Siehe auch den Anfang von *K'ang-kao;* Karlgren, a. a. O., S. 39.
8 *Shao-kao.* Karlgren, a. a. O., S. 48/49.

regieren.« Das Überraschende ist nur, daß die auf Anregung des Königs Wu gegründete Stadt dann doch nicht als Hauptstadt benutzt worden ist.

Nach diesen Beschreibungen war die von König Wu konzipierte und vom Herzog von Dschou ausgeführte Stadt eine geplante und nicht eine gewachsene Stadt, ebenso wie alle späteren Städte in China geplante Städte waren. Einiges über das Schema dieser Planung ergibt sich schon aus dem Gesagten. Es ergibt sich auch aus dem Wortbild des Zeichens I, Stadt. Dieses besteht aus einem Kreis, der die schützende Umhegung, den Wall und den Graben, darstellt, und einem knieenden Mann. Der »hegende Kreis«, um ein Wort Jungs zu benützen[9], umschließt einen anbetenden Menschen. Das Wort »Stadt« und der physische Plan einer neuerbauten Stadt erweist sich damit als ein Symbol von höchster Bedeutung, ein Symbol, das über die Schwelle hinausreicht und das dort Erschaute bildlich ausdrückt, die intuitive Formulierung eines im dunkeln erahnten Gesetzes[10]. Auf dieses Symbol des von der Furche umgebenen Zentrums, des Tempels und heiligen Bezirks, hat Jung den Begriff der Mandala angewandt. Die tantrische Mandala gilt als Abbild der Himmelsstadt[11]. Und die Schang nannten ihre Hauptstadt auch »die himmlische Stadt[12]«. Die bewußt geplante Stadt der Schang und der frühen Dschou war in Struktur und Funktion die Darstellung eines psychokosmischen Systems; ihr Plan war nichts Künstliches, sondern war in der Anlage des Menschen gegeben. Die Stadt war die Stätte der Götter und Ahnen, ein Abbild und Symbol des Himmels, so wie ihn die Gestalter der chinesischen Kultur erschaut hatten.

Auch noch in späteren Zeiten ist die chinesische Stadt in ihrer Anlage diesem hierarchischen Urbild nahegeblieben. Regionale und topographische Gegebenheiten haben in Einzelheiten den Plan einer Stadt beeinflußt; Unterschiede der Funktion der Stadt, die Verwaltungszentrum, Garnisonsstadt,

9 *Das Geheimnis der goldenen Blüte,* Zürich 1957, S. 22.

10 Jung, a. a. O., passim. Siehe auch Jungs Beitrag im »Eranos-Jahrbuch« III/1935.

11 Sanskrit: *Deva-puri,* die Götterstadt. Siehe Erwin Rousselle, *Ein lamaistisches Vajra-Mandala,* in: »Sinica« 1929, S. 265—273, und Mircea Eliade, *Yoga, Unsterblichkeit und Freiheit,* Zürich 1960.

12 *Buch der Urkunden,* Kap. »To-shih«. Karlgren, a. a. O., S. 56.

Handels- oder Produktionszentrum sein konnte, haben an der Ausgestaltung des individuellen Stadtbildes mitgewirkt. Im allgemeinen ist aber der chinesische Stadtplan erstaunlich uniform: sie blieb stets eine Darstellung der »Mandala«, ein Abbild der himmlischen Stadt. Peking, das während mehr als eines halben Jahrtausends die Hauptstadt des Reichs war, mag hierfür als Beispiel dienen. In der Ebene erbaut, jedoch von einem Halbkreis schützender Berge im Norden umgeben, hat es im Zentrum den Palast, den Sitz des Vertreters des Himmels auf Erden und des Trägers des himmlischen Mandats. Der Palast ist im Süden flankiert von den beiden großen Heiligtümern, die die Symbole des Reichs waren, so wie bei uns Zepter und Krone. Im Osten steht der Tempel der Ahnen der Dynastie und im Westen der Altar des Erdbodens und des Produkts des Erdbodens. Von einer doppelten Mauer umwallt, umschließt die Palaststadt mit ihren goldgelben Dächern, Seen und Parks eine Reihe von anderen heiligen Stätten, unter andern im Norden den Altar der Seidenzucht, den Ort der Versenkung und des Opfers für weibliche Wirksamkeiten. Nördlich der Palaststadt erheben sich die beiden sagenumwobenen Türme, der Trommelturm und der Glockenturm, schützende Symbole, die den Rhythmus des Tages und des Jahres mit ihren Tönen markierten und die das Zeichen gaben zum Schließen der Tore als Schutz gegen die Unheimlichkeiten der Nacht. In einiger Entfernung rechts und links von diesen Türmen finden wir wieder zwei große Tempel, im Westen den der beiden Kriegsgötter, Guan Yü und Yüo Fe, volksverehrten Helden des 3. und 12. Jahrhunderts, die in ihrem Untergang mehr noch als in ihren Siegen das chinesische Bild kriegerischer Tugend verkörpern, und im Osten den Tempel des großen Kulturheros Kungfutse, dessen jahrhundertealte Zypressen die Nester von Zehntausenden von Pekinger Krähen tragen, die lange nach dem Untergang des Kaiserreiches noch in abendlicher Umkreisung dem Heiligtum des Kungfutse ihre Verehrung erwiesen.

Außerhalb der eigentlichen Stadtmauer, auf den »Angern«, sind dann eine Reihe weiterer Altäre; im Süden der dreistufige runde Himmelsaltar aus weißem Marmor, das »Zentrum der Welt«, und nahe bei ihm die Tempelrotunde, in der der Kaiser in der Mitternacht des neuen Jahres um eine glückliche Ernte betete; westlich davon der Altar der Landwirtschaft, wo der Kaiser im Frühling selbst die erste Furche zog; im Norden der Stadt der quadratische Erdaltar und im Osten und Westen die Altäre der Sonne und des Mondes.

Ein sekundärer Legendenkreis hat die Heiligtümer von Peking und seiner Umgebung mit den Körperteilen des ersten Menschen und des Gestalters unserer Welt, Pan Gu, identifiziert. Dieser Legendenkreis ist wohl nicht alt; er ist wahrscheinlich nicht einmal ursprünglich chinesisch. Er versinnbildlicht aber, daß auch in später Zeit noch die Stadt wohl als ein künstlerisches, aber nicht als ein künstliches Gebilde angesehen wurde und daß sie jeweils in das Bildgut jener Legenden gekleidet wurde, die zu einer bestimmten Zeit die lebendigen waren. Darüber hinaus verkörpert dieser Legendenkreis die merkwürdige Einsicht, daß der menschliche Körper eine Replik ist der himmlischen Stadt und daß der Gestalter Mensch, und sei es in seinem Tod, ein unentbehrliches Glied ist in der Entwicklung vom Urbild zum Abbild.

Eine solche Auffassung der Stadt auferlegt natürlich den Städteplanern und den Städtebauern eine besondere Aufgabe. Sie müssen die Stadt in einer Weise strukturieren, die dem Urbild entspricht. Nicht zufällig hat in unserer rationalen Zeit Hindemith in seiner Kinderoper »Wir bauen eine Stadt« diese Aufgabe den jugendlichen Toren zuerteilt, die noch in unmittelbarem Einvernehmen stehen mit der Zeit und mit den spezifischen Formen, deren die Zeit bedarf.

In der vorintellektuellen Periode des frühen China war die Kommunikation mit den Quellen jenseits der Schwelle noch nicht in derselben Weise verbaut. Die Städteplaner haben sich während Chinas ganzer Geschichte ein wenig abseits gehalten von der orthodoxen Tradition und sind den geistigen Strömungen nahegeblieben, die sich weniger dem Rationalen als dem Intuitiven hingaben. Unter den von ihnen tradierten Künsten war es die Kunst des Feng-schui, die Kunde von Wind und Wasser, die sie lehrte, die geeignete Lokalität ihrer Baulichkeiten herauszufinden. Die Kunde des Feng-schui ist oft als wesentlich ästhetisch aufgefaßt worden. Das ist zweifellos richtig, insofern sie die Baumeister lehrte, die Baulichkeit mit der Landschaft zu einer innigen Einheit zu verschmelzen. Das Feng-schui zeigte jedoch nicht nur den *schö-*

nen, sondern auch den *guten* Ort für eine Stadt an; es wies auf die Stelle hin, die zu einer gegebenen Zeit für eine gegebene Stadt die richtige war.

Von den beiden Determinanten des Orts und der Zeit ist uns die erste natürlich auch geläufig, die Zeit jedoch nur in ihren pragmatischeren Aspekten. Zeitlich determinierte Funktionen der Städte wirken allenthalben auf die Ausgestaltung ihres Bildes. In der Metropole war dieses Bild durch Institutionen inhärenter Dauer gegeben. Sie erhielt Heiligtümer, die außer ihren sakralen auch weltliche Funktionen hatten, insofern als die Vasallen zu großen Opfern in der Hauptstadt zu erscheinen verpflichtet waren und damit der Reichseinheit ein eindrucksvoller Ausdruck gegeben wurde. Sie enthielt dann vor allem den königlichen Palast, dessen Pracht und Größe zur Darstellung der Position des Königs beitrug. Sie enthielt die Gasthäuser für Vasallen und Botschafter und später auch für wandernde Gelehrte; sie enthielt die Manufakturen für höfischen Luxus und das Zentrum des nationalen und internationalen Handels. Die Vasallenfürsten und die Vertreter des Hochadels hatten ihre Sitze ebenfalls in Städten und nicht in strategisch gelegenen Burgen oder auf großen Latifundien. Diese Städte waren verkleinerte Abbildungen der Metropole, waren jedoch in ihren sakralen Aspekten stark reduziert, da die großen Altäre nur vom König selbst bedient werden konnten. Es bestand die Tendenz unter den Vasallenfürsten, statt dessen die Zeremonien in ihren Ahnentempeln besonders prächtig auszugestalten, und die Berichte erwähnen, daß sich Vasallenfürsten hier oft königliche Prärogativen usurpierten. Bei den Großherren und den Afterlehnsträgern sollte dem Herrschaftsprinzip der Dschou-Zeit gemäß noch ein anderer wichtiger Teil der Stadt in Fortfall kommen, nämlich der Wall und der Graben. Der Herrschaftswille der Dschou hat diese beiden Reduktionen der regionalen Städte diktiert. Er konnte sich aber auch im zweiten Punkt in der Regel nicht durchsetzen. Der Archetyp der Stadt verlangte den sakralen Kern und den hegenden Wall, und das reale Bild auch der regionalen Städte wurde diesem Typ im Verlauf der Dschou-Zeit wieder angeglichen.

Ein dritter Typ der Stadt war noch weiter reduziert und bestand im wesentlichen aus nicht viel mehr als dem hegenden

Wall. Dies waren die Städte lediglich lokaler Bedeutung, in die sich die ländliche Bevölkerung nach Abschluß der landwirtschaftlichen Beschäftigungen zurückzog und die sie zu Beginn des Frühlings wieder verließ. Diese beiden Gelegenheiten, der Einzug wie der Auszug, waren durch religiöse Volksfeste markiert, die mitunter einen fastnachtsartigen Charakter hatten. Während des Sommers aber blieb von dieser Stadt nicht viel mehr als die leere Hülle. Dieser dritte Typ der Stadt macht die zeitliche Gebundenheit des Bilds einer Stadtanlage besonders deutlich. Auf dem Land ist es die wiederkehrende Zeit, der Kreislauf des Jahres, der zunächst ins Auge fällt. Daneben konnte aber natürlich eine solche Landstadt leicht verlassen und verlegt werden, wenn immer es politische oder wirtschaftliche Verhältnisse nahelegten. Im kleinen sehen wir also hier schon das Bild der Stadt ohne Permanenz, der sterbenden Stadt.

Der Begriff der sterbenden Stadt ist aber auch auf die größeren Städte und auf die Metropole selbst anwendbar. Dies war, wie erwähnt, namentlich unter den Schang der Fall. Anlagen und Gebäude von großer Kostspieligkeit, deren physischer Erhalt ihnen noch eine Lebensdauer von Jahrhunderten garantiert hätte, wurden ohne weiteres aufgegeben, wenn sich die Einsicht durchsetzte, daß die Stadt im Begriff war, ihr Leben zu verlieren oder ihr Leben verloren hatte. Die Anzeichen, aus denen sich dieser Tod oder einsetzende Tod ergab, waren die politische und wirtschaftliche Lage. Als Grund jedoch wurde angenommen, daß die Heiligtümer ihre Wirksamkeit verloren hatten und daß die dort dargebrachten Opfer von den Göttern nicht mehr angenommen wurden. Und so war die Permanenz einer Stadt implizite zeitlich begrenzt. Von der Dschou-Zeit an wurden große Städte nicht mehr ohne weiteres aufgegeben oder verlegt. Der beschriebene Fall der Gründung einer neuen Stadt ist einzig in den Annalen der Dschou. Und wie gesagt, die neugegründete Stadt wurde dann nicht einmal als Hauptstadt benutzt. Nach der Gründung und Ausgestaltung der neuen Stadt und nach der Darbringung der ersten Opfer wurde sie sich selbst überlassen. Die Stadt als solche blieb bestehen; sie hat in der späteren Dschou-Zeit und in späteren Dynastien mitunter sogar als Reichshauptstadt gedient. Für ihre Erbauer jedoch war die Tatsache des Erbauens anscheinend wichtiger als die Permanenz ihrer Funktion.

Dieses Ereignis hat unter den Historikern späterer Geschlechter immer wieder Erstaunen und Kopfschütteln hervorgerufen. Ehe wir uns an den Versuch einer Deutung machen, möchte ich jedoch an eine Übung erinnern, die sich in tibetischen Klöstern zu beobachten Gelegenheit ergibt. Wird dort für eine religiöse Zeremonie eine Mandala gebraucht, so wird diese aus vielfarbigem Sand hergestellt. Mit größter Behutsamkeit blasen die Priester Sand aus kleinen Metallhörnchen und formen so aus dem undauerhaftesten aller Elemente ein Bild von großer Pracht und Wirksamkeit. Eine unachtsame Bewegung, ein ungewollter Atemzug kann dieses Bild zerstören. Und es wird der Zerstörung anheimgegeben, nachdem es in einer einmaligen Zeremonie eine Rolle gespielt hat.

Wie wir gesehen haben, war die Gründung der neuen Stadt dem König Wu ein persönliches Anliegen, das ihm sorgenvolle, schlaflose Nächte bereitete. Die Berichte stimmen aber darin überein, daß die Ausführung sich in naher Anlehnung an Schang-Traditionen vollzog. Der Ort der Stadt wurde mit Hilfe des Schang-Orakels, der Schildkröte, eruiert und nicht mit der Hilfe des Dschou-Orakels, der Schafgarbe; sie wurde von Schang-Arbeitern erstellt und mit Schang-Bevölkerung besiedelt. Die vollzogenen Opfer waren dann freilich Dschou- und nicht Schang-Opfer. Pragmatische Gesichtspunkte mochten es den Dschou-Herrschern angezeigt erscheinen lassen, ihr neugegründetes Reich nicht inmitten einer eben erst unterworfenen Bevölkerung zu regieren. Zudem war die eigene Hauptstadt der Dschou in ihrem eigenen Gebiet vor kurzem erst fertiggestellt worden. Der Sog der eigenen Stadt mit ihrer vertrauteren Umgebung mag über die unheimliche neue Stadt gewonnen haben.

Die neue Welt, in der sich die Dschou und in der sich China nach der Eroberung durch die Dschou befanden, bedurfte jedoch eines Aktes, der den Zugang zu den Quellen in einer Weise wieder erschloß, die nicht nur der Situation der Dschou, sondern darüber hinaus der Situation des Reiches gerecht wurde und der dieser Vision zumindest einmal einen symbolischen Ausdruck gab. War dieses Symbol einmal vollzogen, so konnte die neue Stadt sich selbst überlassen werden. Die Gestaltung des neuen Reiches erfolgte in der eigenen Stadt.

Die spannungsvolle Art, in der die Dschou ihr Problem ansahen, ihre Lösung, die in einem erstaunlichen Widerspiel von Altem und Neuem, Einmaligem und Hergebrachtem bestand, hat sie möglicherweise in einem Punkt blind gemacht, indem sie nämlich der Permanenz ihrer eigenen Stadt allzusehr vertrauten. Sie haben es erleben müssen, daß ihre eigene Stadt dem Aufstand der Vasallen und dem Einfall der Barbaren zum Opfer fiel. Jede, auch die symbolkräftigste Darstellung des Urbildes erfolgt in der Zeit und ist damit dem Gesetz der Zeit unterworfen.

In der Frühgeschichte der Dschou spiegeln sich so auch die Gefahren, die eigene Stadt zum Schauplatz der Gestaltung zu machen. Sie haben wohl darauf vertraut, daß »Gestaltung«, wenn recht verstanden, sie vor diesen Gefahren behüten würde.

Das chinesische Wort für Gestalt, Hing, stimmt in seiner Semantik mit dem unsren nicht ganz überein. Es ist abgeleitet von dem gleichlautenden Wort für die Gußform, die Matrix. Dem chinesischen Wort für Gestalt wohnt also eine stark normative Bedeutung inne. Die Gußform erzeugt ein Produkt, das mit einem Vorbild übereinstimmt. Wenn man sich den Formenreichtum und den Bedeutungsgehalt der frühen chinesischen Bronzen in Erinnerung ruft, die auf diese Weise gegossen wurden, so bedeutet Gestaltung für den Chinesen den Ausdruck eines urbildlich gegebenen Gehalts in künstlerischer Form, wobei dem Urbild die richtungweisende Kraft eines Gesetzes zukommt: das Wort Hing ist semantisch verwandt mit dem gleichlautenden Wort für Strafe und für das konkrete Gesetz.

In der Umwelt der eigenen Stadt, in der man den eigenen Urbildern offenbleibt und die eigenen Traditionen fortführt und entwickelt, schien so die Gewähr gegeben, einer permanenten Gestaltungskraft teilhaftig zu sein. Gestaltung bezog sich dabei auf alles, was dem menschlichen Wesen innewohnt und was von ihm motiviert wird. Sie bezog sich auf die Gegenstände des täglichen und des festlichen Gebrauchs, sie bezog sich auf die sakralen Riten und die sozialen Gebräuche, und schließlich bezog sie sich auf die Herrschaft des Reichs. In all diesen Erscheinungen menschlichen Wesens und menschlichen Handelns drängte die Gestaltung nach Permanenz. Es war die Sorge, seiner neubegründeten Herrschaft Permanenz zu verleihen, die dem König Wu schlaflose Nächte bereitete. In ihrer eigenen Stadt glaubten die frühen Dschou, im Gegensatz zu König Wu, die Gewähr für diese Permanenz gefunden zu haben.

Das Weltbild des Buchs der Wandlungen ist dem Drang nach Permanenz nicht in derselben Weise hingegeben, wie es die Herrscher des Dschou-Reiches waren. Die Welt dieses Buchs ist eine sich wandelnde Welt; jeder statische Ausdruck, jede bindende Form erscheint ihr als ein erstarrtes Bild, das dem Leben entgegengesetzt ist. Auch dem Buch der Wandlungen ist der Drang nach Permanenz, der den Gestaltungen innewohnt, nicht fremd. Der so dargestellten Welt des Scheins, und sei es auch des schönen Scheins, muß jedoch entgegengewirkt werden. Diese Gegenwirkung, die den Schein wieder auf das Sein und die Gestalt wieder auf den Gehalt zurückführt, erscheint dem Buch der Wandlungen keineswegs als einfache Aufgabe. Was hier zu tun nötig ist, bewegt sich durchweg im Außerordentlichen; es ist stets eine Situation großer Erregung und oft eine großer persönlicher Gefahr.

So nimmt es nicht wunder, daß sich im Buch der Wandlungen auch ein Hinweis findet auf die sterbende Stadt, die aufgegeben werden muß. Dieser Hinweis findet sich im 48. Hexagramm, Der Brunnen. Dieses Zeichen folgt auf das Zeichen Die Bedrängnis, von dem es eine Umkehrung ist. Daß die Aufgabe einer Stadt der Bedrängnis folgt, ist eine Situation, die wir im Laufe der Schang-Zeit mehrfach beobachtet haben. Das Bild der Bedrängnis zeigt den See oder den Bewässerungskanal, aus dem das Wasser abgeflossen ist: ein leeres Behältnis ohne Gehalt. Die Idee des Brunnens ergibt sich also wie von selbst.

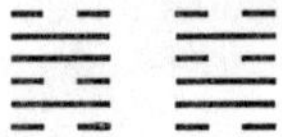

Bedrängnis Brunnen

Das Urteil des Hexagramms »Brunnen« lautet: »Man mag die Stadt wechseln, aber man kann nicht den Brunnen wechseln. Er nimmt nicht ab und nimmt nicht zu. Sie kommen und gehen und schöpfen aus dem Brunnen. Wenn man beinahe das Brunnenwasser erreicht hat, aber noch nicht mit dem Seil drunten ist, oder seinen Krug zerbricht, so bringt das Unheil.«

Der Brunnen ist ein allgemeinmenschliches Bild des Zugangs zum Ursprung. Das Buch »Vermischte Zeichen« erklärt: »Der Brunnen bedeutet die Herstellung des Zusammenhangs.« Die Situation des Textes ist klar: selbst die gewohnte Umgebung der eigenen Stadt, die Konfiguration, die selbst einst Abbild eines echten Urbilds war, die Darstellung der Mandala, mag verlassen werden, mag sogar verlassen werden müssen, der Zusammenhang mit der Quelle muß jedoch bestehen bleiben.

Die Warnung, die unser Text hinzufügt, ist freilich wohl gewählt: die Existenz des Brunnens allein ist noch keine Gewähr für klare Einsichten. Nur wenn man tief genug hinabdringt und wirkliches Quellwasser schöpft, hat man den Brunnen in Dienst gestellt; ein zu kurzes Seil, ein zerbrochener Krug sind nicht nur ohne Wirkung, sondern sie bringen Unheil. Das Spiel am Zugang zum dunklen Unten ist so verlockend wie gefährlich. Die einzelnen Linien deuten einen solchen Mißbrauch an: Man mag sich bewogen fühlen, am Brunnen Fische zu schießen statt Wasser zu schöpfen. Der Brunnen mag nicht nur klares Wasser, sondern schlammige Sedimente enthalten. Das geschöpfte Wasser mag vergeudet werden. Vermeidung dieser Verlockungen und Gefahren ist nicht einfach; werden sie aber vermieden, dann ist er der Ort, wo Leben kraftvoll gespendet wird, er ist unerschöpflich und dient dem Ansässigen sowohl wie dem Wanderer. So mag man getrost die Stadt wechseln.

Wohin eine allzu festgelegte Konfiguration des Bilds der Stadt führen kann, ist in einer Reihe von Texten gezeigt, in denen die eigene Stadt bestraft und bekämpft werden muß. Einer davon ist in der oberen Neun des 35. Hexagramms enthalten, das den »Fortschritt« oder die »Ausbreitung« bedeutet.

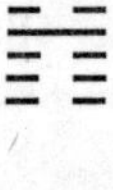

Dies ist das Hexagramm des Fürsten Kang, des jüngeren Bruders des Königs Wu. Er ist einer von denen gewesen, die die eigene Stadt gewechselt haben. Er war vor der Reichseroberung im westlichen Gebiet von Kang belehnt worden; nach der Eroberung wurde ihm das Lehen We im Osten zugewiesen. Dieses Gebiet war überwiegend von Schang-Leuten besiedelt; er saß also auf einer Bevölkerung, der die Dauer des Gewohnten und die Ruhe des Hergebrachten fehlte. Das Bild seiner Stadt war ein auferlegtes, es war wohl der vom Herzog von Dschou erbauten neuen Stadt nachgebildet. Im Buch der Urkunden ist uns eine Rede des Herzogs von Dschou an seinen jüngeren Bruder erhalten[13], die sich wie eine Belehnungsansprache ausnimmt und in der dem Fürsten die Situation vor Augen geführt wird, die er von seiner neuen Stadt aus handhaben muß. Es ist merkwürdig, daß in diesem Dokument lediglich die weltliche Stellung des Fürsten zur Sprache kommt. Es ist darin viel von der Unterdrückung von Aufsässigkeiten und der Anwendung von Strafen die Rede. Als Vorbild wird ihm sein Vater, der König Wen, vorgestellt, der hier auch als großer Strafer auftritt. Es ist also durchaus ein künstliches, auferlegtes Bild einer Stadt, in der die Anwendung von Klugheit und Macht lediglich den Zwecken weltlicher Herrschaft dient; es ist auch ein indirektes, übernommenes Bild, in dem die Herrschaft nicht mehr auf dem Urbild selbst, sondern auf einem anderen, bald wieder aufgegebenen Beispiel beruht. Es fehlt ihm völlig die Tiefe, und das, was dem König Wu bei der Gründung der Stadt am Lo selbst so sehr am Herzen lag – eine Stätte zu schaffen für den Zusammenhang mit den Ahnen und den Einklang mit dem Göttlichen –, ist hier ganz fortgefallen.

Und so ist es nicht verwunderlich, daß der Fürst Kang nach anfänglicher Ausbreitung hier schließlich in die Situation kommt, seine Hörner gebrauchen zu müssen, um die eigene Stadt zu bestrafen. Der Text der oberen Neun lautet:

> Fortschreiten mit den Hörnern darf man nur, um die eigene Stadt zu bestrafen. Bewußtsein der Gefahr bringt Heil. Kein Makel. Beharrlichkeit bringt Beschämung.

13 Kap. »K'ang-kao«. Karlgren, a. a. O., S. 39—43.

Einen weiteren Fall, in dem die eigene Stadt gezüchtigt werden muß, finden wir unter dem paradoxen Wort von der »sich äußernden Bescheidenheit«. Das 15. Hexagramm enthält diesen Ausdruck zweimal, einmal bei der Sechs auf zweitem Platz und einmal bei der oberen Sechs.

Das Wort, das mein Vater mit »sich äußern« übersetzt hat, ist eigentlich der Schrei der Vögel, besonders der Hahnenschrei; aber auch der Schrei der Zikade und das Röhren des Hirsches wird so bezeichnet. Wir hätten also hier eine schreiende oder röhrende Bescheidenheit. Es ist die Bescheidenheit, die sich in die ihr natürlichen Töne kleidet. Es ist nicht die Bescheidenheit, die sich brüstet oder ein Wesens von sich macht, sondern die Bescheidenheit, die im Laut, selbst im starken Laut, noch unmittelbar als Bescheidenheit erkannt und empfunden wird, ebenso wie die Glocke an ihrem Ton erkannt wird: die natürliche und gegebene Selbstdarstellung. Daß gerade der Bescheidenheit eine solche Selbstdarstellung zuerkannt wird und daß einer sich selbst darstellenden Bescheidenheit die besondere Rolle der Züchtigung der eigenen Stadt zugeteilt wird, hat seinen Grund in dem Ort, der der Bescheidenheit in der Struktur der chinesischen Persönlichkeit zugewiesen wird. Fast alle Schulen chinesischer Ethik, jedenfalls die taoistische sowohl wie die konfuzianische, sehen in der Bescheidenheit eine Eigenschaft, die wertvoll sowohl wie wirkungsvoll ist. Sie ist die Handhabe (der Griff) des Charakters, sagen die beigefügten Urteile. Der Kommentar zur Entscheidung erklärt dies in folgender Weise:

> Bescheidenheit schafft Gelingen; denn der Weg des Himmels ist es, nach unten zu wirken und Licht und Helle zu schaffen. Der Weg der Erde ist es, niedrig zu sein und nach oben zu steigen. Der Weg des Himmels ist es, das Volle leer zu machen und das Bescheidene zu mehren. Der Weg der Erde ist es, das Volle zu verändern und dem Bescheidenen zuzufließen. Die Geister und Götter schaden dem Vollen und beglücken (oder bereichern) das Bescheidene. Der Weg der Menschen

> ist es, das Volle zu hassen und das Bescheidene zu lieben.
> Bescheidenheit, die geehrt ist, verbreitet Helle. Bescheidenheit, die niedrig ist, kann nicht übergangen werden. Das ist das Ende, das der Edle erreicht.

Der Text zur oberen Sechs in diesem Hexagramm lautet:

> Sich äußernde Bescheidenheit. Fördernd ist es, Heere marschieren zu lassen, um die eigene Stadt und das eigene Land zu züchtigen.

Das Wort, das hier mit »züchtigen« übersetzt ist, bedeutet: mit Waffengewalt einen geordneten Zustand herstellen oder wiederherstellen. Nicht jeder Feldzug kann mit diesem Wort bezeichnet werden, sondern nur der, der in der Auffassung der Mitwelt und der Nachwelt einen heillosen Zustand zurechtbringt. Politisch ist der Deutung hier natürlich ein weiter Spielraum gelassen, semantisch gehört das Wort aber zu dem gleichlautenden »recht machen, berichtigen«.
Was hier mit Gewalt berichtigt werden soll, ist wiederum die eigene Stadt. Es ist der in der Selbstdarstellung natürliche Bescheidene, der nicht seine Bescheidenheit als Vorwand benützt, um in Untätigkeit einen heillosen Zustand bestehen zu lassen, und der auch nicht die Schuld an diesem Zustand äußeren Umständen zuschreibt, sondern das Rechte da herstellt, wo es vonnöten ist, nämlich in sich selbst. Eine Äußerung der eigenen Stadt, die dem Urbild ferngerückt ist und es verfälscht, muß, notfalls mit Gewalt, beseitigt werden. Nur dann ergibt sich ein Schauplatz, in dem gestaltet werden kann, in dem, wie es das Urteil ausdrückt, die Werke zu Ende gebracht werden können.
Ein Feldzug anderer Art ist im 6. Hexagramm, Der Streit, beschrieben.

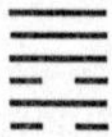

Hier handelt es sich nicht um einen Straf- oder Berichtigungsfeldzug, sondern um einen Kampf, der aus gegebenen Gegensätzen entsteht: den Kampf des mittleren Sohns gegen den Vater, der ihn hemmt; den Kampf des sich Mühen-

den gegen den Schöpferischen; den Kampf der Schlange gegen den Drachen; den Kampf des Wassers gegen den Himmel – einen aussichtslosen Kampf, aus dem keiner der beiden Teile siegreich hervorgehen kann.
Hier heißt der Text zur Neun auf zweitem Platz:

> Er kann nicht streiten, kehrt heim und weicht aus. Die Menschen seiner Stadt, dreihundert Häuser, bleiben frei von Schuld.

Eine andere Interpunktion, die jetzt vielfach angenommen wird, würde ergeben:
»Er kann nicht streiten, kehrt heim und vermeidet seine Stadt. Die Menschen, dreihundert Haushalte, bleiben so frei von Schuld.«
In dem Zusammenhang jener Zeit war eine Stadt von dreihundert Haushalten nicht von besonderer Bedeutung. Der kluge, ja listige zweite Sohn muß unerträgliche Hemmungen seitens seines Vaters erfahren haben, um von dieser schmalen Basis aus den Kampf gegen den Starken zu unternehmen. Die Einsicht, daß dieses Unternehmen aussichtslos ist, kommt ihm bald, und er zieht sich zurück. Aber er hatte seine Stadt schon verlassen, er hatte, aufs äußerste gereizt, die Konfiguration seiner Lage außer Anschlag gelassen. Der hegende Kreis umgibt ihn nicht mehr, er hat sich außerhalb des Bannes gestellt. Ein Zurück in die eigene Stadt ist nicht mehr möglich, es sei denn, daß er sie mit sich ins Verderben reißen will. Der zweite Sohn ist zu klug, um diese Folgen nicht vorauszusehen, und so vermeidet er seine Stadt und verbirgt sich. Für ihn selbst wird die Hemmung zur Stockung, aber die Leute seiner Stadt gehen schuldfrei aus.
Wir sehen hier das Eigenleben der Stadt eine Rücksicht genießen, die ihr in den bisher angeführten Beispielen nicht zukam. In diesen wurde sie entschlossen verlassen, wurde gestraft und gezüchtigt, hier aber wird sie gerettet. Im allgemeinen hat das Buch der Wandlungen wenig übrig für zur Permanenz neigende Institutionen; auch die Stadtbürger sind in den beiden anderen Stellen, wo sie in den Texten des Buchs der Wandlungen vorkommen, die Gefoppten eher als die Bevorrechtigten[14]. Den Autoren des Buchs war es aber nicht

14 Hex. 8, 9/5; Hex. 25, 6/3.

unbekannt, daß jede Darstellung, auch die des dynamischsten Urbilds, ein statisches Gepräge hat. Solange diese Statik dem Leben nicht entgegen ist, mag und soll sie bestehen. Hier, wo nicht die statische Prägung der Stadt, sondern innere Gegensätze das Unheil hervorgerufen haben, ein Zuviel eher als ein Zuwenig an Dynamik, wird die Stadt gerettet.
Eine solche »gerettete« Stadt mag die Neun auf drittem Platz des Hexagramms 46, Das Empordringen, im Auge gehabt haben, zu der der Text heißt:

Man dringt empor in eine leere Stadt.

Das Bild einer leeren Stadt hat etwas Unheimliches an sich: eine vollendete Darstellung, aus der das Leben entflohen ist, ein Schema, wenn nicht gar ein Schemen. Im Verlauf der Entwicklung des Empordringens ist dies zudem eine ungewöhnliche und unerwartete Situation. Das Bild des Empordringens zeigt die Pflanze, die durch die Erde empordringt: den zwar erfolgreichen, aber mühevollen Aufstieg. Hier nun findet man im Verlauf des mühevollen Aufstiegs ein fertiges Schema vor, das einem den Schauplatz künftiger Gestaltung bieten könnte. Wie soll man sich hier verhalten? Soll man die leere Stadt hinter sich lassen, oder soll man die unerwartete Gunst der Zeitverhältnisse ausnützen? Man ist im Zweifel, ob man sich dann nicht etwa mit einem Karren voller Leichen belastet[15]. Die Verfasser des Linientextes haben diese Situation offenbar als eine durchaus ambivalente aufgefaßt. Es ist nicht, wie üblich, hinzugefügt, was in einer solchen Lage zu tun ratsam wäre oder was die voraussichtlichen Folgen dieser Lage sein könnten. Die Verfasser des kleinen Bildkommentars sind zuversichtlicher. Sie sehen keinen Grund zum Zweifeln und raten so, von der leeren Stadt Gebrauch zu machen. Es läßt sich aber zeigen, daß die Verfasser des kleinen Bildkommentars mitunter einem übertriebenen Optimismus zuneigen, daß sie über der scheinbaren Gunst der Situation des unmittelbaren Augenblicks die Gesamtlage vergessen[16]. Mir scheint, daß in der richtigen Haltung, das heißt unter Berück-

15 Hex. 7, 6/3.
16 Siehe zum Beispiel S. 31.

sichtigung berechtigter Zweifel, die leere Stadt ruhig in Gebrauch genommen werden kann. Eine selbst errichtete Stadt würde sich von der vorgefundenen in der Anlage kaum unterscheiden. Die Zweifel sollten einen jedoch davor behüten, mit dem Schema auch die Schemen der Vergangenheit zu übernehmen.

Im Buch der Wandlungen finden sich zwei Hexagramme, die Hinweise darauf enthalten, was sich in der eigenen Stadt gestalten kann und in welcher Weise es sich gestaltet. Ehe wir uns aber diesen beiden Hexagrammen zuwenden, möchte ich kurz auf einen Aspekt des Systems dieses Buches eingehen, der von der klassischen chinesischen I Ging-Interpretation viel benutzt wurde und der auch uns helfen mag, dem Sinngehalt dieser beiden Hexagramme nahezukommen. Es ist dies der Aspekt der Gegensätze, der sich im System der Bilder und Zeichen des Buchs der Wandlungen ausdrückt[17]. Der Versuch, den Sinn einer Konzeption aus ihrem Gegensatz zu erfassen, aus dem Widerspiel der Gegensätze beide Positionen zu erhellen, ist ja auch uns nicht fremd, und auch wir haben gefunden, daß eine Affinität zwischen Gegensätzen besteht, die sich nicht nur im Kontrast, sondern auch in der Übereinstimmung ausdrücken kann. Die bei uns üblichen Gegensatzpaare sind durch die Tradition unserer Denker und wohl auch durch das Herkommen unseres Sprachgutes festgelegt. Eine andere Art, die Welt anzublicken, und eine andere Geschichte menschlichen Herkommens führt aber mitunter zu anderen Gegensatzpaaren. Neben vertrauten Gegenüberstellungen finden wir hier oft überraschende. Gerade aus dem Widerspiel uns ungewohnter Gegensatzpaare ergeben sich oft Einsichten in das Wesen einer Konzeption oder einer Situation, denen nachzugehen sich lohnt.
Dazu kommt noch ein anderes. Das System des Buchs der Wandlungen ist die Darstellung einer vieldimensionalen Welt. Gegensatzpaare können nicht nur an den Polen einer eindimensionalen Achse gesucht werden. Je nach der Blick-

17 Im *Tao-te-king* ist die Zusammengehörigkeit der Gegensätze ein vielbehandelter Grundsatz; siehe zum Beispiel Richard Wilhelm, *Laotse, Tao te king* (Ausgabe 1971), S. 76 und passim. Siehe auch D. C. Lau, *The Treatment of Opposites in Laotzu,* in: »Bulletin of the School of Oriental and African Studies« 21, London 1958, S. 344—360.

richtung ergeben sich zu jeder gegebenen Konzeption oder Situation eine Reihe verschiedener Gegensätze.
Das System der Linienkomplexe leiht sich einer Auffindung solcher Gegensatzpaare besonders willig. Das mathematisch Saubere dieses Systems gibt den festgestellten Gegensatzpaaren etwas denkerisch fast Zwingendes. Die klassische chinesische I Ging-Interpretation hat hierfür verschiedene Methoden entwickelt. Drei von diesen werden allgemein als besonders hilfreich für das Verständnis der Hexagramme angesehen. Die erste ist die Methode *Pang-tung*. Sie besteht darin, alle sechs Linien eines Hexagramms in ihr Gegenteil zu verwandeln. Die zweite ist die Methode *Tsiën-gua*, bei der das ganze Hexagramm umgekehrt wird. Und die dritte ist die Methode *Giau-gua*, bei der die beiden Trigramme eines Hexagramms ausgewechselt werden.
Von diesen drei Methoden scheint die zweite die älteste zu sein. Ihr Name bedeutet: verborgene Hexagramme, und ihr scheint die Einsicht zugrunde zu liegen, daß Gegensätze ineinander verborgen liegen. Diese Methode ist ja schon in der Anordnung der Hexagramme in unserem Text angelegt, in der solche Gegensätze in der Regel aufeinanderfolgen. Sie ist dann im Buch »Vermischte Zeichen« weiter ausgeführt. Die Methode *Pang-tung* – ein Wort, das man versucht ist, mit *coincidentia oppositorum* wiederzugeben – ist auch schon in der Han-Zeit nachgewiesen.
Um darzustellen, wie sich diese Methoden im System des Buchs der Wandlungen ausdrücken, habe ich das 49. Hexagramm gewählt, »die Umwälzung oder Revolution«. Eine Anwendung der drei Methoden ergibt bei diesem Hexagramm das folgende Bild:

Umwälzung

Pang-tung Tsien-gua Giau-gua

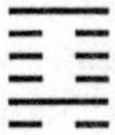

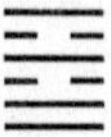

Jugendtorheit Der Tiegel Der Gegensatz

Die brodelnde Dynamik des 49. Hexagramms, durch das Bild des Feuers im See ausgedrückt, ist eines der stärksten Bilder im ganzen Buch der Wandlungen. Sein Urteilstext enthält die vier Charakteristika des Schöpferischen: »Erhabenes Gelingen, fördernd durch Beharrlichkeit.« Der Text der herrschenden Linie des Zeichens, der Neun auf fünftem Platz, heißt: »Der große Mann ändert wie ein Tiger. Noch ehe er das Orakel fragt, trifft er die Wahrheit.« Und im Tuan-Kommentar heißt es: »Die Zeit der Revolution ist wahrlich groß.« Aber selbst diese revolutionäre Situation trägt Elemente des Konservativen in sich. Sie ist der Anbruch einer neuen Zeit, aber bringt auch deren stabile Ordnung. Und so heißt der Bildtext: »Der Edle ordnet den Kalender und macht dadurch die Zeiten klar.« In der geregelten Zeitordnung, dem Kalender, wird der Sinn der neuen Zeit festgelegt. Dieser revolutionären Situation steht nun im Tsiën-Gua-Verhältnis das 50. Hexagramm, Der Tiegel, gegenüber. Hier haben wir die konservative Situation, die im religiösen Ritual gefestigt ist. Der Bildtext heißt hier: »Der Edle stellt die [sozialen] Stellungen richtig und festigt dadurch das Schicksal [das himmlische Mandat].« Das Wort »festigt« heißt im Urtext »gefriert«. Das Schicksal wird hier in einen Eisblock gefroren. Und so haben die beiden herrschenden Linien durchaus konservative Bilder: den Tiegel mit goldenen oder gar mit Nephritringen, Bilder, in denen die Symbolik des Materials die Funktion des Geräts in seiner unumstößlichen Stellung bekräftigt. Selbst der dadurch hervorgerufene Neid der Genossen (Neun auf 2. Platz) kann dieser Stellung nichts anhaben. Der Tiegel enthält die Nahrung; der Mann des Tiegels beherrscht die wirtschaftliche Lage. Und doch enthält auch diese dem Revolutionären so entgegengesetzte Situation wiederum dynamische Elemente. Dies spricht sich schon in der ersten Linie aus, in der die gefestigte Institution der Ehe durchbrochen wird, um die Stockung zu entfernen, dann bei der Neun auf drittem Platz und der Neun auf viertem Platz, wo zum Teil sinnwidrige und unheilvolle Veränderungen vorkommen, die schließlich das Vertrauen in die konservative Situation untergraben. Am deutlichsten ist dies im Buch »Vermischte Zeichen« ausgesprochen, in dem es heißt: »Der Tiegel bedeutet das Aufnehmen des Neuen.«

Auf der anderen Seite steht dem 49. Hexagramm das 4., Die Jugendtorheit, gegenüber, das scheinbar ziellose Gären des noch Unerleuchteten, in dem mitunter lästige Wißbegier sich mit Zaudern im Angesicht der Gefahr mischt. Dem Revolutionär mit klaren Zielen ist hier der dumpfe Tor entgegengesetzt, dem es passieren kann, daß er sich dem ehernen Willen eines anderen bis zu einem Grade hingibt, der seinem Wesen und seiner Bestimmung widerspricht. (Die Sechs auf drittem Platz kleidet dies in das Bild eines Mädchens, das sich im Angesicht eines ehernen Mannes nicht im Besitz behält.) Hier ist also der revolutionären Dynamik nicht die konservative Statik entgegengesetzt, sondern der zielstrebigen Bewegung die ziellose. Der jugendliche Tor trägt jedoch den Keim des Revolutionärs in sich. Er ist im Einvernehmen mit der Zeit, der er sich unreflektiert hingibt, und deren Strömungen und Gegebenheiten er sich unmittelbar zu eigen macht. Und so zeigt der Text gerade der herrschenden Linie dieses Zeichens wiederum eine Affinität mit der Bewegungsrichtung des 49. Hexagramms.

Schließlich ist dann noch das 38. Hexagramm, Der Gegensatz, dem 49. gegenübergestellt. Dies besteht aus der Umkehrung der beiden Trigramme. Wir haben also hier dieselben beiden unverträglichen Schwestern, deren vertauschte Rollen durchaus nicht zu ihrer Harmonie beitragen. Die Opposition des 38. zum 49. Hexagramm besteht wohl darin, daß wir hier den Mann gezeichnet finden, der temperamentmäßig der Revolution entgegengesetzt ist. Die Revolutionäre erscheinen ihm als schmutzbeladene Schweine, als ein Wagen voller Teufel. Er hat schon den Bogen nach ihnen gespannt. Im letzten Augenblick aber legt er den Bogen zur Seite (obere Neun)[18]. Denn auch er muß einsehen, daß die Verhältnisse, die der Revolutionär beseitigen will, in denen der Wagen nach hinten gezerrt, die Rinder festgehalten und

18 Der Text zu dieser Linie ist verhältnismäßig spät noch stark verändert worden. Siehe »Journal of the American Oriental Society« 79 (1959), S. 279. Die Interpretation seiner ursprünglichen Bedeutung unterliegt also Zweifeln. Der im *Tso-chuan* zitierte, wohl ältere Text lautet: »Durch Gegensatz vereinsamt. Der Räuber spannt auf ihn den Bogen. Oh, daß der Neffe der Tante folgte! Nach 6 Jahren entflieht er.« Der Sinn wäre damit dem unseres heutigen Textes fast diametral entgegengesetzt.

den Menschen Haare und Nasen abgeschnitten werden (Sechs auf 3. Platz), nicht bestehen bleiben können. So steht er vereinsamt (Neun auf 4. Platz und obere Neun) zwischen den Lagern. Soll er dem alten Herrn, den er in dunkler Gasse trifft (Neun auf 2. Platz), weiter dienen? Soll er sich dem revolutionären Genossen, der sich durch die Hülle durchbeißt (Sechs auf 5. Platz), anschließen? Er wählt den zweiten Weg. Er sieht ein, daß die Revolutionäre nicht die Räuber sind, die er in ihnen vermutet hat; seine Zweifel schwinden, und so macht er mit ihnen gemeinsame Sache. Aber selbst in bei dieser Gemeinschaft zu bestehenden Gefahren behält er seine Eigenart (Bildtext).

All diese drei Gegensätze tragen so, teils durch Kontrast, teils durch Affinität, zum Verständnis der revolutionären Situation, des revolutionären Ziels und der revolutionären Persönlichkeit bei.

Bei der Aufstellung von Gegensatzpaaren nach diesen Methoden erreicht man aber nicht notwendig eine Dreizahl. Es kommen Fälle vor, in denen zwei der Gegensätze zusammenfallen. Dies ist zum Beispiel der Fall beim 13. Hexagramm, Gemeinschaft mit Menschen. Hier führen die Umkehrung des Hexagramms und die Vertauschung der Trigramme zu demselben Zeichen. Merkwürdig ist, daß keiner der beiden Gegensätze Einsamkeit, Beiseitestehen oder Eremitismus ist. Die beiden Gegensätze sind vielmehr nach der Pang-tung-Methode das 7. Hexagramm, Das Heer, und nach der Tsiën-gua- und der Giau-gua-Methode das 14., Der Besitz von Großem.

Gemeinschaft mit Menschen

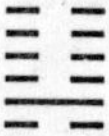

Das Heer

Der Besitz von Großem

Mit Hilfe dieser beiden Gegensatzpaare wird der Charakter des 13. Hexagramms klar. Im Gegensatz zum 7. und zum 14. Hexagramm ergibt sich, daß es sich beim 13. Hexagramm nicht um jede beliebige menschliche Gemeinschaft handelt, sondern um einen freien Zusammenschluß freier Menschen außerhalb der Bindungen des Hergebrachten. Ohne diese Gegensatzpaare könnte das Werk des Urteils »Gemeinschaft mit Menschen im Freien« (wörtlich: »in der Wildnis«) zu leicht übersehen oder mißverstanden werden, namentlich da die späteren Schichten des Buchs diesen Umstand ein wenig verdunkeln. Die späteren Schichten möchten zu gerne die wilden Unentwegten, die sich um das Lagerfeuer unter freiem Himmel vereinen, wieder zum Gesetz zurückgeführt und unter gehörige Führung gebracht sehen. Diese aber diskutieren die Dinge mit gleichgesinnten Genossen (Bild), und ihnen gilt die Gemeinschaft des Klans als eine Schande (Sechs auf 2. Platz), wenn auch aus ihren Aktionsplänen lange nichts wird (Neun auf 3. Platz und Neun auf 4. Platz) und sie schließlich zur Opfergemeinschaft auf den Anger zurückkehren, ohne ihr Ziel erreicht zu haben (obere Neun).

Dem steht im 7. Hexagramm nicht die Vereinzelung, sondern die unfreie Gemeinschaft des Heeres gegenüber, das vom Helden geführt (Urteil) und vom König ausgezeichnet und benützt wird (Neun auf 2. Platz, obere Sechs). Hier herrscht Disziplin (anfangs Sechs) auch auf dem Rückzug (Sechs auf 4. Platz). Der äußere Zusammenhalt der erzwungenen Gemeinschaft des Heeres kann dann zu einer merkwürdigen Zersplitterung führen. Sie ist in der Sechs auf fünftem Platz als der Gegensatz zwischen Brüdern gekennzeichnet, von denen der ältere das Heer führt und der jüngere Leichen fährt. Es ist hiermit wohl auf die Zersplitterung der Persönlichkeit hingewiesen, die unter allzustarkem äußerem Druck eintreten kann. Leichen zu führen ist an sich eine der unheilvollen, aber unumgänglichen Funktionen des Heeres (Sechs auf 3. Platz). Daß aber darüber die Persönlichkeit sich in ungleiche Zwillinge spaltet, zeigt, wie stark der Kontrast zur freien Gemeinschaft der Menschen sich entwickeln kann.

Als weiteren Gegensatz haben wir überraschenderweise das 14. Hexagramm, Der Besitz von Großem. Großer Besitz, auch im materiellen Sinn, wird im Weltbild des Buchs der Wandlungen als etwas Glückverheißendes (Urteil) und ein Segen des Himmels angesehen (obere Neun). Wenn er in der richtigen Weise aufgefaßt und benützt wird, führt er zu Möglichkeiten, die ohne ihn nicht gegeben wären (Neun auf 2. Platz und Neun auf 3. Platz), und er gestaltet im besten

Fall eine Persönlichkeit, die in ihrer Sorge für andere umgänglich sowohl wie würdig ist (Sechs auf 5. Platz).

Die inhärente Schwierigkeit, der mancher Besitzende verfällt, ist, daß man in der rechten Weise besitzt und nicht vom Besitz besessen wird (eine andere Lesung der Neun auf 4. Platz würde besagen: er beruht nicht auf seinem Überfluß); daß man auch als Besitzender oder gerade als Besitzender des Himmels gutem Willen folgt (Bild).

Warum ist nun gerade dieses Zeichen dem 13. Hexagramm, der Gemeinschaft mit Menschen, entgegengestellt? Rein äußerlich gesehen könnte man sagen, daß es die materielle Aristokratie gegenüber dem intellektuellen Proletariat verkörpert. Mir scheint aber, daß der Gegensatz tiefer liegt. Der Besitz von Großem kann zwar zu schönen und segensreichen Leistungen führen; mit fast noch größerer Sicherheit führt er aber zu einer Isolierung der Person (anfangs Neun, namentlich kleines Bild, und Neun auf 4. Platz). Diese Folge ist in der Situation gegeben; kein persönlicher Tadel ist damit verbunden. Wenn das Feuer aber nicht mehr unter dem Himmel lodert, sondern oben am Himmel steht, ist die Intimität der Gemeinschaft mit Menschen erschwert, wenn nicht ausgeschlossen. Besitz, materieller wie geistiger, vereinsamt; der Kampf für ein Ideal führt die Menschen zusammen.

Aus diesen Beispielen läßt sich ersehen, in welcher Weise das Widerspiel der Gegensätze im System des Buchs der Wandlungen zur Darstellung kommt. Einige der sich ergebenden Gesichtspunkte mögen gleichzeitig als Hintergrund zu dem dienen, was über die Gestaltung in der eigenen Stadt gesagt werden kann.

Es sind im besonderen zwei Hexagramme, die sich mit der Situation in der eigenen Stadt im Zeitpunkt der Gestaltung befassen. Beide sind sehr bewegte, ja erregte Bilder. Die Umwelt der eigenen Stadt ist, wie wir gesehen haben, eine zur Permanenz neigende Anlage und der Begriff der Gestalt eine permanente, ja normative Form. Die Herbeiführung dieser Form ist jedoch ein erregender, gefahrvoller Moment, der schwerwiegende und rasche Entschlüsse notwendig macht. Wenn der Guß gelingen soll, ist im entscheidenden Augenblick rasches und entschiedenes Handeln notwendig. Das erste dieser beiden Hexagramme ist das 43., Der Durchbruch.

Hier sind das untere Trigramm und beide Kernzeichen das Schöpferische. Über all diesen schöpferischen Zeichen jedoch steht der See, die dunkle geballte Wolke am Himmel oder der allzu hoch angelegte und daher zur Überschwemmung neigende Bewässerungskanal. Der Durchbruch, der hier bevorsteht, ist also im Bild des Wolkenbruchs oder des Dammbruchs gesehen. Das latent Schöpferische, vielfach angelegt in diesem Bild, wird einer plötzlichen und daher gefährlichen Befruchtung teilhaftig. Mißlingt im entscheidenden Augenblick diese Berührung, so wird das Schöpferische ertränkt, die Gestaltung kommt nicht zustande.

Im Buch »Vermischte Zeichen«, das in seiner Anordnung von der des Textes vielfach abweicht, ist dieses Hexagramm das letzte und entscheidende der ganzen Serie.

Der Urteilsspruch zu diesen Zeichen heißt: »Entschlossen muß man am Hof des Königs die Sache bekanntmachen. Der Schrei des brütenden Vogels [der wahrheitsgemäße Schrei] zeigt Gefahr an. Man muß es seiner eigenen Stadt verkünden. Nicht fördernd ist es, zu den Waffen zu greifen. Fördernd ist es, etwas zu unternehmen.«

So ist hier der Augenblick der Gestaltung als etwas angesehen, das alle angeht und das dem König, dem Vertreter des Himmels unter den Menschen und dem Hervorbringer und Verwalter geordneter und bindender Institutionen, bekanntgemacht werden muß, selbst wenn er nichts davon wissen will. Der Versuchung, der angezeigten Gefahr der bevorstehenden Neugestaltung mit Waffengewalt zu begegnen und sie so zu verhüten, muß unter allen Umständen widerstanden werden. Zielgerichtete Tatkraft, die den Richtungssinn des kommenden Neuen in der Erkenntnis einschließt, ist dagegen vonnöten. Der entscheidende Satz jedoch ist: »Man muß es seiner eigenen Stadt verkünden.« Der Anruf der eigenen Stadt, der Aufruf an die angelegte Struktur des Selbst, bringt den Durchbruch herbei; es ist das Wort, das Gestaltung schafft. So finden wir hier das schöpferische Wort, das in die Struktur des Selbst, in die eigene Stadt, dringt und da die Gestaltung auslöst. Der Gegensatz zum 43. Hexagramm im Pang-tung-Verhältnis ist das 23., Die Zersplitterung, das Bild des Zerfalls und der Verwesung, unter dem eine Zielrichtung zu haben nicht einmal angezeigt ist.

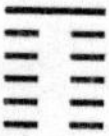

Der innewohnende, verborgene Gegensatz des Tsiën-gua-Verhältnisses ist das 44. Hexagramm, Das Entgegenkommen, das Bild des Mädchens, das sehr entgegenkommend ist. Das I Ging rät zwar, ein solches Mädchen nicht zu heiraten, da man nicht dauernd mit ihm leben kann. Als einmalige, außergewöhnliche Situation ist es aber ein Bild von großer Stärke, unter dem »alles unter dem Himmel herrlich vorangeht« und von dem der Kommentar zur Entscheidung sagt: »Groß, wahrlich, ist der Sinn der Zeit des Entgegenkommens.« Der Bildtext spricht hier auch vom Anruf, aber nicht vom Anruf der eigenen Stadt, sondern vom Anruf der vier Weltgegenden.

Im Giau-gua-Verhältnis, dem der vertauschten Trigramme, steht das 10. Hexagramm, Das Auftreten, das Bild der Sinnerfassung und Sinnverwirklichung, im stetigen Fortschreiten, ohne zu verweilen, das dann schließlich im Bild der Sittenordnung gipfelt[19].

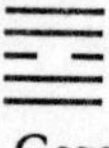

In dieser Konfiguration der Gegensätze ist der Mensch berufen, den Durchbruch zu gestalten. Auf der Stufe der Selbstverwirklichung, die das Weltbild des Buches der Wandlungen wiedergibt, ist der Mensch neben der Gottheit und neben der natürlichen Entwicklung inhärenter Tendenzen das dritte der Agenzien, die an der Gestaltung teilhaben. Diese Teilnahme, zu der der Mensch berufen ist, ist Schicksal und wirkt Schicksal. Er hat hier den Durchbruch zu gestalten, den Ausbruch aus der Fäulnis des Verfalls und aus der Starrheit einer gegebenen Sittenordnung. Er hat ihn zu gestalten in souveräner Unvoreingenommenheit, den Begegnungen ent-

19 Siehe S. 80.

sprechend, die ihm entgegenkommen, und seien sie ungewöhnlich und einmalig. Er hat ihn zu gestalten durch Anruf der eigenen Stadt, durch das schöpferische Wort, das in die Tiefe des Selbst gerichtet ist. Das Schicksal, das er gestaltet, sein eigenes Schicksal, kann nur so in das Kontinuum seiner selbst und seiner Welt eingebaut werden. Wie es der Bildtext ausdrückt: »Das Schicksal, das er spendet, reicht hinab in das Unten, und er scheut es, bei seiner Tugend zu verweilen.«

Wie sich diese Gestaltung im einzelnen vollzieht, darauf geben die Linientexte einige Hinweise. Die Entschlossenheit und Energie, die dabei nötig sind, scheint dabei weniger ein Problem zu sein als die notwendige Umsicht und Voraussicht. In der ersten Linie spürt man schon mächtig den Gestaltungsdrang im Angesicht des Verfalls. Man ist »mächtig in den vorwärtsdrängenden Zehen«. Die Einsicht, daß die Tendenzen des Verfalls im Übergewicht sind, daß der Firstbalken im Begriff ist, sich durchzubiegen, mag einen zu vorschnellem Handeln drängen. Doch nur ein Ziel, dem man gewachsen ist, kann angestrebt werden. Vorsicht, ja Behutsamkeit ist hier noch vonnöten[20].

Dann aber beginnt der Prozeß. Der erste Ruf ertönt; er ist ein Alarmruf, der einen warnt, sich gegen alle Gefahren zu wappnen, besonders gegen die Gefahren des Dunkels und der Nacht. Ist man so gerüstet, so braucht man nur noch auf den richtigen Augenblick, den »eigenen Tag«, zu warten[21]. Diesem Zustand bewaffneten Wartens folgt leicht wieder ein leichtfertiges Machtgefühl. Mächtig in den Backenknochen zu sein, bringt jedoch Unheil[22]. Die Entschlossenheit nicht allein zum Kampf, sondern zur Gestaltung muß sich so verdoppeln, selbst wenn sie in die Einsamkeit und in den Regen führt, selbst wenn man bespritzt wird und ins Gerede kommt. Die Einsicht ist hier ausgesprochen, daß Gestaltung, selbst angesichts einer drohenden Katastrophe, der Zeit der Reife bedarf. Hier ist nicht die Art der Energie vonnöten, die sich in mächtigen Kinnbacken ausdrückt, sondern die Energie der Ausdauer, die selbst in scheinbaren Rückschlägen und im Verkanntsein bei ihrem Ziel verharrt.

20 Siehe Hex. 28, besonders Urteil und 6/1.
21 Siehe Hex. 49, 6/2.
22 Siehe Hex. 58, besonders 6/3.

Nun ist man auf dem schwierigsten Punkt der Gestaltung angelangt. Einsam und verkannt schreitet man seinen Weg, bis einem das Gehen sauer wird. Man scheint verharren zu müssen, um seiner Sache nicht untreu zu werden. Doch immer noch muß man warten, und zwar warten im Blut[23]. Hier gibt das I Ging einen unglaublichen Rat: man soll sich führen lassen wie ein Schaf. Das I Ging sieht voraus, daß kaum jemand geneigt sein wird, diesen Rat anzunehmen. Die notwendige Voraussicht, die die notwendige Energie ergänzt, ist unter diesen Umständen allzu schwer einzuhalten. Der Mann, der seine Gestaltungspotenz zu verlieren scheint, klammert sich an seinen Eigensinn. Aber nur durch zeitweilige Aufgabe bewußter Ziele kommt man heraus aus dem Loch. Dann endlich ist der Augenblick gekommen, die Schafsnatur wird verloren[24], man ist in einer Position großer Macht. Jetzt kann man seine Entschlossenheit in Ansatz bringen, doppelte Entschlossenheit wiederum, zur Ausmerzung alles Hinderlichen und zur Herstellung der neuen Gestaltung. So wandelt man in der Mitte, man handelt aus dem Zentrum und bleibt frei von Makel.

Die obere Sechs fügt dann noch die Warnung davor hinzu, den Durchbruch gestalten zu wollen ohne Ruf. Wie der hochmütige Drache der oberen Neun des 1. Hexagramms überhebt man sich hier und unternimmt Gestaltung nur aus bewußtem Eigenen. Eine solche Gestaltung kann nicht dauern und führt im Endergebnis zu Unheil.

Der Weg, der hier gezeichnet ist, ist ein mühseliger und beschwerlicher. Er ist nicht einer, der zu heroischen Siegen und schimmernden Erfolgen führt. Das Schicksal, Schicksal zu gestalten, ist dem Menschen auferlegt; er muß selbst dafür sorgen, daß der Durchbruch ihn nicht hinwegschwemmt, daß der Ausbruch aus Altem und Starrem bewußt gestaltenden Wegen folgt. Dieses Schicksal der Schicksalsgestaltung erfordert eine Haltung, die aufrechtzuerhalten schwer ist und die einen im besten Fall dazu führt, Fehler zu vermeiden. Denn hier darf nicht, wie in der vorbewußten Vorzeit, die eigene Stadt verlassen werden, wenn die Gestaltung Dauer haben soll.

23 Siehe Hex. 5, 6/4.
24 Siehe Hex. 34, 6/5.

Was ist hier nun geschehen? Was und wie ist hier gestaltet worden? Die Betrachtung des 43. Hexagramms macht besonders deutlich, wie in Erkenntnis und Wirken, wenn sie auf das Weltbild des Buchs der Wandlungen zurückgeführt werden, Allgemeines und Spezifisches sich zueinander verhalten. Zunächst wird, wie bei jeder Orakelbefragung, die Zeitsituation festgestellt, in der sich der Fragende und wohl auch die den Fragenden angehende Gruppe befinden. Ist dieser konkrete Zeitmoment klar, so wird er, ebenfalls wie bei jeder Orakelbefragung, in die Konfiguration der Gegensätzlichkeiten gestellt, die für diesen Zeitmoment das Wirkungsfeld abstecken. Damit wird klar, in welchem Ausschnitt der Welt und in Affinität oder Kontrast zu welchen Kräften in der Welt der spezifische Zeitmoment wirksam und fruchtbar werden kann. Die Aussagen der Texte geben dann Anleitung darüber, bis zu welchem Grade und in welcher Weise menschliches Wirken für die Gestaltung dieses Moments verantwortlich wird. Gestaltung ist nicht immer und nicht allein auf menschliches Wirken angewiesen. Gestaltung kann durch Einwirkung des Göttlichen hervorgebracht werden, sie kann das Produkt reinen, »natürlichen« Werdens sein, sie kann auf dem Zusammenspiel mehrerer der Kräfte der großen Trinität beruhen. In unserem Fall, dem Moment des Durchbruchs, ist energisches und zielbewußtes *menschliches* Wirken angezeigt, um die neue Gestalt zu gestalten. Auch die Art und der Grad menschlicher Einwirkung sind nicht in jedem Falle gleich. Das hat sich aus einigen der früher angeführten Beispiele wohl ergeben. Das 43. Hexagramm stellt, wie erwähnt, einen der beiden Fälle dar, in denen im Buch der Wandlungen menschliches Einwirken in Beziehung gesetzt wird zur eigenen Stadt. Das urbildlich Gestalthabende jenseits der Schwelle, jenseits der Welt der Phänomene, die nicht oder noch nicht erscheinende Gestalt der eigenen Stadt, wird aufgerufen, die Gestaltung hervorzubringen. Die merkwürdige Spannung zwischen zielbewußter Energie einerseits und dem Horchen auf den Widerhall des Rufs in die Tiefen des eigenen Selbst andererseits gibt unserer Situation das Aufregende und Besondere. Sich von dem Willen der Gottheit leiten zu lassen, sich dem natürlichen Werden hinzugeben, sind Haltungen, die dem menschlichen Wesen nicht fremd sind. Welcher zielbewußt Energische wird sich aber gerne wie ein Schaf führen lassen von der vorgebildeten Gestalt im eigenen Selbst? Das Paradox, daß gerade der bewußt Zielstrebige hier abhängig ist von den Impulsen des eigenen Unbewußten, Impulsen, die er im Wortsinne »hervorgerufen« hat, wird in der vierten Linie unseres Hexagramms eindeutig klar. Die hier verlangte Selbstentäußerung des Bewußten eines, dem es aufgetragen ist, mit bewußter, zielstrebiger Energie zu wirken, scheint in sich so widersprüchlich, daß selbst das I Ging die Hoffnung schier aufgibt, daß ein solcher Rat befolgt werden wird. Aber nur so kommt das Warten im Blut zu einem Ende, nur so kommt man heraus aus dem Loch.

Wir wollen hier nicht versuchen, dieses Paradox aufzulösen. Ich möchte aber doch auf einen Umstand hinweisen, der es noch verschärft. Das Buch der Wandlungen ist nicht allein, ja nicht einmal in erster Linie ein Buch für Mystiker. Es ist vielmehr ein Buch, das auch anleitet, hier in unserer Welt der Erscheinungen zu handeln – und zu leiden. Der Mystiker wird sich, wie Henry Corbin gezeigt hat, im Zentrum des Spiegelsaals der eigenen Stadt nach einigem Erstaunen selbst erkennen[25]. Für den in der Welt der Erscheinungen Handelnden und Leidenden ist aber das Abbild näher als das Urbild, die eigene Stadt als Phänomen unserer Welt näher als die Mandala. Ihm wird gestaltende Potenz zu räumlicher Gestaltetheit, das Bild zum Raum, der Vorgang zum Schauplatz. Die Probleme der sterbenden Stadt treten also hier in aller Schärfe hervor. Auf der Stufe menschlicher Selbstverwirklichung, die die frühen Dschou erreicht hatten, durfte aber die eigene Stadt nicht mehr verlassen werden. Das, was Neumann die Spannung zwischen dem Ich und dem Selbst nennt[26], war in Wirksamkeit getreten. Keiner der beiden Pole, nicht das Selbst, *aber auch nicht das Ich,* konnte mehr aufgegeben werden. Das Buch der Wandlungen hat diesem Problem unter dem Zeichen »die Betrachtung« einige Gedanken gewidmet. Dort ist die Betrachtung unserer Welt und die Betrachtung des eigenen Selbst ins Verhältnis gesetzt. Ich kann darauf hier im einzelnen nicht eingehen.

Wir wollen uns statt dessen jetzt dem 11. Hexagramm, Der

25 »Eranos-Jahrbuch« XXIX, 1960 S. 100—107.
26 »Eranos-Jahrbuch« 1960 S. 13—56.

Friede, zuwenden, in dem auch von der eigenen Stadt die Rede ist.

䷊

Wenn wir dieses Hexagramm in das Widerspiel der Gegensätze stellen, so kommen wir zu dem Ergebnis, daß innerhalb des beschriebenen Systems alle drei Möglichkeiten hier zusammenfallen, daß wir auf allen drei Achsen der Gegensätzlichkeiten zu demselben Hexagramm geführt werden, dem 12., Die Stockung. Dieses Ergebnis wird schon im Buch »Vermischte Zeichen« festgestellt, wo es heißt: »Stockung und Friede sind ihrer Art nach entgegengesetzt.« Es ist dies einer der wenigen Fälle eines eindeutigen Gegensatzes im System des Buchs der Wandlungen. Nur die beiden letzten Hexagramme, »Nach der Vollendung« und »Vor der Vollendung«, stehen in einem ähnlichen Verhältnis.

Die Tatsache, daß hier in ungewöhnlicher Eindeutigkeit dem Frieden nicht der Krieg, sondern die Stagnation entgegengesetzt ist, zeigt die besondere Art an, in der das Problem des Friedens hier angegangen wird. Friede bedeutet hier nicht einen Zustand, sondern ein Geschehen, nicht ein In-sich-Ruhen, sondern eine Entwicklung, ja mehr noch: nicht eine geformte Gestalt, sondern eine geforderte Gestaltung.

Dieses Paradox ist ja schon in der Anordnung der Trigramme angedeutet: nicht der Himmel über der Erde, also die uns natürlich erscheinende Anordnung, ist das Zeichen des Friedens, sondern die Erde über dem Himmel, das Yin über dem Yang. Der Himmel über der Erde ist das Zeichen der Stagnation. Das Paradox hat späteren Kommentatoren viel Kopfzerbrechen gemacht. Schon in den späteren Schichten des Buchs ist eine Tendenz unverkennbar, die äußere Erscheinungsform des Friedens für sein Wesen zu halten und auf die Ruhe und Harmonie, die der Friede bringt, mehr Nachdruck zu legen als auf die Verantwortlichkeit, den Frieden herzustellen.

Diese Tendenz ist nicht an sich ungerechtfertigt. Wenn die späteren Schichten im Frieden den großen Tröster sehen, wenn sie in ihm den Zustand stehen, in dem alles Unrecht gesühnt ist, wenn sie in ihm eine gegenseitige Durchdringung, einen Allzusammenhang sehen, so kommen sie damit der Wortbedeutung des hier verwendeten chinesischen Wortes *Tai* sowohl als auch den Bewegungstendenzen der in Betracht kommenden Trigramme durchaus nahe. Uns aber soll die an sich richtig gesehene Erscheinungsform des Friedens sein Wesen nicht verdecken. Wie an wenigen anderen Stellen wird hier klar, daß für unser Buch die Welt eine Welt der Wandlung ist, in der auch die schönste Erscheinungsform nicht aus sich selbst und durch sich allein bestehen kann. Es enthält dieses Zeichen zudem auch einen der Texte, in denen angedeutet ist, auf welche Weise und in welchem Zusammenhang mit der eigenen Stadt diese Erscheinungsform gestaltet werden kann.

Dieser Text ist der oberen Sechs unseres Zeichens zugeteilt. Wir müssen aber einen Blick auf das Zeichen als Ganzes werfen, wenn wir verstehen wollen, wie die dort geschilderte Situation entstanden ist. Alles in diesem Zeichen ist Bewegung auf das Große, das Allumfassende hin, auf einen Zustand hin, in dem Niederes und Hohes ausgeglichen sind, in dem jeder nach seiner Eigenart zu seinem Recht kommt, in dem die Fernen nicht vernachlässigt werden und die Nahen nicht bevorzugt, in dem selbst die Unsteten und Schweifenden milde in das Gesamtbild eingeschlossen sind. Die Texte des Zeichens »Frieden« und des Zeichens »Stockung« benutzen verschiedentlich die gleichen Bilder und die gleichen Worte. Die Folgerungen jedoch sind konträr. Hier sind Unternehmungen und entschlossenes, zielbewußtes Handeln angezeigt, dort liegt der Akzent auf dem Beharren. Bei der dritten Linie aber erscheint dann schon die Warnung: keine Ebene, auf die nicht ein Abhang folgt. Der erreichte Zustand des äußeren Gleichgewichts kann nicht dauern. Noch darf man sich des erreichten Zustandes freuen, wenn man sich des Gesetzes des Lebens bewußt bleibt, daß auf kein Hingehen nicht eine Wiederkehr folgt: »Beklage dich nicht über diese Wahrheit, genieße das Glück, das du noch hast«, sagt der Text. Die Wahrheit muß jedoch erkannt werden; die Warnung, sich der Behaglichkeit hinzugeben, ist darin eingeschlossen[27]. Auf dieser und der nächsten Stufe tritt der Friede am mächtigsten in Erscheinung. Es ist ein Zustand er-

27 Siehe Hex. 19, 6/3.

reicht, in dem man zu beharren wünscht. Die dynamischen Tendenzen der Anfangszeit sind noch wirksam, noch ist das Gleichgewicht nicht in seine Bestandteile auseinandergewichen. Reichtum wird noch geteilt, Gleichheit wird noch aufrechterhalten. Mehr und mehr wird jedoch die Erscheinungsform zum Schein und die Aufrechterhaltung der Gleichheit zur Herablassung. So befiehlt dann die nächste Linie, die der Herr des Zeichens ist, eine Selbstentäußerung drastischer Art, die unter dem Bild des Herrschers gesehen ist, der seine Tochter einem Barbarenfürsten in die Ehe gibt. Durch dieses große persönliche Opfer werden nicht nur der Friede erhalten, sondern neue Welten erschlossen. Es ist dies die segensreichste und heilvollste Situation innerhalb des Zeichens.

Bei der obersten Linie wird aber dann der Schein zerstört. Der Text heißt hier: »Der Wall fällt wieder in den Graben. Jetzt brauche keine Heere. Deiner eigenen Stadt verkünde das Schicksal. Beharrlichkeit bringt Beschämung.«

Hier ist die Erscheinungsform der Stadt mit dem Urbild der eigenen Stadt in Zusammenhang gebracht. Aus dem hegenden Kreis des Urbilds war im Abbild ein Schutzwall geworden, eine Verteidigungslinie, hinter der man sich in Ruhe niederlassen zu können glaubte. Eine Verteidigungslinie garantiert jedoch keinen Frieden; als Erscheinungsform ist sie dem Gesetz des Zerfalls unterworfen. Keine Aufbietung militärischer Macht kann diesen Zerfall aufhalten. Den bestehenden Zustand aufrechterhalten zu wollen, kann nur Beschämung bringen.

In diesem erregenden Augenblick höchster Gefahr empfiehlt das Buch wieder den Anruf der eigenen Stadt. Der Wortlaut ist hier beinahe, aber nicht ganz der gleiche wie beim 43. Hexagramm. Dort war es der schlichte Anruf, das »Hervorrufen« des Urbilds. Hier hat der Ruf einen Inhalt: der eigenen Stadt muß das Schicksal zugerufen werden. Das, was hier als »Schicksal« übersetzt worden ist, ist eigentlich der Befehl Gottes, das Mandat des Himmels. Noch deutlicher als dort wird hier der Mensch zum Vollstrecker göttlicher Befehle, zum Handlanger Gottes. Er vollstreckt sie durch erneute Hinwendung zum Urbild im eigenen Selbst, er vollstreckt sie durch sich selbst. Keine gestaltete Form bietet hier mehr Gewähr für seinen Bestand. Nicht nur seine eigene Person, der Friede seiner Welt ist im Begriff des Zerfalls. Es gibt keinen Ort mehr, wo man sich schützen oder verbergen könnte; es gibt keine Gelegenheit mehr, die eigene Verantwortung zu umgehen. So ist man selbst hier an den Platz des Gestalters des Schicksals gestellt, eines Schicksals wiederum, das nicht nur die eigene Person, sondern den Frieden seiner Welt betrifft.

Die Gestaltung vollzieht sich auch hier durch das Wort, durch den Anruf, hier den schicksalstragenden Anruf. Gelingt dieser Anruf, so werden wir hingeführt zu dem schönen Text der oberen Neun des 26. Hexagramms: man erlangt den Himmelsweg. Was hier als »Weg« übersetzt ist, ist nicht das Tao; das hier benutzte Wort bedeutet einen schmalen Durchlaß, eine Gasse. Durch die Verkündung göttlicher Gebote im eigenen Selbst erreicht man also hier:

DEM FRIEDEN EINE GASSE

DAS ZUSAMMENWIRKEN VON HIMMEL, ERDE UND MENSCH

I

Um die Zeitenwende lebte in China ein Mann, der durch die dichterischen Erzeugnisse seiner Frühzeit ebenso bekannt ist wie durch die philosophischen Abhandlungen seines Alters. Dies war Yang Hiung, der auf Grund seiner poetischen Begabung bald nach seiner Ankunft in der Hauptstadt eine angesehene Stellung bei Hofe einnehmen konnte. Es war dies eine der Perioden in Chinas Geschichte, in der die Kunst des Worts in hohem Ruf stand. Die Kunstform, die damals im Schwange war, das sogenannte Fu, vereinigte eine Beherrschung der literarischen Tradition und einen farbenprächtigen und bilderreichen Ausdruck in einem recht strengen Stil. Rhythmus und Reim und kompositionelle Gliederung formten auch längere poetische Produkte in einem Maß, das ihnen oft eine hinreißende Schönheit verlieh. Diese poetische Form wurde jedoch nicht ausschließlich und vielleicht nicht einmal in erster Linie in den Dienst dichterischer Schöpfung gestellt. Sie hatte ihre Stellung auch dem Umstand zu verdanken, daß in poetischem Gewand politische Anregungen und politische Mahnungen den Machthabern vorgelegt werden konnten, deren autoritäre Position sie in den Stand setzte, sich unmittelbarerer Ansprachen zu erwehren. In die anziehende Schönheit dichterischer Gestalt gekleidet, hat das Fu dazu gedient, das Ohr der Kaiser auch für Anliegen zu öffnen, die über das dichterische hinausgingen[1].

Yang Hiung war ein Meister in diesem Stil. Wir verdanken ihm unter anderem die dichterische Beschreibung seiner Provinzialhauptstadt im Westen Chinas, die Schilderung eines kaiserlichen Palastes[2] und die fast atemberaubende Darstel-

1 Siehe Hellmut Wilhelm, *The Scholar's Frustration*, in: John K. Fairbank ed., *Chinese Thought and Institutions*. University of Chicago Press, 1957.

2 Übersetzt von E. von Zach in »Sinica« 1927, 190—193, und in: *Die chinesische Anthologie*, Harvard University Press, 1958, 93—98.

lung einer kaiserlichen Jagd[3]. Wir verdanken ihm ferner eine Ode an den Wein und schließlich eine Ode an die Armut[4]. Diese Ode macht die Problematik Yang Hiungs besonders deutlich. Aufgebaut als ein Zwiegespräch mit einer allegorischen Figur der Armut, beschreibt die Ode hier die Armut seiner Jugend und die Armut seiner Mannesjahre, wobei der Umstand schwerwiegt, daß ihm auf Grund seiner Armut Freundschaft und Geselligkeit versagt blieben. Und er fährt fort zu beschreiben, wie er die Armut floh und wie sie ihn überall hin verfolgte, und versucht schließlich, sie mit vehementen Worten zu bannen. In ihrer Erwiderung zeigt ihm die Armut nicht ohne Groll, wie ohne sie politische und soziale Verhältnisse der Korruption verfallen und was die Bildung der Persönlichkeit ihr verdankt:

Hab ich dich nicht gelehrt, gleichmütig zu ertragen
Des Sommers Hitze und des Winters Kälte?
Und ist nicht das,
Was kalt und heiß nicht mehr berühren kann,
Ewig wie die Götter?
Hab ich dich nicht gelehrt,
Tyrannen nicht zu fürchten und nicht Räuber?
Wenn andre zittern hinter Schloß und Riegel,
Lebst du allein nicht offen in der Welt?
Wenn Angst und Sorge andere bedrücken,
Lebst du nicht froh und frei?

Und grollend rafft die Armut ihr Gewand, erhebt sich, um Yang Hiung für immer zu verlassen. Inzwischen hat Yang die Torheit seiner Klage eingesehen, er ruft die Armut an und bittet sie um Vergebung.

Da kam die Armut wieder, und sie blieb bei mir
Und hat mich seither nicht verlassen.

In seinen späteren Jahren hat Yang Hiung am Wert der Poesie zu zweifeln begonnen. Er hat dann ein Buch von Gesprächen verfaßt, das den Gesprächen des Kungfutse nachge-

3 Zach, 117—125.
4 Arthur Waley, *The Temple and other Poems*, 76—80.

bildet ist und den Titel führt: »Worte strenger Ermahnung[5].« In diesem Buch versucht Yang, die klassische Tradition, speziell die konfuzianische Tradition, auf seine Zeitsituation anzuwenden. Das Buch ist auffallend streng, ja rigide in der Aufrechterhaltung sozialer Einrichtungen und Gebräuche und auf Kungfutse zurückgeführter ethischer Haltungen. Er gibt sich hier als ein Vertreter der traditionellen Orthodoxie und bricht mit seinen eigenen früheren Neigungen, das Verhältnis des Menschen zu seiner Mitwelt und Umwelt in poetischen Bildern zu sehen. Auf eine direkte Frage rückt er von seinen eigenen dichterischen Erzeugnissen mit den Worten ab: »Ein erwachsener Mann beschäftigt sich nicht mehr mit solchen Spielereien[6].« Und an einer anderen Stelle vergleicht er seine Dichtungen mit Blüten und seine Philosophie mit Früchten und sagt: »Ich hasse jene, die nur meine Blüten pflücken, aber meine Früchte nicht essen mögen[7].«

Yang Hiungs Abwendung vom Künstlerischen und Schöpferischen und seine Zuwendung zu hergebrachten Einrichtungen und feststehenden Überlieferungen mag zunächst erstaunen, zumal Yang schöpferischer Gaben durchaus teilhaftig war. Er konnte zwar seine Position von Kungfutse herleiten, der sich ja einmal selbst, in vielleicht allzugroßer Bescheidenheit, einen Überlieferer und nicht einen Neuerer nannte. Auch Kungfutse hat überlieferten Einrichtungen eine führende Rolle zugeschrieben. Bei näherer Betrachtung wird aber der Unterschied zwischen Yang und Kungfutse deutlich. Für Kungfutse war die Aufrechterhaltung und Festigung einer Überlieferung gerechtfertigt, insofern sie die Darstellung eines ursprünglichen Verhältnisses oder einer urbildlichen Situation bedeutete. Er lebte zudem in einer chaotischen Zeit, die nach feststehenden Richtlinien und führenden Grundsätzen verlangte. Für Yang Hiung jedoch liegt die Rechtfertigung einer Haltung oder Handlung in der Tradition an sich. Die Tradition ist für ihn Menschenwerk, in erster Linie das Werk des Kungfutse oder, besser gesagt, eines etwas ideali-

5 Übersetzt von E. von Zach: *Yang Hsiung's Fa-yen* (»Worte strenger Ermahnung«), Batavia 1939. — Ich habe Zachs Übersetzung des Titels beibehalten, obwohl sie nicht ganz wörtlich ist. Sie charakterisiert jedoch gut den Geist der kleinen Schrift.

6 Zach, 6—7.

7 Zach, 24.

sierten und mythologisierten Kungfutse, der mit dem historischen Kungfutse nicht immer ganz übereinstimmt. Kann etwas auf Kungfutse oder dieses Kungfutsebild zurückgeführt werden, so bedarf es keiner weiteren Rechtfertigung. Er lebte zudem in einer Zeit, in der weltliche Einrichtungen den Charakter der Unantastbarkeit angenommen hatten, selbst wenn sie nicht von Heiligen der Vorzeit, sondern von Machthabern der Gegenwart begründet worden waren und selbst wenn sie nicht gültige Urbilder, sondern persönlichen Ehrgeiz und Machthunger zur Darstellung brachten. Das Zwingende solcher Einrichtungen, wie immer verbrämt mit traditionellen Fransen, war etwas, dem sich auch der Philosoph nicht entziehen konnte. Es gehörte zu den Prämissen seines Systems. Und Yang Hiungs Position in seiner Zeit und sein Ruf in der Nachwelt war beeinflußt durch seine Stellungnahme zu diesem Problem[8]. Yang Hiung hat sich der Führung durch diese Einrichtungen nahezu vorbehaltlos unterworfen. In einer Zeit, die die Tendenz hat, menschlichen Einrichtungen eine hypertrophierte Stellung einzuräumen, hat Yangs Beitrag etwas eigenartig Zeitgemäßes.

Yang Hiungs Antwort auf die Frage, wodurch und wohin der Mensch sich solle führen lassen in Haltung und Handlung, kann zurückgeführt werden auf seine Stellung zu dem Problem von Chaos und Ordnung. Wie jedem Konfuzianer der kaiserlichen Zeit war ihm die Herstellung und Aufrechterhaltung der Ordnung die vordringlichste Aufgabe des Menschen. Der vollendete Mensch, in seinen Worten: der Heilige, und unter dessen Gaben der menschliche Geist, waren die Instrumente, eine solche Ordnung zu schaffen. Als er einmal gefragt wurde, warum man nicht zu dem Zustand des hohen Altertums zurückkehren könne, in dem die Menschen in Frieden lebten ohne rechtliche und sittliche Ordnungen, antwortete er mit schneidender Schärfe: »Jene Zeiten des hohen Altertums werden vom Heiligen gehaßt. (Rechtliche und sittliche Ordnungen sind notwendig), der Heilige will daher nichts von jenen Zeiten des hohen Altertums wissen[9].« Die Leidenschaft dieser Antwort zeigt, wie wesentlich dieser

8 Siehe hierzu Fritz Jäger, *Yang Hsiung und Wang Mang*, »Sinica«-Sonderausgabe 1937, 14—34.
9 Zach, 17.

Punkt Yang erschien. Er will nichts von einem natürlichen Beziehungssystem wissen, das nicht durch den menschlichen Geist bewußt geschaffen worden ist, selbst wenn ein solches System menschlichem Zusammenleben aufs beste entgegenkommt. Mit der gleichen Leidenschaft verurteilt er Laotse, der den Sinn der Welt und des Lebens auf Epiphanien aus dem Dunkel und dem Chaos zurückführt. Dem Chaos stellt er die Ordnung, dem Dunkel die Klarheit gegenüber. Seine Ordnung ist vom Menschen geschaffen und drückt sich in weltlichen Traditionen und Einrichtungen aus, und seine Klarheit ist die Klarheit des menschlichen Geistes.

Diesen titanisch anmutenden Versuch, den Menschen von seinen Ursprüngen im Chaos und Dunkel abzuschneiden, mit anderen Worten, den Menschen zu entwurzeln, hat Yang Hiung mit vielen konfuzianischen Philosophen der Kaiserzeit gemeinsam. Er ist der früheste und wohl der eindeutigste und leidenschaftlichste Vertreter dieser Richtung. In seinem Leben hat sich Yang in dem graugestrickten Netz menschlicher Ordnungen, von denen er sich führen lassen mußte, hoffnungslos verfangen. In seiner Lehre versuchte er ihrer Herr zu werden.

Dieser Lehre soll hier nicht im einzelnen nachgegangen werden. Einige Punkte daraus mögen jedoch dazu beitragen, Yangs Lösung der uns gestellten Frage zu illustrieren. Auch Yang sieht den Menschen als Glied der großen Trinität: Himmel, Erde und Mensch, in die ihn die konfuzianische Philosophie in Entwicklung der aus dem Buch der Wandlungen entnommenen Einsichten gestellt hatte[10]. Auch er kennt den Himmel als Spender des Lebens und die Erde als Spenderin der Form[11]. Der Schwerpunkt liegt jedoch für ihn beim Menschen. Einmal sagte er:

> Jemand, der das Wesen des Himmels, der Erde und des Menschen versteht, ist ein allseitiger Gelehrter; jemand, der das Wesen des Himmels und der Erde, aber nicht das des Menschen versteht, ist ein Handwerker[12].

10 Siehe zum Beispiel Zach, 36.
11 Zach, 68.
12 Zach, 66.

Himmel und Erde zu verstehen, ist also dem Menschen gegeben. Es ist nicht einmal mehr die Angelegenheit der Religion, sondern des wissenschaftlichen Gewerbes. Das Wirken des Himmels ist für ihn beschränkt:

> Was meine Ansicht über den Himmel betrifft, so sehe ich nur sein absichtsloses Schaffen ... Wie sollte er Kraft haben, Form zu geben?[13]

Und er ist vom Menschen abhängig:

> Die Menschen können ohne Hilfe des Himmels keinen Erfolg erringen, der Himmel kann Glück und Unglück ohne die passenden Menschen nicht austeilen[14].

Unter den Menschen wiederum ist es der Heilige und unter den Gaben des Heiligen der menschliche Geist, die er hervorhebt. Er hat in einem fast dithyrambischen Kapitel Fragen über den menschlichen Geist beantwortet[15], in dem sein Wortschatz sogar mitunter an den der Taoisten erinnert:

> Wie wundervoll ist doch der menschliche Geist! Wenn wir ihn festhalten, bleibt er bei uns, wenn wir ihn verwahrlosen, verlieren wir ihn. Nur der Heilige ist es, der stets den Geist festhält und ihn nicht losläßt. Der Heilige gebraucht seinen Geist in der Erforschung der tiefsten Geheimnisse dieser Welt, um in der Welt Ordnung und Frieden herbeizuführen und den Lebewesen von Nutzen zu sein, ferner um die Beziehungen zwischen Himmel und Mensch harmonisch zu gestalten, so daß zwischen ihnen keine trennende Scheidewand besteht.

Es ist also der menschliche Geist, der die Harmonie der Welt herstellt und selbst den Himmel in den Bannkreis menschlicher Ordnungen zwingt. *Creator Spiritus!* Was jedoch schafft, ist der *menschliche* Geist und seine Schöpfung eine *weltliche* Ordnung.

Nach dem vorstehenden erscheint Yang Hiung als der große

13 Zach, 16. Erich Neumann nennt dieses Phänomen »die Schrumpfung des Himmels«. Siehe: *Krise und Erneuerung*, Zürich 1961, 28.
14 Zach, 50.
15 Zach, 21—26.

Rationalist seines Zeitalters. Er erscheint zudem in den Traditionen und Institutionen seiner Periode so sehr befangen, daß seine Beiträge wenig mehr als historisches Interesse besitzen[16]. Wenn wir von ihm nichts als das Fa-yen besäßen, könnte dem Gesagten nur wenig hinzugefügt werden. Yang war jedoch nicht nur der ideologische Stratege, er war auch Philosoph und Dichter[17], und er hatte seine Lehre von den Ordnungen, menschlichen Ordnungen allerdings, in ein groß angelegtes systematisches Werk gekleidet, in dem er das System und die Einsichten des Buchs der Wandlungen auf seine Zeit projiziert. Dies ist das Tai-hüan Ging, das »Buch vom großen Geheimnis«. Der Begriff Hüan, hier als »Geheimnis« übersetzt[18], ist recht komplex; er wurde von den Konfuzianern sowohl wie von den Taoisten seiner und der nachfolgenden Periode viel benützt. Was er selbst darunter verstand, hat er einmal mit folgenden Worten gesagt:

> Das Geheimnis durchdringt alle Kreatur, seine Form jedoch ist nicht erschaubar. Auf die Frage: Beruht es dann also auf der Leerheit und dem Nichts, und bringt so das Leben hervor? war seine Antwort: Das Geheimnis gestaltet den Geist und schafft so feste Formen. Es vereint die Vergangenheit und die Gegenwart und entwickelt so alle Arten der Dinge. Es erweitert und legt fest das Yin und das Yang und gewährt so deren Kräften ein freies Spiel. Blicke auf, und du erschaust es oben; blicke hinab, und du erspähst es unten. Strekke dich nach vorn, und du siehst es vor dir; verwirf es, und es ist immer noch hinter dir. Du magst es vermei-

16 Diese Befangenheit geht so weit, daß Yang Hiung einen Nationalismus entwickelt hat, der dem frühen Konfuzianismus völlig fremd ist. Die Ordnungen Chinas sind ihm die Norm. Und als er gefragt wurde, was er unter China verstünde, antwortete er: »Das Land, wo die Regierung auf der Lehre von den fünf Verhältnissen beruht ... das Land, das im Zentrum der Welt liegt, dieses Land ist China. Sollte es denn außerhalb dieses Landes auch Menschen geben?« Zach, 17.

17 Als Dichter hat er sich sehr eingehend mit der Sprache seiner Zeit befaßt. Seine linguistischen Studien hat Paul Serruys zum Gegenstand ausgiebiger Studien gemacht. Auch in dieser Beziehung erscheint Yang Hiung erstaunlich »modern«.

18 Zach übersetzt »Das Buch des großen Schweigens«, was sehr romantisch und nicht ganz zutreffend ist. Im Buch der Wandlungen ist *hüan* die Farbe des Himmels und die Farbe des Bluts des männlichen Drachen.

den wollen, aber das ist unmöglich. Wenn du aber still bleibst, so wirst du den Ort erreichen, wo es weilt. Dies ist das große Geheimnis.

Und an einer anderen Stelle sagt er: »Das Geheimnis macht den Weg des Himmels, den Weg der Erde und den Weg des Menschen aus[19].«

Das Geheimnis ist also etwas, das durch sich selbst ist (Dsï-jan)[20] und etwas, das nicht weiter zurückgeführt werden kann.

Das Buch der Wandlungen, dem das Buch vom großen Geheimnis nachgebildet ist, hat Yang Hiung sehr hochgeschätzt. Er hat es oft zitiert, und in einer Ode an das große Geheimnis[21] hat er ausgesprochen, was er diesem Buch und was er sogar Laotse verdankt. Er hat aber im I Ging im wesentlichen ein Buch über den Weg des Himmels gesehen[22]. Die Rolle des Menschen im System dieses Buches wollte und konnte ihm nicht einleuchten, da die Rigidität der Ordnungen in seiner Zeit und in seinem System der großen Freiheit des I Ging allzusehr widersprach[23]. So hat er die freie und unbegrenzte Möglichkeit der Wandlung in eine zyklische Bewegung verhärtet, innerhalb derer Werden und Vergehen unentrinnbaren Gesetzen unterworfen werden, und hat das Bild der Wandlung in seinem System durch den »Begriff an sich«, das große Geheimnis, ersetzt.

Als Traditionalist und Verteidiger der Klassiker sah sich Yang Hiung natürlich genötigt, seinen Versuch der Umbildung des Systems des I Ging zu rechtfertigen. Er ist vor einer solchen Rechtfertigung nicht zurückgeschreckt und hat mehrfach ausgesprochen, daß jede Zeit und jede Situation einer neuen Einkleidung an sich unwandelbarer Prinzipien bedarf:

19 Siehe Fung Yu-lan, Derk Bodde tr., *A History of Chinese Philosophy*, Vol. II, Princeton 1953, 139—140.
20 Fung-Bodde.
21 Teilweise übersetzt in Fung-Bodde, 138.
22 Zach, 31.
23 Die Institutionalisierung der Einsichten des Buchs der Wandlungen hat im übrigen schon vor Yang Hiung begonnen. Sie ist schon in den späteren Schichten des Buches selbst angelegt. Vgl. hierzu: Liu Pai-min, *The First Principle of Eventology of the I-ching* (chinesisch), in: »The New Asia Journal« 4, 2 (Februar 1960), 1—64.

> Wenn Kleider neu sind, können sie angezogen werden; wenn sie alt sind, müssen sie weggeworfen oder geflickt werden[24].

Und im Fa-yen hat er das folgende Gespräch niedergelegt:

> Jemand sagte: Kungfutse überlieferte nur, selbst aber verfaßte er nichts. Wie konntest du wagen, das Tai-hüan Ging zu verfassen?
> Yang antwortete: Die Ereignisse des Altertums müssen überliefert werden, Schriften können nur verfaßt werden. Tung-wu war mein Sohn, den ich aufgezogen habe, der aber nicht alt wurde. Schon mit neun Jahren besprach er mit mir jenes Werk über das Geheimnisvolle.
> Jener fragte: In welcher Absicht hast du das Tai-hüan Ging verfaßt?
> Yang antwortete: Im Interesse der Menschlichkeit und der Gerechtigkeit.
> Jener sagte: Welcher Schriftsteller würde nicht im Interesse der Menschlichkeit und Gerechtigkeit schreiben?
> Yang antwortete: Gewiß, aber nur der orthodoxe Schriftsteller[25].

Yangs Buch beruht wie das Buch der Wandlungen auf einem System von Linienkomplexen. Die Hexagramme hat er durch Tetragramme ersetzt, vierlinige Zeichen, in denen die einzelne Linie nicht nur ungeteilt und geteilt, sondern auch doppelt geteilt sein kann, so daß er zu einer Gesamtzahl von $3^4 = 81$ Tetragrammen kommt. Die Position der einzelnen Linien hat er streng mit administrativen und sozialen Institutionen koordiniert. Die Tetragramme haben, wie die Hexagramme im Buch der Wandlungen, einen Namen und einen Zeichentext, der dem Urteil entspricht. Dann folgen neun Texte, etwa den Linientexten des Buchs der Wandlungen entsprechend, die aber nicht den Linien der Tetragramme zugeord-

24 Zach, 19. Siehe auch seine Ausführungen gegen übertriebenen institutionellen Konservatismus; Zach, 43.

25 Zach, 24. Yang ist auch sonst viel wegen seines Tai-hüan Ging angegriffen worden und hat mehrere Verteidigungsschriften verfaßt. Zach hat eine davon übersetzt in: *Die chinesische Anthologie*, 834—840.

net sind, sondern die Stufen des Aufstiegs und Verfalls der im Tetragramm gekennzeichneten Situation beschreiben. Die ersten vier charakterisieren einen stufenweise fortschreitenden Erfolg; der fünfte stellt in der Regel den Höhepunkt dar, und der sechste bis neunte beschreiben die Stufen der abnehmenden Wirkung und schließlichen Rückkehr zum Ausgangspunkt. Diesen neun Texten sind kommentarartige Erläuterungen beigegeben, die den »kleinen Bildern« entsprechen. In jedem Falle ist angegeben, welchem der Hexagramme I Ging das Tetragramm nachgebildet ist.
Die neun Stufen hat Yang in folgender Weise charakterisiert:

> Das Auftauchen der Gedanken im Geist stellt die erste Stufe dar; das Kreisen dieser Gedanken die zweite; die Formulierung bestimmter Ideen die dritte; die Anwendung im Handeln die vierte; die Manifestation des Erfolgs die fünfte; die Erreichung des höchsten Erfolgs die sechste; Abstieg und Verlust die siebente; Auflösung und Verfall die achte; Zerstörung und Vernichtung die neunte. Die erste dieser Stufen ist die Geburt des Bewußtseins, der nichts vorausgeht; die fünfte ist die zentrale Harmonie, sie ist die vollkommenste von allen; die neunte ist der Sitz des Leidens, sie ist die quälendste von allen[26].

Es ist interessant, daß in diesem Schema der Höhepunkt der Manifestation dem Höhepunkt der inhärenten Entwicklung um eine Stufe nachfolgt.
Als Beispiel möchte ich hier zunächst auf das erste Tetragramm des Tai-hüan Ging ein wenig eingehen, das gleichzeitig die Grundlegung von Yang Hiungs System darstellt. Das Tetragramm besteht aus vier ungeteilten Linien; sein Name ist Dschung, Das Zentrum. Der Tetragrammtext lautet:

> Die Kraft des Yang, noch verborgen, knospt im Gelben Palast. Zuverlässigkeit ist nur im Zentrum (wörtlich: nirgends außerhalb des Zentrums).

Gelb, im Buch der Wandlungen ursprünglich die Farbe der

26 Fung-Bodde, 144–145.

Erde, wird schon in jenem Buch allmählich zur Farbe der Mitte[27]. Der Gelbe Palast ist ein in der mystischen Spekulation und der Alchemie viel benutztes Bild. Das Zentrum, und nur das Zentrum, ist der Ort, wo die männliche Yang-Kraft im Absoluten sich entwickelt und von woher sie ihren unbeirrbaren und unfehlbaren (zuverlässigen) Weg zur Führung antritt.

Die neun Stufentexte lauten:

(1) Chaotisch, formlos, im Dunkel.

Hierzu der Kommentar: »Chaotisch und formlos: gedenke dessen in Beharrlichkeit.«

Dies ist die Stufe, auf der die zentrierende Funktion des Mittelpunktes noch nicht in Erscheinung getreten ist. Man wird an das Tohuwabohu der Schöpfungsgeschichte erinnert. Der Tuan-Kommentar des 3. Hexagramms des Buchs der Wandlungen, Die Anfangsschwierigkeit, enthält ein ähnliches Bild:

Der Himmel schafft aus Chaos und Finsternis.

Für Yang und sein System bedeutet dies eine infernalische Stufe, die ebenso wie die ordnungslose Urzeit vom Heiligen gehaßt wird, die aber auch er am Anfang postulieren muß. Es ist dies das Nichts, das dem Bewußtsein vorausgeht.

(2) Der Geist streitet mit dem Geheimnis.
Yin und Yang bilden die Schlachtlinie.

Hierzu der Kommentar: »Der Geist streitet mit dem Geheimnis: gut und böse sind noch nicht getrennt.«

Auch hier werden wir wieder an die Schöpfungsgeschichte erinnert. Es geht um das Wissen von gut und böse. Dieses Wissen wird im Streit erreicht, wobei als Streiter hier zum erstenmal der Geist auftritt. Er streitet mit dem Geheimnis wie Jakob mit dem Engel. Das Wissen um gut und böse, die Grundlage jeder Sittenordnung, muß vom Geheimnis im Streit erzwungen werden. Yin und Yang, das männliche und das weibliche Prinzip, bestimmen die Bedingungen des Streits. Gut und böse kommen in den frühen Schichten des Buchs der Wandlungen nicht vor; die »Flügel« bedienen sich aber ihrer schon gelegentlich.

27 Siehe zum Beispiel den kleinen Bildkommentar zu Hex. 30, 6/2; 40, 9/2, und 50, 6/5.

(3) Der Drache kommt aus dem Zentrum hervor.
Er streckt Kopf und Schwanz.
Seine Zuverlässigkeit dient als ständiges Maß.

Hierzu der Kommentar: »Der Drache kommt aus dem Zentrum hervor: sein Schaffen wird ersichtlich.«
Der Drache ist uns ja aus dem ersten Hexagramm als Symbol des schöpferischen Prinzips bekannt. Der mühevolle Weg des Schöpferischen in der Drachenballade dieses Hexagramms ist jedoch hier in Fortfall gekommen. Er braucht sich hier nur zu räkeln. Er wirkt aus dem Zentrum und erfüllt durch sein Erscheinen allein schon seine Funktion, den Umkreis[28] in eine zuverlässige Form zu bringen, die als ständiges Maß dienen kann. Das Bild des aus dem Schlaf erwachenden, sich räkelnden Drachen, der durch sein Dasein das Spannungsfeld der Ordnung schafft, entbehrt nicht des Charmes.

(4) Niedrig und leer, nichts wird verursacht.
Hemmnisse widerstehen dem Empfangen
von Natur und Schicksal in großem Maße.

Hierzu der Kommentar: »Das Hemmnis der Niedrigkeit und Leere: man kann nicht in großem Maße empfangen.«
Das Spannungsfeld der Ordnungen ist geschaffen, es ist jedoch noch ohne Inhalt und ohne Abstufungen, und so kann noch nichts geschehen. Ein solcher inhaltsloser Gleichgewichtszustand steht menschlichem Wirken entgegen. Die Ausbildung menschlicher Natur und das Ausleben menschlichen Schicksals in geschichtlicher Größe bedarf noch einer anderen Potenz, die in der nächsten Linie beschrieben wird.

(5) Die Sonne steht im Zenith des Himmels.
Es ist fördernd, den Augenblick
zu benützen und Herrscher zu werden.

Hierzu der Kommentar: »Die Sonne im Zenith des Himmels: das Hohe findet seinen rechten Platz.«
Die Sonne am Mittag symbolisiert wörtlich den Höhepunkt des Tetragramms; das Zentrum ist in die Mitte des Himmels erhoben. Der Herrscher ergreift seine Position. Er verdankt sie allein der Gunst des Umstands und seinem eigenen Ent-

28 »Umkreis« ist der Name des zweiten Tetragramms des Tai-hüan Ging.

schluß. Damit ist dem flächigen Spannungsfeld der Ordnung das hierarchische Element beigefügt.

(6) Die Fülle des Mondes nimmt ab.
Besser wäre es, Licht zu schaffen im Westen.

Hierzu der Kommentar: »Die Fülle des Mondes nimmt ab: das Licht beginnt sich zurückzuziehen.«
Hiermit treten wir nun in den absteigenden Zweig der Kurve ein. Noch ist die Möglichkeit gegeben, im Westen, das ist in der Richtung des schließlichen Untergangs, Licht zu schaffen.

(7) Geklärter Wein. Feuer enthält Nahrung,
Wasser umschließt Beharrlichkeit.

Hierzu der Kommentar: »Was geklärter Wein enthält: dies ist die Regel, Beamte einzusetzen.«
Das Wort, das hier als »geklärter Wein« übersetzt ist, bedeutet den Zustand des Weins unmittelbar nach Abschluß des Gärungsprozesses. Es symbolisiert die Position der Beamten. Indirekt ist damit angedeutet, was dem Menschen geschehen sein muß, der ein Beamter wird, der also, aus der Zeitsituation des Yang Hiung gesehen, in die Reihen der sozialen Elite eintritt. Die Turbulenz und Trübe der Gärung muß abgeschlossen hinter ihm liegen. Dann enthält seine Position Nahrung – hier im Sinne des 27. Hexagramms des Buchs der Wandlungen –, und dann hat er die notwendige Beharrlichkeit. Das Feuerwasser ist hier semantisch in seine Teile zerlegt. Ob man mit wirklichem Wein so verfahren kann, bleibt natürlich eine offene Frage.

(8) Gelb ist nicht gelb.
Die dauernde Art des Herbstes ist umgeworfen.

Hierzu der Kommentar: »Gelb ist nicht gelb: die Macht des Zentrums ist verloren.«
Wir nähern uns hier dem Ende. Dem Zentrum wird seine Farbe bestritten. Die Formulierung erinnert an die Lehrsätze von Sophistenschulen, die Yang Hiung besonders heftig bekämpfte. Es verliert damit seine Macht. Und selbst die Schönheit des Herbstes ist ihrer Wunder beraubt.

(9) Der lebenspendende Geist stürzt.
Kraft und Form kehren zurück.

Hierzu der Kommentar: »Die Rückkehr des lebenspendenden Geistes: Zeit kann nicht besiegt werden.«
Das Ende ist unwiderruflich, durch Zeitablauf allein bedingt. Der Begriff der Ordnung schließt das Ende mit Notwendigkeit ein. Und so münden wir wieder ins Chaos und Dunkel. Das Unerbittliche dieser Entwicklung mag uns erschüttern. Der tragische Realist Yang Hiung bleibt aber seinem System treu. Das System erfordert den Fall des lebenspendenden Geistes. Und so blickt er der Wiederkehr von Chaos und Dunkelheit ruhig ins Auge.
Yang Hiung hat sein erstes Tetragramm, Dschung, Das Zentrum, dem 61. Hexagramm des Buchs der Wandlungen, Dschung Fu, Innere Wahrheit, nachgebildet. Schon allein die Linienkomplexe der beiden Zeichen machen den Unterschied der beiden Schriften klar:

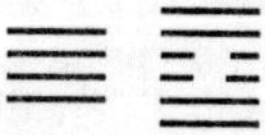

Yang Hiungs Zeichen des »Zentrums« besteht aus einem starren System von harten, ungeteilten Linien, die »Innere Wahrheit« aber wächst aus der Weichheit der Mitte unter starkem äußerem Schutz hervor. Die konstituierenden Linien der »Inneren Wahrheit« sind Yin-Linien. Exstirpiert man diese Linien der »Inneren Wahrheit«, so bleibt Yangs »Zentrum« übrig.
Es kann gezeigt werden, daß sich Yangs Zentrumbegriff allmählich aus dem Buch der Wandlungen entwickelt hat. Dies wird schon aus dem Zahlenwert ersichtlich, den er dem Zeichen zuteilt. Es ist auch für ihn die Fünf, und zwar die doppelte Fünf[29]. Diese Zuteilung findet sich in apokryphen Spekulationen, die sich an das Buch der Wandlungen angeschlossen haben[30]. Schon in der Großen Abhandlung findet sich die Fünf, ursprünglich eine himmlische Zahl, als Zahl des Himmels sowohl wie der Erde[31].

29 Fung-Bodde, 146.
30 Siehe Schuyler Cammann, *The Magic Square of Three in Old Chinese Philosophy and Religion*, in: *History of Religion* 1 (1961), 37—80. Cammann befaßt sich hier mit der sogenannten »Schrift vom Flusse Lo« und weist nach, wie dieses Schema den Begriff der Zentralität befördert hat.
31 R. Wilhelm, 285ff.

Ein Vergleich der Texte der beiden Zeichen macht deutlich, wie einschneidend die Entwicklung von einem zum anderen gewesen ist. Auch das Zeichen »Innere Wahrheit« ist das Zeichen der Zuverlässigkeit[32]. Diese Zuverlässigkeit erstreckt sich selbst auf Schweine und Fische, die ungeistigsten der Tiere. Sie entspringt nicht dem Wissen um gut und böse, sondern der hingabebereiten Offenheit der beiden mittleren Linien, die die Wahrheit konstituieren. Schon der Tuan-Kommentar will sie aus dem Zentrum verdrängen und dieses den Yang-Linien 9/2 und 9/5 vorbehalten. Das Bild der zentralen Leerheit, die Yang Hiung so verachtet, der unvoreingenommenen inneren Offenheit, kann aber nicht zerstört werden. Sie gibt dem Zeichen Inhalt, und ihr Wesen bestimmt die benachbarten Neunen. Der Text der 9/2 heißt:

> Ein rufender Kranich im Schatten. Sein Junges antwortet ihm. Ich habe einen guten Becher. Ich will ihn mit dir teilen.

Es ist nicht die Kraft des Geistes, die das Wesen dieser Linie ausmacht, sondern musisch ausgedrückte persönliche Zuneigungen und gemeinsame Freuden. Und die 9/5 lautet:

> Er besitzt Wahrheit, die verkettet.

Dieser Text ist wahrscheinlich einem alten Volkslied entnommen. Er enthält einen wichtigen Hinweis zum Problem der Führung. Es ist die Wahrheit, nicht der Geist und nicht die Gewalt, die die Geführten an den Führer bindet.
Die beiden Neunen, die von den Yin-Linien weiter entfernt sind, zeigen Regungen des Geistes in unbeeinflußterer Form: die Hintergedanken in der 9/1 und den erfolglosen Ehrgeiz in der 9/6.
Stellen wir dem nun das Zentrumsbild des Yang Hiung gegenüber, so erscheint es durch den Fortfall der beiden zentralen Yin-Linien charakterisiert. Es ist ihm ein wesentlicher Teil des Inhalts genommen. Statt dessen hat er das »Zentrum« aus einem Innen zu einem Oben pervertiert. Das »Zentrum« wirkt nicht mehr aus innerer Wahrheit, es herrscht kraftvoll von oben. Diese hierarchische Erhobenheit des »Zentrums« ist wiederum eine Position, die sich allmählich ent-

32 Eindeutig ausgesprochen erst im Tuan-Kommentar und in den Büchern Sü-gua und Dsa-gua. Siehe R. Wilhelm II, 247—248.

wickelt hat. Schon in der frühen Han-Zeit wurde das »Zentrum« mit der Stellung des Kaisers, also mit dem Ort weltlicher Gewalt, gleichgesetzt[33]. Yang Hiung hat die Gegebenheit einer politischen Institution zum zentralen Prinzip seines philosophischen Systems sublimiert. Er konnte dies nur, indem er das Innen zu einem Oben machte.

In einer Zeit wie der unseren, in der das Leben auch wieder in Gefahr ist, sich in dem Irrgarten rationaler Ordnungen und weltlicher Einrichtungen zu verlieren, verdient Yang Hiung erneutes Gehör. Wir sollten ihn nicht darum geringachten, weil er das Zwingende dieser Ordnungen und Einrichtungen unter die Prämissen seines Systems eingereiht hat. Er konnte nicht umhin, die Erscheinungsform des Lebens so zu nehmen, wie sie sich ihm darbot, da ihm, wie jedem Konfuzianer, das Werk im Vordergrund des Gebotenen stand. Wirken aber konnte er nur im Rahmen des Gegebenen, und unter den Gegebenheiten, mit denen er sich auseinandersetzen mußte, dominierten machtvoll in seiner Zeit wie bei uns die Ordnungen und Einrichtungen.

Die Lösungen, die er vorschlägt, sind aber nicht die Lösungen des Organisators oder des Gesetzgebers. Der Dichter und der Sprachkenner Yang Hiung konnte für seine Lösungen aus Quellen schöpfen, die den Wärtern der Ordnung versagt blieben. Für ihn war das Wort noch lebendig und nicht ein totes Instrument, und das Bild, auch wenn er es dichterisch umgestaltete, blieb dem ursprünglich mythologischen nahe. Yang Hiung war gewiß ein Realist; er war jedoch ein schöpferischer Realist, und er ließ sich durch das Urbild und das Wort ebenso führen wie durch politische, soziale und psychologische Gegebenheiten. Und da die Situation unserer Zeit der seinen in gewisser Weise entspricht, verlohnt es sich, die Lösungen ein wenig näher zu betrachten, die er für das Problem der Führung vorgeschlagen hat. Ich möchte insbesondere zweien seiner Tetragramme ein wenig Zeit widmen, dem 12., Tung, Der Knabe, und dem 19., Tsung, Die Nachfolge.

33 Vgl. hierzu wiederum Cammann, der auch darauf hinweist, wie unternommen wurde, dieses entgöttlichte Schema numinos zu unterbauen. Der Kult der Gottheit Tai-i, des Großen Einen, wurde den staatlichen Zeremonien zugrunde gelegt und sein Mythos in das zentralisierte Schema eingebaut. Der Versuch ist kurzlebig geblieben.

Sein 12. Tetragramm hat Yang Hiung aus dem 4. Hexagramm des Buchs der Wandlungen, Mong, Die Jugendtorheit, entwickelt. Der Tetragrammtext heißt hier:

> Die Kraft des Yang wird zum erstenmal erspäht. Die Dinge sind kindisch, sie sind alle noch unbewußt.

Es ist die Yang-Potenz allein, auf die Yang Hiung in diesem Text abstellt, es ist das verhüllte Yang, das noch nicht zur Bewußtheit vorgedrungen ist. Von den Stufentexten lautet der erste:

(1) Ein schlichter Knabe, der nicht erwacht.
Er trifft mich und bleibt
in Torheit und Verwirrung befangen.

Hierzu der Kommentar: »Ein Knabe, der nicht erwacht: es ist zu fürchten, daß er in Dunkelheit endet.«
Als Anfangsstufe ist hier der Zeitpunkt im Leben des Kindes gewählt, in dem das Selbst zum erstenmal dem Ich begegnet. Das Ich ist hier extrapoliert und wird zum Symbol des Führers. Dem Sprachkenner Yang Hiung mag geläufig gewesen sein, daß das hier verwendete chinesische Wort für »ich« das leidende oder duldende Ich bezeichnet. Der Anspruch der Situation, zum Ichbewußtsein zu erwachen, sich der Führung des extrapolierten Ichs zu unterwerfen, würde die Einsicht einschließen, daß das Ich ein Leben des Leidens und des Duldens ist. Der Knabe weigert sich zu erwachen; er bleibt in einem Zustand befangen, den Yang Hiung nur als Torheit und Verwirrung bezeichnen kann. Das Licht des Geistes bleibt ihm verschlossen.

(2) Er handhabt die Schafgarbe
und erhitzt die Orakelschildkröte.
Er kommt aus dem Schlamm hervor
und tritt in den Glanz ein.

Hierzu der Kommentar: »Die Schafgarbe zu handhaben und die Schildkröte zu erhitzen: das ist der Weg des Lichts.«
Auf dieser Stufe nimmt der Knabe die Führung an. Es ist jedoch die Führung irrationaler Mächte, die sich in der Divination äußern. Die Selbstbescheidung, die in dieser Haltung liegt, führt ihn aus dem Urschlamm heraus in die ihm glän-

zend erscheinende Welt. Die Begegnung des Selbst mit der Umwelt ist auf diese Weise erfolgreich vollzogen.

(3) Der Zeitpunkt, wenn es im Osten hell wird;
aber er kann es nicht über sich bringen,
entsprechend zu handeln.

Hierzu der Kommentar: »Der Zeitpunkt, wenn es im Osten hell wird: warum folgt er nicht diesem Pfad?«
Hier dämmert das Licht des Geistes auf. Der Knabe ist jedoch zu sehr Knabe, um sich vom Geist her führen zu lassen. Daher die verzweifelte Frage des Kommentars.

(4) Zweifelnd folgt er dem Meister, der vorangeht.
Das Licht früherer Gaben.

Hierzu der Kommentar: »Zweifelnd folgt er dem Meister, der vorangeht: das Licht der Vergangenheit ist groß.«
Der Knabe, der dem Licht seines eigenen Geistes zu folgen unmöglich fand, wird hier durch den Lehrer in die Tradition eingeführt. Er folgt mit einigem Widerstreben. Die Anziehung des durch Generationen Geübten ist jedoch stark genug, ihn zur Annahme zu zwingen. Es ist das Licht der Vergangenheit, ein reflektiertes Licht, von dem er sich hier führen läßt, und es wird ihm indirekt dargeboten durch den Mund des Lehrers. Dieser letzte Gesichtspunkt mag seine Hemmungen hervorgerufen haben. Das Wort, das hier mit »Gabe« übersetzt worden ist, schließt den Gedanken ein, daß das, was die Tradition bietet, auf Setzungen von oben, ja göttlichen Setzungen beruht. So überwindet er seine Hemmungen und folgt.

(5) Der jugendliche Tor sammelt Feuerholz
und sucht das Nashorn.
Was er bekommt, ist nicht schön.

Hierzu der Kommentar: »Der jugendliche Tor sammelt Feuerholz und sucht das Nashorn: was er erlangt, ist nicht empfehlenswert.«
Yang Hiung benützt hier nicht das Wort »Knabe«, sondern das Wort »jugendlicher Tor«, das er dem Buch der Wandlungen entnommen hat. Ein Knabe, der reif genug ist, Feuerholz zu sammeln, also sich im Sinne der Erwachsenen nütz-

lich zu betätigen, erlangt nach einem Passus im Buch der Sitte damit eine Statussteigerung, die ihn der Verantwortung des mannbaren Alters nahebringt. Der Knabe benutzt diese Stufe dazu, verbotenen und gefährlichen Spielen nachzugehen, für die das Nashorn als Symbol steht. Yang Hiung kann nicht umhin, dies zu verurteilen. Es ist interessant, daß die fünfte Stufe, die Kulminationsstufe, im Bild des Knaben einen negativen Aspekt hat.

(6) Der Vorhang öffnet sich weit,
um Gäste aus allen Gegenden zu empfangen.

Hierzu der Kommentar: »Der Vorhang öffnet sich weit; man erblickt alles, was hell ist.«
Diese Stufe, die stärkste des ganzen Tetragramms, kommt am Beginn des Abstiegs, wenn das Knabenwesen sich zu verlieren beginnt. Hier ist der Vorhang beiseite gezogen zur Initiationsfeier, und die Gäste kommen mit ihren Gaben und Lehren.

(7) Eine Puppe pflegen, als wäre sie ein Zwerg.

Hierzu der Kommentar: »Die Pflege einer Puppe ist unmöglich.«
Die letzte Stufe war jedoch transitorisch. Wir haben hier eine Verhärtung des knäbischen Wesens ins Marionettenhafte. Diese Stufe, ebenso wie die nächste, stellt nicht auf den Geführten, sondern auf den Führer ab, der sich vergebens bemüht, die Marionette auszubilden. Nach Yang Hiung kann aber Pinocchio nicht zum wirklichen Knaben werden[34].

(8) Man mag ihn schlagen, man mag ihn spornen.
Den geheimnisvollen Spiegel zu polieren
brächte die Dinge in Fluß.

Hierzu der Kommentar: »Ihn schlagen und ihn spornen: er ist allzu verfallen.«
Der Erzieher versucht hier stärkere Mittel. Inzwischen ist aber im Knaben der Spiegel des Geheimnisses blind geworden. So kann nicht mehr geholfen werden.

34 Diese und die nächste Stufe sind von der chinesischen Literatur verschieden ausgelegt worden. Sï-ma Guang zum Beispiel sieht in ihnen die Infantilität der Senilität.

(9) Das Rehkalb stößt den Büffel.
Sein Haupt zerschellt[35].

Hierzu der Kommentar: »Das Rehkalb stößt den Büffel: Rückkehr zur Beschränkung durch sich selbst.«

Die letzte Stufe zeigt den Knaben, der seiner kindlichen Opposition aktiven Ausdruck gibt und dessen Haupt darüber zerschellt. Dies ist nicht die Geste des Revolutionärs, den Yang Hiung nicht kennt, sondern die Geste des Trotzes. Der mächtige und gemächliche Büffel als Bild der Gegebenheiten, gegen die der trotzige Knabe anrennt, muß nicht einmal selbst von seinen Hörnern Gebrauch machen. Das zerschellte Haupt führt den Knaben zurück zum Anfang, der Befangenheit im Selbst.

Jedem, der mit Kinderpsychologie vertraut ist, werden die treffenden Stufenbilder Yang Hiungs unmittelbar einleuchten. Gegen die Texte des 4. Hexagramms des Buchs der Wandlungen gehalten, scheint aber auch hier wieder ein wesentlicher Teil des Inhalts verlorengegangen zu sein. Yang Hiung spricht nicht vom Erfolg der Jugend, selbst der törichten Jugend. Er zeigt nicht, daß der jugendliche Tor als solcher Qualitäten hat, die vorgerückten Altersklassen versagt sind. Die Unmittelbarkeit der Jugend und ihr Einvernehmen mit der Zeit, die nach dem Buch der Wandlungen so heilbringend sind, werden von ihm nicht erwähnt. In der Welt der Ordnungen und Einrichtungen, mit der Yang Hiung zu tun hat, ist für solche Äußerungen der Jugend kein Platz.

Einen anderen Aspekt der Führung hat Yang Hiung im 19. Tetragramm, Tsung, Die Nachfolge, behandelt. Dieses ist dem 17. Hexagramm des Buchs der Wandlungen, Sui, nachgebildet. Der Tetragrammtext heißt hier:

> Das Yang springt in den Abgrund, in den See, in die Felder, auf die Berghöhen. Die Dinge beobachten seinen Schritt.

Dies zeigt, wohin man in der Nachfolge, wiederum durch das Yang, geführt werden kann. Es kann in den Abgrund gehen oder auf die Bergeshöhen, in die Heiterkeit des Sees oder in die Mühen der Felder. Die einzelnen Stufentexte lauten:

35 Vgl. hierzu Heinrich Bölls »Sakrament des Büffels« in seinem Roman *Billard um halb zehn*.

(1) Die Sonne, noch im Dunkeln,
schließt sich ihm an;
der Mond, noch finster, folgt ihm.

Hierzu der Kommentar: »Die Sonne schließt sich an, der Mond folgt: daß der Beamte der Führung entspricht, das ist die Grundlage.«
So beginnt das Tetragramm mit der Führung der Himmelskörper durch ein hier ungenanntes Prinzip. Diese Führung ist schon wirksam, ehe die Himmelskörper ihrer Funktion, Licht zu spenden, entsprechen können. Die nachmaligen Verbreiter des geistigen Lichts sind Geführte, noch ehe sie führend leuchten. Vielsagend vergleicht Yang Hiung dieses Phänomen mit der Position des Beamten.

(2) Er bricht gerade hervor,
noch ist es Morgengrauen.
Freunde folgen deiner Art.

Hierzu der Kommentar: »Er bricht gerade hervor, Freunde folgen: sie wissen nicht, wohin es führt.«
Hier wird es nun Licht, und obwohl es noch nicht einmal ganz durchgebrochen ist, setzt der Mechanismus der Führung unmittelbar ein. Der Dämmer des Morgens schon zwingt zur Nachfolge an sich, die nicht einmal notwendigerweise zur Erreichung eines bewußten Ziels unternommen wird.

(3) Die Menschen greifen ihn nicht an, sie legen sich
selbst den Strick an und folgen ihm.

Hierzu der Kommentar: »Die Menschen greifen ihn nicht an: das ist das Maß des Auf-sich-selbst-Beruhens (des Natürlichen).«
Dieser Text erinnert an die 6/6 des 17. Hexagramms, in der der Geführte auch gebunden folgt. Das Buch der Wandlungen benutzt hier das gleiche Wort, Tsung. Im Buch der Wandlungen ist dies die äußerste Stufe der Nachfolge, die dazu führt, daß der Geführte den Ahnen des Führers im Heiligtum vorgestellt wird. Bei Yang Hiung bezeichnet er das Stadium, in dem dem Geführtwerden keine inneren Hemmungen mehr entgegenstehen, in dem es zu einer natürlichen Haltung geworden ist.

(4) Sie gackern, wenn sie folgen. Dies ist nicht recht.
Es ist da eine Frau, die Blut im Korb hält. Verderben.

Hierzu der Kommentar: »Das Verderben der gackernden Nachfolge: wie könnte man sich dem anschließen?«
Hier tun sich die Nachfolger auf die Nachfolge etwas zugute. Sie maßen sich eine Stimme an, wo sie nur dienend folgen sollten. Yang Hiung verurteilt dies scharf, weil er sieht, daß sich hier ein der Nachfolge widersprechendes Element in die Situation eingeschoben hat. Die Frau mit Blut im Korb ist eine Anspielung auf die 6/6 des 54. Hexagramms des Buchs der Wandlungen, wo der Text heißt:

> Die Frau hält einen Korb, aber es sind keine Früchte darin. Der Mann sticht das Schaf, aber es fließt kein Blut. Nichts, das fördernd ist.

Die diesem Bild zugrunde liegende Situation ist das Opfer der Neuvermählten, die des Segens der Gottheit für ihre junge Ehe bedürftig sind. Das Opfer wird aber zurückgewiesen; die Ehe wird nicht zum Sakrament. Bei Yang Hiung ist der Korb der Frau nicht leer; er enthält Blut, das an sich dem Opfer durch den Mann vorbehalten ist. Die Frau, die sich die sakrale Handlung des Mannes – erfolgreich und nicht erfolglos wie im Buch der Wandlungen – usurpiert und darüber zu gackern anfängt, muß natürlich dem Yang Hiung verderblich erscheinen.

(5) Folgen wie Wasser, bis das Loch voll ist.

Hierzu der Kommentar: »Wie Wasser folgen und das Loch füllen: man reicht nicht über sich selbst hinaus.«
Dies ist die Kulminationsstufe unseres Tetragramms. Yang Hiung hat das Bild vom lochfüllenden Wasser auch einmal im Fa Yen benützt. Dort findet sich die folgende Stelle:

> Jemand fragte Yang Hiung über den Fortschritt in der amtlichen Laufbahn. Yang Hiung sagte: Du brauchst nur das fließende Wasser anzusehen.
> Jener sagte: Du meinst dies offenbar, weil das Wasser Tag und Nacht nicht aufhört zu fließen? Yang Hiung sagte: Wie kannst du solches annehmen! Es ist das

Wasser, das alle Vertiefungen ausfüllt und dann erst weitereilt[36].

Die höchste Stufe der Nachfolge, die dem selbstentäußernden Wesen des Wassers gleicht, wird auch hier mit der Beamtenkarriere in Zusammenhang gebracht.

(6) Sie folgen ihren Augen und vergessen ihren Bauch.

Hierzu der Kommentar: »Den Augen folgen und den Bauch vergessen: das heißt der Gier nach dem Hochstehenden folgen.«
Die Nachfolge wird hier ambitiös; sie ist nicht mehr eine sich selbst genügende Haltung, sondern soll als Sprungbrett zu höheren Positionen dienen. Die ökonomische Abhängigkeit des Geführten, die Füllung seines Bauches, wird darüber vergessen.

(7) Wegfegen, was schlecht ist, und dem Reinen folgen.
Realgar zersetzt krankes Fleisch.

Hierzu der Kommentar: »Das Schlechte wegfegen und dem Reinen folgen: das ist Rettung aus dem Unheil.«
Auf dieser Stufe, der zweiten des Abstiegs, wohlgemerkt, wird Initiative vom Nachfolger verlangt. Die Führung zeigt neben dem Reinen, dem weiter gefolgt werden kann, auch Schlechtes, das ausgemerzt werden muß wie krankes Fleisch. Da ohne diese Operation das Unheil nicht nur den Nachfolger beträfe, sondern allgemeine Wirkungen haben würde, ist sie zulässig. Die Stellung des Nachfolgers wird jedoch ambivalent.

(8) Dem Unreinen folgen. Unglück beginnt zu fliegen
und kann nicht eingeholt werden.

Hierzu der Kommentar: »Dem Unreinen folgen: Unglück kann nicht durch einen Rechtsstreit ausgeglichen werden.«
Wenn unreiner Führung widerspruchslos gefolgt wird, so führt das wie das Öffnen der Pandorabüchse zu einer Katastrophe, die nicht aufgehalten werden kann. Dann nützt selbst nicht die Verteidigung: ich bin ja nur gefolgt.

36 Zach, 3.

(9) Dem Erhabenen folgen.
Schließlich steigt man die Stufen hinan.
Dies ist das Ende.

Hierzu der Kommentar: »Dem Erhabenen folgen: schließlich erreicht man Verdienste.«
Auf der Endstufe wird die Nachfolge überwunden, aus dem Geführten wird der Führer, dem Verdienste selbst angerechnet werden. Ein solch positiver Abschluß eines Tetragramms ist einzigartig. Er zeigt, daß für Yang Hiung nur durch selbstentäußernde Annahme einer richtigen Führung das Ende nicht wieder im Anfang mündet, sondern zur Erreichung einer neuen Stufe führt.
Auf die Bilder des entsprechenden Hexagramms im Buch der Wandlungen ist ja früher schon einmal hingewiesen worden[37]. Verglichen mit Yangs Tetragramm, möchte man mit Faust ausrufen:

Wie anders wirkt dies Zeichen auf mich ein!
Du, Geist der Erde, bist mir näher.

II

Das Buch der Wandlungen versucht nicht, dem Leben eine Ordnung aufzuerlegen, sondern es versucht den Menschen zu sehen im Werk, einem Werk, das sich in spannungsvollen Beziehungen zur Ganzheit des Lebens abspielt. In dieser Ganzheits-Beziehung ist das Werk des *Menschen* nur eine der Potenzen, die das Leben in Fluß halten, und der Geist nur ein Teil des Menschen. Der Mensch ist Führer und Geführter; er wird aber geführt nicht lediglich durch den Menschen und nicht ausdrücklich durch rationale Ordnungen und weltliche Einrichtungen, die der menschliche Geist mit seinen Hintergedanken und mit seinem Ehrgeiz dem Leben auferlegt hat. Der Mensch im Werk ist statt dessen gesehen als Glied der großen Trinität: Himmel, Erde und Mensch.
Wenn wir uns nun dem Zusammenwirken dieser drei Potenzen zuwenden wollen, so scheint dies, oberflächlich gesehen, einer unrealistischen, fast weltflüchtigen Haltung zu entspre-

37 Siehe S. 56.

chen. Namentlich nachdem Yang Hiung die Macht rationaler Ordnungen und weltlicher Einrichtungen aufgezeigt hat und nachdem er versucht hat, in seinem System dieser Macht, die wir ja nicht verkennen können, beherrschenden Ausdruck zu geben, scheinen wir einen Schritt zurück zu tun, wenn wir uns dem Buch der Wandlungen wieder zuwenden. Dieser Schritt zurück bedeutet aber: nur durch ihn können wir uns dem Befangensein im System der Ordnungen und Einrichtungen entziehen und das Leben wieder in seiner Ganzheit erkennen. Es ist der Schritt aus der Befangenheit in die Freiheit. Innerhalb des Systems der Ordnungen und Einrichtungen, deren beherrschenden Einfluß niemand von uns leugnen kann, mögen uns die Worte des Yang Hiung Bedeutungsvolles und Sinnreiches sagen. Das System als solches jedoch und seine Bedeutung können wir nur erkennen, wenn wir diesen Schritt zurück tun. In aller Selbstbescheidung treten wir hier mit einem hohen Anspruch auf.
Für das Zusammenwirken von Himmel, Erde und Mensch bietet uns das Buch der Wandlungen keine feste Formel an. In jeder Situation wirkt sich das Ineinander und Miteinander, ja gelegentlich auch das Gegeneinander der drei Potenzen verschieden aus. Die Worte sind bekannt, in die dieses Zusammenspiel im Tuan-Kommentar zum Hexagramm 15, Bescheidenheit, gekleidet ist:

> Der Weg des Himmels ist es, nach unten zu wirken und Licht und Helle zu schaffen. Der Weg der Erde ist es, niedrig zu sein und nach oben zu steigen. Der Weg des Himmels ist es, das Volle leer zu machen und das Bescheidene zu mehren. Der Weg der Erde ist es, das Volle zu verändern und dem Bescheidenen zuzufließen ... Der Weg des Menschen ist es, das Volle zu hassen und das Bescheidene zu lieben.

Dies ist ein Beispiel. In jedem Punkt dessen, was das Buch der Wandlungen verschiedentlich »die wirren Mannigfaltigkeiten« nennt, wirkt sich jedoch dieses Zusammenspiel verschieden aus. Das bringt mit sich, daß die Qualitäten der drei Potenzen keineswegs feststehender oder gar ausschließlicher Art sind. In der Regel ist natürlich der Himmel das Schöpferische und die Erde das Erhaltende und Gestaltende. Gelegentlich ist dann der Himmel das Formgebende und das, was das »Gesetz nach dem du angetreten« verkörpert, die Erde aber das, was der Vollendung in der Form widerstrebt. An anderen Stellen beruht diese Vollendung auf einem Zusammenwirken von Himmel und Erde, und im Tuan-Kommentar zum Hexagramm 22, Die Anmut, ist diese vollendende Gestaltung das Werk des Menschen. Die Rolle des Menschen ist also keineswegs ein für allemal gegeben. Die Fälle sind zahlreich, in denen er dem Himmel entsprechen und der Erde folgen muß; es gibt aber auch Fälle, in denen er dem Himmel vorauseilt, und der Himmel steht ihm doch nicht entgegen. Und dann gibt es wieder Fälle, in denen der Mensch dem Himmel folgen und den *Menschen* entsprechen muß. Dies ist so unter dem Zeichen der Revolution, in dem der Erfolg der großen Revolutionäre der Vergangenheit dem zugeschrieben wird, daß sie hingebend dem Himmel folgten und den Menschen entsprachen; und unter dem Zeichen des Heiteren, wo, wenn man dem Himmel folgt und den Menschen entspricht, selbst Mühsale und selbst der Tod ihren Stachel verlieren.

Die drei Potenzen, die uns hier in ihrem verschieden konstellierten Zusammenspiel entgegentreten, haben erst in den späteren Schichten des Buchs der Wandlungen ihre volle Entwicklung erfahren. In den früheren Schichten sind sie in ihren Wirkungen eher zu erkennen als in ihrem Wesen. Dort ist der Himmel der Name noch für die höchste Gottheit, ein Name, den die frühen Dschou mit anderen aus der Steppe hervorgewachsenen Völkern gemeinsam hatten.

Und die Erde ist die urtümliche, oft unheimliche Macht des Ackerbodens, Wächterin ihrerseits der Seelen, die in die ewige Nacht zurückgekehrt sind[38].

Der Gott des Himmels und die Macht der Erde waren Potenzen, mit denen nur die Erhobenen unter den Menschen in Verbindung waren. Es bedurfte eines besonderen Charismas, um durch Opfer und Gebet den Einklang mit Himmel und Erde herzustellen. Die späteren Schichten des Buches haben diese im wesentlichen religiös empfundenen Mächte säkularisiert; im Falle der Erde haben sie sogar ein neues Wort substituiert, das mit dem hinzugefügten Bild der Schlange in dem Element der Erde (der Ackerkrume) auch die flächige

38 Henri Maspero, *Les religions chinois*, 204.

Vielgestaltigkeit sieht. Aber selbst diese säkularisierten Begriffe schließen das Numinose der Urzeit noch ein: sie sind noch nicht, wie bei Yang Hiung, die geistigen Instrumente von Handwerkern geworden. Es ist auch hier noch die geheimnisvolle Berührung von Himmel und Erde, die die Dinge schafft, und ihren schönsten Ausdruck hat diese fortlebende Erfahrung in dem Satz gefunden:

> Die große Tugend von Himmel und Erde ist das Leben.

Diesen des Göttlichen noch teilhaftigen Begriffen ist nun der Mensch entgegengestellt, in erster Linie der wirkende und schaffende Mensch. Auch hier ist der Wortschatz, der den Menschen charakterisiert, in den späteren Schichten ausgebildeter und differenzierter. Die späteren Schichten kennen den Heiligen, der mit den göttlichen Mächten in unmittelbarer Beziehung steht und daher mit Autorität über das Gebotene und über die Stellung des Menschen im Gebotenen reden kann. Sie kennen den Weisen, der oft in der Verborgenheit lebt und vielfach ohne eine entsprechende weltliche Stellung ist, der aber trotz diesen Hemmungen in seiner Art die Dauer verkörpert und in seinem Wirken ins Große reicht. Und sie kennen schließlich den Edlen, der in jeder einzelnen der sich ergebenden Situationen den richtigen Weg findet und den Menschen Führung und Vorbild gewährt.

All diese Typen kennen die früheren Schichten des Buches nicht, und wo immer sie in unseren heutigen Texten vorkommen, kann jetzt gezeigt werden, daß wir ein Einschiebsel vor uns haben. Sie kennen statt dessen den dunklen Mann, den *homo teneber,* der in dem dunklen Tal der Mütter zu Hause ist. Das dunkle Tal als Sitz der Mütter ist ein mythologisches Bild, das das Buch der Wandlungen mit dem Buch der Lieder und mit Laotses Taoteking gemeinsam hat. Das dunkle Tal kommt im Buch der Wandlungen vor als Ort der Bedrängnis[39], in die man gerät, wenn man sich der Verzweiflung hingibt. Im Buch der Lieder kommt es vor als der Ort, aus dem man gestärkt in ein neues Leben eintritt. Der dunkle Mann jedoch, der Bewohner dieses Tals, ist im Buch der Wandlungen charakterisiert durch seine Beharrlichkeit. Er steht einem heilvoll zur Seite, wenn man in der Nachfolge

39 Hex. 47, 6/1.

schlicht und ohne Zwecke der ebenen Bahn folgt, wenn also die Nachfolge nicht ein zweckbewußtes Streben, sondern eine unbewußte Haltung ist[40]. Und er steht dem Mädchen zur Seite, das, von ihrem Gefährten verlassen, allein seinem eigenen Licht zu folgen hat[41] und dem gezeigt werden kann, daß auch in ihrer Einsamkeit das dauernd Gültige noch unverändert besteht. In beiden Fällen ist der dunkle Mann der Vertreter der Großen Mutter, deren Vertreter aber dem Geführten und dem Einsamen die Kraft der Beharrlichkeit verleiht.

Andere menschliche Typen, die in den älteren Texten eine Rolle spielen, sind nicht notwendig zur Führung berufen. Wir finden hier zum Beispiel den Wanderer, dem ein ganzes Hexagramm gewidmet ist[42], der aber im wesentlichen seinen schweifenden Weg allein zu gehen hat und dessen Wanderung nur gelegentlich durch einen Gefährten belebt wird[43]. Wir finden den Bürger, der der Führung des Königs willig folgt[44], dessen Besitz jedoch keineswegs gesichert ist; wir finden den Krieger, der sich für seinen Fürsten willig opfern muß[45] und – sei es im Vorgehen oder sei es im Zurückweichen – seinem Ziele beharrlich treu bleiben muß[46]; wir finden den Helden (starken Mann), dem das Heer die Führung verdankt[47], der aber dann auch in eine ambivalente Konkurrenz mit dem kleinen Knaben geraten kann[48].

Neben diesen menschlichen Typen, die durch ihren Beruf und ihr Wesen gekennzeichnet sind, kennen die älteren Schichten noch zwei andere Typen allgemeinerer Art, die schlicht als »der große Mann« und »der kleine Mann« bezeichnet werden. An ihnen wird das Problem der Führung besonders deutlich. Schon aus den eben aufgezählten Typen ergibt sich, daß das Führen und das Geführtwerden durch den Menschen nur sehr gelegentlich in einer Situation in Ansatz kommt und

40 Hex. 10, 9/2.
41 Hex. 54, 9/2.
42 Hex. 56.
43 Siehe auch Hex. 25, 6/3, und Hex. 46, 6/3.
44 Hex. 8, 9/5.
45 Hex. 10, 6/3.
46 Hex. 57, 6/1.
47 Hex. 7, Urteil.
48 Hex. 17, 6/2 und 6/3.

daß im allgemeinen der Mensch, wirkend oder duldend, seinen Weg allein gehen muß. Dies zeigt sich verstärkt in der Figur des kleinen Mannes, eines Typs, von dem wir annehmen würden, daß er der Führung besonders bedürftig und ihr offen ist. Von zehn Texten, in denen in den älteren Schichten vom kleinen Mann die Rede ist, wird ihm nur in einem eine solche Führung zuteil. Dies geschieht in der Sechs auf fünftem Platz des 40. Hexagramms, Befreiung, wo der Befreier die Befreiung heilvoll erreicht und in seiner inneren Wahrhaftigkeit die Früchte der Befreiung auch dem kleinen Mann zugute kommen läßt. In anderen Fällen kommt nur eine oberflächliche Nachahmung zustande, wie zum Beispiel bei der oberen Sechs des 49. Hexagramms der kleine Mann, mit panthergleichen Entwicklungen konfrontiert, lediglich sein Gesicht ändert. Im übrigen ist der kleine Mann eine Person, die einer Situation nicht gewachsen ist und die infolge davon verworfen wird oder ins Unheil gerät, selbst wenn stärkeren Persönlichkeiten die gleiche Situation und sogar die gleiche Art des Handelns noch Heil und Lohn eintragen. Zweimal wird ausgesprochen[49], daß der kleine Mann übergangen werden soll, wenn nach siegreichem Abschluß eines Feldzugs Belehnungen und Belohnungen ausgeteilt werden. Einmal wird gesagt, daß der kleine Mann nicht qualifiziert, wenn ein Fürst seine Helfer dem Himmelssohn vorstellt[50]. Wenn der kleine Mann seine Macht ausnützen will, wird er mit einem Ziegenbock verglichen, der gegen die Hecke stößt und seine Hörner verwickelt[51]. Wenn er sich freiwillig zurückzieht – eine Art des Vorgehens, die anderen Heil und Vorteil bringt –, gerät der kleine Mann in den Niedergang[52]. Und wenn aus den Überresten der Zersplitterung andere noch Beute empfangen, zersplittert dem kleinen Mann sein letztes, nämlich seine Hütte[53].

Das Schicksal des kleinen Mannes ist, zu tragen und zu dulden. Nimmt er jedoch dieses Schicksal an, so bedeutet das für den kleinen Mann Heil, während die gleiche Haltung dem

49 Hex. 7, 6/6, und Hex. 63, 9/3.
50 Hex. 14, 9/3.
51 Hex. 34, 9/3.
52 Hex. 33, 9/4.
53 Hex. 23, 9/6.

großen Mann Niedergang brächte[54]. Dann aber sind dem kleinen Mann Einsichten gegeben, die anderen verschlossen bleiben müssen. Die Anfangssechs des 20. Hexagramms, Die Betrachtung, hat den Text:

> Knabenhaftes Betrachten. Für einen kleinen Mann kein Makel.

Das unbefangene, unreflektierte, ja selbst unwissende Betrachten ist hier dem kleinen Mann allein offen. Eine solche Betrachtung macht schließlich auch ihn großer Taten fähig[55]. Und schreitet er auf diesem Weg vorwärts, so wird er schließlich hingeführt zur Betrachtung seines eigenen Lebens und dann des Lebens im allgemeinen.

Es fällt auf, wie wenig Führung und Hilfe dem kleinen Mann, dem Dulder und Benachteiligten, zugute kommt. Im allgemeinen ist auch der kleine Mann ganz auf sich selbst gestellt. Halten wir diese Texte neben die des Yang Hiung, in denen der Führer und der Geführte institutionell festgelegte Positionen haben, in denen die Zurückweisung der Führung als Schuld und die Folge ungeführten Handelns als Strafe aufgefaßt wird, so wird der Unterschied der Zeiten besonders deutlich.

In den Texten des Buchs der Wandlungen wird Führung niemals angeboten, sie wird jedoch mitunter gesucht: »Nicht ich suche den jungen Toren, der junge Tor sucht mich«, heißt es im Urteilstext des 4. Hexagramms. Und hier nun eröffnet sich das Wirkungsfeld für den großen Mann. Der große Mann ist nirgends als Führer bezeichnet; die Art seines Einwirkens ist nirgends beschrieben. In einer Reihe von Situationen wird jedoch geraten, den großen Mann aufzusuchen, mit den Worten: »Fördernd ist es, den großen Mann zu sehen.«

Das Wort, das mein Vater hier mit »sehen« übersetzt hat, ist ein recht schwerwiegendes, ja feierliches Wort. Es wird in den alten Texten auch benützt, wenn man zu seinem Fürsten in Audienz geht. In dem Wort »sehen« allein ist also ausgedrückt, daß man sich ehrfürchtig Anweisungen holt.

Es mag interessieren, sich die Fälle noch einmal zu vergegen-

54 Hex. 12, 6/2.
55 Hex. 42, 9/1.

wärtigen, in denen der Rat und die Führung des großen Mannes fördernd sind. Dies sind, wie nicht anders zu erwarten, seltene Fälle, denn auch vom Verhältnis zum großen Mann soll nur ein sparsamer Gebrauch gemacht werden.

Den großen Mann zu sehen ist zunächst in einigen unheilvollen Situationen angezeigt, in denen Verhältnisse vorherrschen, mit denen man aus eigenem schwer mehr fertig werden kann. Dies ist zum Beispiel im 39. Hexagramm der Fall, Das Hemmnis, das als Bild den gefahrvollen Abgrund oben auf dem Berge zeigt. Hier heißt es im Urteilstext:

> Fördernd ist es, den großen Mann zu sehen. Beharrlichkeit ist von Heil.

Wenn man den Bildern dieses Hexagramms folgt, so ist im Angesicht dieses schwindelerregenden Anblicks Rückzug geboten, da das Hemmnis von einer Art ist, die nicht im direkten Angriff gemeistert werden kann. Der Rückzug ist aber nicht eine Flucht vor der Gefahr, sondern ein Rückzug auf sich selbst, eine Zeit, in der das eigene Wesen und die eigene Kraft gepflegt werden. Selbst wenn die Hemmnisse nicht durch eigene Unzulänglichkeiten hervorgerufen sind, selbst wenn sie äußeren Verhältnissen, ja institutionellen Beziehungen und nicht eigener Schuld zuzuschreiben sind, ist eine solche Rückwendung zu sich selbst geboten. Dann wendet sich die Konstellation, die Hemmnisse werden überwunden, und man schreitet wieder vorwärts. In der stärksten Linie des Zeichens, der Neun auf fünftem Platz, kommt diese Überwindung inmitten der größten Hemmnisse zustande durch das Kommen von Freunden.

Die Gefahr jedoch, die in einer übertriebenen Konzentration auf sich selbst liegt, in der man versucht sein könnte, das Interesse an sich selbst dem Interesse am Werk voranzustellen, diese Gefahr wird wiederum als ein Hemmnis, wenn auch ein Hemmnis anderer Art, angesehen. Diese Situation ist in der oberen Sechs des Hexagramms gezeigt, deren Text heißt:

> Gehen führt in Hemmnisse, Kommen führt zu großem Heil. Fördernd ist es, den großen Mann zu sehen.

Die Stellung der Linie zeigt an, daß die äußeren Hemmnisse

bereits überwunden sind, das Werk also eigentlich schon getan. Sich hier noch weiter mit sich selbst zu beschäftigen, kreiert ein neues Hemmnis, das auch wieder überwunden werden muß und das wiederum überwunden wird mit der Hilfe des großen Mannes, der den Betroffenen über sich selbst hinaus und wieder ans Werk führt. Es mag angemerkt werden, daß die Texte dieses Zeichens von einer hervorragenden formalen Schönheit sind. Rhythmus und Reim geben ihnen eine Geschlossenheit, die sich auch sonst gelegentlich in den Linientexten findet, die aber hier wie ein schönes, eindringliches Lied auf das Unbewußte wirken und in ihrer Magie die richtige psychologische Haltung herbeiführen helfen, aus der heraus Hemmnisse überwunden werden können.

Ein weiterer Fall, in dem der große Mann aufgesucht werden soll, findet sich im 6. Hexagramm, Streit, in dem der schöpferische Himmel dem gefährlichen, reißenden Gewässer entgegengesetzt ist. Hier heißt der Urteilstext (in einer von der meines Vaters etwas abweichenden Interpunktion):

> Sei wahrhaftig, selbst wenn du erstickt wirst und am Boden liegst. In der Mitte ist Heil, am Ende Unheil. Fördernd ist es, den großen Mann zu sehen, nicht fördernd ist es, etwas zu unternehmen.

Hier sehen wir den machtvollen Himmel als eine der Parteien im Streit. Er drosselt seinen Gegner und wirft ihn zu Boden. Einen solchen Streit bis zum bitteren Ende durchzuführen, kann nur für beide Teile von Unheil sein. In der Mitte einzuhalten wäre die Lösung. Einer solchen Lösung ist aber in der Situation des Streites keiner der beiden aus eigenem fähig. Der Rat des großen Mannes mag eine solche Lösung zuwege bringen, die die Kräfte der Streitenden aus dem unheilvollen Kampfe wieder freisetzt. Zum Werk jedoch ist auch dann noch nicht die Zeit.

Es gibt aber auch Fälle weit günstigerer Konstellation, in denen es geraten sein kann, den großen Mann zu sehen. Ein solcher liegt zum Beispiel im 45. Hexagramm vor, Sammlung, in dem der König die Kräfte seines Volkes sammelt, um es großen Werken entgegenzuführen, und der diese Sammlung durch einen religiösen Akt sanktioniert. Der Urteilstext heißt hier:

Die Sammlung. Gelingen. Der König naht sich seinem Tempel. Fördernd ist es, den großen Mann zu sehen. Das bringt Gelingen. Fördernd ist Beharrlichkeit. Große Opfer zu bringen schafft Heil. Fördernd ist es, etwas zu unternehmen.

Wir können hier den einzelnen Aspekten dieses Hexagramms nicht nachgehen. Es ist eines der spannungsreichsten im ganzen Buch. Die Situation ist hier bereit für das große Unternehmen. Das Werk ist jedoch von einer Größe, daß eine religiöse Sanktion geboten erscheint. Noch vor dem Vollzug des Opfers jedoch soll man hier den großen Mann sehen. Denn es ist zu befürchten, daß das große Opfer, die religiöse Sanktion als solche, die komplexen Beziehungen überschattet und verdeckt, die das Ausmaß allein der Aktion ins Leben ruft. Unter diesen Beziehungen und Folgen sind viele, die keineswegs erfreuliche Aspekte haben, selbst wenn das Werk als solches zu großem Heil führt. Es kann nur durch Blut und bittere Tränen der zur Sammlung Aufgerufenen durchgeführt werden. Eine religiöse Sanktion, die solche Folgen verdeckt, könnte dem Werk das Gelingen versagen. So ist es fördernd, sich vom großen Mann belehren zu lassen, ehe man das Opfer vollzieht.
Eine fast direkt entgegengesetzte Situation findet sich im 57. Hexagramm, Das Sanfte. Hier ist der sanfte, aber unablässige Einfluß des Windes gezeigt, das stetige Wirken im kleinen. Der Urteilstext lautet hier:

Das Sanfte. Durch Kleines Gelingen. Fördernd ist es zu haben, wohin man gehe. Fördernd ist es, den großen Mann zu sehen.

Die Gefahr ist hier, daß das stetige Wirken im kleinen diffus wird, daß auf das Wirken als solches ohne Bezogenheit auf ein Ziel abgestellt wird. Das stetige Wehen des Windes, stetige Beschäftigtheit, die sich ziellos der Arbeit als solcher hingibt und darüber das Ende der Arbeit aus dem Auge verliert, führt aber nicht notwendig zu Gelingen; es kann auch zu Beschämung und zu Verlust von Wesentlichem führen. In solcher Weise in der Arbeit zu beharren, ist von Unheil. Und es ist wiederum der große Mann, der einem ein festes Ziel vor Augen stellt, dem man entgegenarbeiten kann, ohne sich im Diffusen zu verlieren.

Am interessantesten aber sind vielleicht die beiden Linien im ersten Hexagramm, dem Schöpferischen, in denen es angezeigt erscheint, den großen Mann zu sehen. Man würde an sich geneigt sein anzunehmen, daß der schöpferische Mensch der Hilfe des großen Mannes entraten kann. Geringeren als ihm ist es aufgetragen, ihr Werk aus Eigenem zu vollenden. Daß der schöpferische Mensch unter gewissen Umständen der Führung bedarf, erscheint überraschend. Wir finden jedoch den Rat, den großen Mann zu sehen, nicht nur an einer, sondern an zwei Stellen des ersten Hexagramms ausgesprochen, bei der Neun auf zweitem Platz, dem erscheinenden Drachen auf dem Feld, und der Neun auf fünftem Platz, dem fliegenden Drachen am Himmel.

Die zweite Neun zeigt einen der tragischsten Punkte in der Entwicklung des schöpferischen Menschen. Es ist die Zeit, wo sein Genie zum erstenmal in Erscheinung tritt, im Felde zwar, und nicht über seine Mitwelt erhoben. Hier bleibt er im Pragmatischen stecken; den Aufschwung über den Ort seiner Herkunft, die Gewässer der Tiefe, vermag er nicht zu vollziehen. Er wird zum gezähmten Genie, an dem die Zeit schließlich vorbeigeht. Es bedarf der Hilfe des großen Mannes, um ihn in solch tragischer Situation zu unterstützen.

Noch überraschender ist der Rat der Neun auf fünftem Platz, beim fliegenden Drachen am Himmel, dem Ort, wo das Schöpferische seinen majestätischen Höhepunkt erreicht hat. Der Aufschwung über die Gewässer der Tiefe ist gelungen; ein neues Wirkungsfeld, die Welt des Himmels, ist errungen. Daß ein solcher Erfolg nicht zu tragischer Hybris führe, ist die Hilfe des großen Mannes vonnöten, des Mannes, der jede Position in kosmischer Bezogenheit sieht. Die Selbstbescheidung, die hier vom Schöpferischen verlangt wird, grenzt ans Unmögliche. Wer kennte nicht die Seelenhaltung des erfolgreichen schöpferischen Genies? Ohne eine solche äußerste Selbstbescheidung im Augenblick des äußersten Erfolgs ist jedoch diese Position nicht zu halten. Wahrhaftigkeit und Umgänglichkeit müssen sich der Würde vereinen[56] oder, um wörtlich zu zitieren:

56 Siehe Hex. 14, 6/5.

> Seine Wahrhaftigkeit sei gleichsam umgänglich und gleichsam würdig. Dann kommt Heil.

Daß das Schöpferische im höchsten Erfolg seine Integrität nicht verliere, dies kann nur die Hilfe des großen Mannes zuwege bringen.
Die Fälle, bei denen es angezeigt erscheint, beim großen Mann in Audienz zu gehen, haben wir hiermit durchlaufen. Wir haben gesehen, daß seine Führung in Verhältnissen verschiedenster Art zur Wirkung kommt, aber auch daß Menschen der verschiedensten Art sich von ihm führen lassen: der Gehemmte, der im Streite Geschlagene, der König am Vorabend des großen Werks, der in steter Kleinarbeit Befangene und schließlich das schöpferische Genie. Die Wirkung des großen Mannes wird im Buch der Wandlungen einmal »schaffen« genannt[57], ein Wort, das in der Regel nur auf die Gottheit oder den Himmel angewandt wird in ihren Akten der Schöpfung, wie etwa in dem Satz:

> Der Himmel schafft aus Chaos und Finsternis.

Das Geheimnis der Wirksamkeit des großen Mannes ist, wie gesagt, im Buch der Wandlungen nirgends beschrieben. Woraus jedoch diese Wirksamkeit entspringt, ist einmal angedeutet in dem Satz, der lautet:

> Denn dieser große Mann: seine Art ist mit Himmel und Erde in Einklang.

Wir haben vorhin gesehen, daß die größte Seinsart von Himmel und Erde das Leben ist. Im Leben und zum Leben zu gestalten bedarf es des Mannes, der die Harmonie der großen Trinität verkörpert.
Wir haben aber auch gesehen, daß die Führung eines solchen Mannes nur selten angerufen wird. Nur in fünf von 64 Fällen geht man unter gewissen Umständen zum großen Mann in Audienz; in den übrigen 59 ist der Mensch auf sich allein gestellt und muß dieser menschlichen Führung entbehren. Er kann sich auch nicht führen lassen, wie in der Welt des Yang Hiung, von menschlichen Ordnungen und weltlichen Einrichtungen. Dafür aber gewährt ihm das Buch Führung oder we-

57 Hex. 1, 9/5, Bildkommentar.

nigstens den Hinweis, auf welche Weise Führung erreicht werden kann:

> Das Buch der Wandlungen [heißt es in der Großen Abhandlung] enthält das Maß von Himmel und Erde; darum kann man damit den Sinn von Himmel und Erde umfassen und gliedern. Indem man emporblikkend mit seiner Hilfe die Zeichen am Himmel verständnisvoll betrachtet und niederblickend die Linienzüge der Erde untersucht, erkennt man die Verhältnisse des Dunkeln und Hellen. Indem man an die Anfänge zurückgeht und die Dinge bis zum Ende verfolgt, erkennt man die Lehren von Geburt und Tod ... Indem dadurch der Mensch dem Himmel und der Erde ähnlich wird, kommt er nicht in Widerspruch mit ihnen. Seine [des Menschen] Weisheit umfaßt alle Dinge, und sein [des Menschen] Sinn ist eins mit der ganzen Welt; darum macht er keine Fehler. Er [der Mensch] wirkt allenthalben, aber läßt sich nirgends hinreißen. Er freut sich des Himmels und kennt das Schicksal; darum ist er frei von Sorgen. Er ist in Frieden mit der Erde und echt in seiner Gütigkeit; darum vermag er Liebe zu üben.

Im Menschen, der hier in einer Weise erhoben wird wie selten sonst in der Literatur, in jedem Menschen und nicht nur im großen Mann, vollzieht sich also das Zusammenwirken von Himmel, Erde und Mensch.

WANDERUNGEN DES GEISTES

In der Gegend der Vereinigten Staaten, wo ich zuhause bin, bekommen wir im Herbst jedes Jahres ein gewaltiges Schauspiel zu sehen: das Laichen der Lachse. Wir haben dort eine Hütte am Stillaguamish, einem der kleinen Flüsse, die das Gletscherwasser aus dem Cascaden-Gebirge herunterführen. Unsere Hütte steht beim Einfluß eines kleinen Bachs, des French Creek. Gewöhnlich fängt es im September an, das heißt zu einer Zeit, wenn Bach und Fluß nur wenig Wasser führen. Zug um Zug kommen die großen Fische den Fluß heraufgeschwommen im Kampf gegen die Strömung und gegen die reißenden Schnellen. Diese sind oft schwer zu überwinden. Es bedarf der ganzen Kraft des Fisches, sich durch die Schnellen heraufzuarbeiten; selten gelingt es beim ersten Versuch. Er versucht es dann wieder und wieder und ist nach endlichem Erfolg oft so erschöpft, daß ihn die Strömung wieder hinunterreißt. Viele bleiben am Wege liegen, den Bären zum Fraß; anderen gelingt es schließlich, und dann warten sie, wieder Zug um Zug, am Einfluß des Baches, bis ein kleiner Regen das fast ausgetrocknete Bett wieder etwas anfüllt. Dann beginnt der Kampf aufs neue, das enge, seichte und oft steile Rinnsal hinauf, um die Stelle zu finden, von der sie ausgegangen sind, um sich dort dem Geschäft des Laichens hinzugeben. Zerschunden und zerschlagen kommen sie dort an und beschließen mit diesem Akt ihren Lebenszyklus.
Theodore Roethke hat das Bild der wandernden Lachse in seinen Gedichtzyklus »Meditations of an Old Woman« eingebaut. Dort sagt er:

> So the spirit tries for another life,
> Another way and place in which to continue;
> Or a salmon, tired, moving up a shallow stream,
> Nudges into a back-eddy, a sandy inlet,

Bumping against sticks and bottom-stones,
then swinging
Around, back into the tiny maincurrent,
the rush of brownish-white water,
Still swimming forward –
So, I suppose, the spirit journeys.

(Es sucht der Geist nach einem andern Leben,
Nach einem andern Weg und Ort, sich fortzusetzen.
Oder ein Lachs, müde,
flußauf schwimmend in dem seichten Bach,
Schmiegt sich in eine kleine Bucht,
ein Stillicht von Sand,
Stößt gegen Ast und gegen Stein des Betts,
schwingt dann
Herum, wieder zurück in den kleinen Strom,
den Fall des bräunlich-weißen Wassers,
Schwimmt weiter vorwärts –
So, mein ich, ist die Art des Geists zu wandern.)

Wanderungen des Geistes auf der Suche nach einem andern Leben, nach einem andern Weg und Ort, sich fortzusetzen, sind in der frühen chinesischen Literatur oft beschrieben worden. Solche Beschreibungen stellen den Versuch dar, die Befangenheit in der Welt der Existenz durch einen Flug in die Welt der Ideen zu überwinden. Das Wort »Idee« ist hier in seiner Urbedeutung verstanden, nicht als ein Abzug aus der Welt der Existenz oder eine Rückstrahlung in die Welt der Existenz, sondern als Schau und geschautes Bild. In den frühen chinesischen Schilderungen solcher Ausflüge in die Welt der Ideen stellt sich diese Welt als eine Schau des Geistes dar, deren Figuren und Einrichtungen mythischen Bildern entnommen sind und Bildern aus den ekstatischen Erfahrungen der Schamanen[1]. Es sind in der religiösen Tradition und im religiösen Erlebnis sichtbar gemachte Bilder, in Bilder gekleidete Schichten schicksalhafter Teilnahme, Phantasien also und Ein*bild*ungen, die der Geist geschaut und aus dem Selbst in das Universum projiziert hat. In den Zeiten, von denen wir hier reden, das ist in den letzten vorchristlichen Jahrhunderten und in den ersten Jahrhunderten unserer Zeitrech-

1 Siehe hierzu: Mircea Eliade, *Shamanism*, New York 1964, 448sqq.

nung, war der chinesische Geist in dieser Welt der Phantasien und Einbildungen durchaus zuhause. Wanderungen und Erlebnisse in dieser Welt hatten etwas durchaus Familiäres. Diese Welt geistiger Schau war der Welt der sogenannten realen Existenz nicht in dem Maße entgegengesetzt, daß man sie nur in Scheu und Ehrfurcht hätte betreten dürfen. Mehr noch als in der Welt der Existenz bewegte man sich in ihr als ein *homo ludens*, spielerisch und ohne Befangenheit. Es war vielmehr eine Welt, in der Befangenheit keinen Platz hatte, die Welt, in die man sich aus dinglichen und bedingenden Befangenheiten erhob. Nahe Beziehungen zu den Göttern und auch zu den Göttinnen und Feen jener Welt waren gegeben; man bediente sich in Freiheit ihrer Einrichtungen und Gepflogenheiten.

Die frühe Schilderung einer solchen geistigen Wanderung stammt von dem Dichter Kü Yüan (spätes 4. und frühes 3. Jahrhundert vor Christus). Kü Yüan war ein Angehöriger des Königshauses einer der chinesischen Südstaaten, Tschu, und befaßte sich als solcher auch mit Politik. Die spezifische Politik seines königlichen Verwandten konnte er nicht gutheißen; er sah voraus, daß sie für den König selbst sowohl wie für den Staat ins Unheil führe. Die Geschichte hat Kü Yüan recht gegeben; ehe dies aber geschah, hatte er durch seine Warnungen seine Rolle am Hofe verspielt, er ist Verleumdungen zum Opfer gefallen und wurde schließlich verbannt. Dieses Schicksal traf ihn doppelt hart. Es traf sein eigenes Leben und traf die Zukunft seines Landes. In einem langen Gedicht hat er seiner Verzweiflung Ausdruck gegeben. Dies ist das Li Sau; der Titel könnte übersetzt werden: »Begegnung mit dem Kummer«[2].

Hier kommt der Dichter nach einer poetischen Beschreibung der Widrigkeiten seines Lebens zu dem Entschluß, sich auf eine geistige Wanderung zu begeben. Er gibt sich der Einsicht hin, daß die Welt der Befangenheit keinen Raum mehr für ihn hat, daß seinem Geist jedoch die Türen offenstehen. Selbst wenn mein Körper zerstückelt würde, sagt er, so würde das doch meinen Geist unverletzt lassen. Vergebens suchen

2 Das Li Sau ist mehrfach übersetzt worden. Die beste Übersetzung ist in: David Hawkes, *Ch'u Tz'u: The Songs of the South*, London 1959, 21 bis 34. Über Kü Yüans Lebensgeschichte siehe ebenda, 11–16.

ihn seine Gespielinnen von diesem Entschluß abzubringen. »Du hast uns als Vertraute, wer kennt denn deinen Geist?« rufen sie ihm zu. Er widersteht aber diesen Verlockungen, spannt die Jade-Drachen vor seinen Phönixwagen, und ein günstiger Wind trägt ihn empor auf seine Reise. Am Morgen zieht er aus, am Abend ist er im Garten des Paradieses (wörtlich: den hängenden Gärten des Kun-lun). Dort läßt er die Sonne anhalten, um länger noch dessen Schönheiten genießen zu können. Dann geht der Flug weiter. Der Windgott ist sein Vorreiter, der himmlische Vogel sein Ankünder und der Donnergott sein Vollstrecker. In phantastischen Bildern zieht Station nach Station vorüber, und schließlich begibt er sich auf die Suche nach der Fee, die ihm Trost spenden kann. Er trifft deren mehrere: Die Flußgöttin des Lo-Flusses, die ihm zu leichtfertig ist, die Ahnin des Hauses Schang, die zu verschlossen ist – selbst die Vermittlung der Elster nützt hier nichts –, und dann die beiden Prinzessinnen Yü, die er nicht aus dem Schlaf erwecken kann. Nach diesen Fehlschlägen wird ihm aber ein Orakel zuteil, das ihm die Schönste von allen verspricht. Ausgedehnt und farbenprächtig ist die Reise zu ihr. Schließlich kann er den westlichen Ozean als ihren Treffpunkt bestimmen. Er bestellt seine tausend Wagen, Jade-Nabe an Jade-Nabe fliegen sie dahin, von Drachen gezogen, und seine wolkengesäumten Banner flattern im Wind. Schon scheint die letzte Freude in Reichweite, da sieht er plötzlich hinab von der Pracht des Himmels und erblickt sein altes Heim. Des Reitknechts Herz wird schwer, und seine Pferde bäumen sich auf vor Sehnsucht und weigern sich, weiterzugehen.

Es läßt sich unschwer erkennen, daß dieser Flug der Versuch einer Flucht ist, und zudem ein erfolgloser Versuch. Nicht lange nach Vollendung dieses Gedichts hat Kü Yüan selbst seinem Leben ein Ende gemacht. Die Befangenheit, der sein Geist entgehen wollte, hat ihn schließlich wieder eingeholt.

Der Grund hierfür ist unschwer einzusehen. Auf seiner Wanderung geriet Kü Yüan in den Zwiespalt zwischen dem Bild und seinem Sinn, zwischen Vision und Allegorie. Dem weltlichen Sinn ist er auf seiner geistigen Reise nicht entgangen. Die Allegorik sinnlicher Vereinigungen ist, den Symbolen des Buchs der Wandlungen entsprechend, damals oft benutzt worden, um auf Beziehungen zwischen Fürst und Berater anzuspielen. Was Kü Yüan auch auf dieser Reise suchte, war nicht erschaute und erstrebte Lust, in Unbefangenheit antizipiert und genossen; es war ein Sinnbild seiner verlorenen weltlichen Position. Als Aristokrat und Patriot mußte ihm die Würde am Herzen liegen, die Würde seiner Person sowohl wie die seines Heimatstaates. Dies kommt in seinem Gedicht sehr stark zum Ausdruck. Um seine Würde zu bewahren, begibt er sich auf seine Reise. Doch dann kam ihm die Einsicht, daß er sich selbst nicht entfliehen kann. Das Gedicht schließt hier, im Leben aber hat er den letzten Schritt getan.

Kü Yüan ist sehr früh schon ein Held der chinesischen Volkslegende geworden. Eines der schönsten chinesischen Jahresfeste schließt sich an seinen Namen. Dies ist das sogenannte Drachenbootfest, bei dem symbolisch versucht wird, seine Leiche aus dem Gewässer zu fischen, in dem er sich ertränkte. Phantastische Bootwettkämpfe sind an diesem Tag bis in die Gegenwart hinein üblich geblieben.

Bei aller Liebe zu seiner Person sind aber Kü Yüans dichterischer Versuch und der von ihm vorgelebte Ausweg nicht unwidersprochen geblieben. Auf der einen Seite wurde sein Fluchtversuch als solcher verdammt. Dies hat Yang Hiung in einem Gedicht getan, das Fan Li Sau, Anti-Li Sau, betitelt ist[3]. Auf der anderen Seite waren viele durch die Halbherzigkeit seines Versuchs nicht überzeugt, namentlich von seiner Projektion eines weltlichen Sinnes in eine geistige Vision. Will man die Welt hinter sich lassen und sich auf eine geistige Reise begeben, so geht das nur, wenn man auch deren Sinn vergißt. Die Reise darf nicht eine Flucht sein, der Spuren von dem, dem man entfliehen will, stets anhaften. Ein neues Ziel ist mit einer solchen Reise gesetzt, das mit alten Befangenheiten nichts mehr zu tun haben darf. Die geistigen Landschaften müssen autonom werden, und in Unvoreingenommenheit soll man sich den dort begegnenden Ideen hingeben.

Diese Einsicht ist in einem etwas späteren Gedicht vollzogen, das vielleicht auch noch dem 3. vorchristlichen Jahrhundert angehört, dessen Autor aber nicht mehr bekannt ist. Dies ist

3 Über Yang Hiung siehe S. 127 ff.

das Yüan-yu, »Die Fahrt in die Ferne«[4]. Auch hier beginnt der Autor mit einer Klage über die weltlichen Verhältnisse, in denen er sich findet:

> ......
> Des nachts liege ich weitäugig und ohne Schlaf,
> Und rastlos arbeitet mein Geist bis zum Morgengrauen.
> ......

Dann aber besucht ihn ein legendärer Unsterblicher, Wang Kiao, und belehrt ihn, wie er Unsterblichkeit erlangen könne, und daraufhin macht sich der Autor auf die Reise. Die geistigen Landschaften, die er durchzieht, sind denen des Yüan sehr ähnlich; oft sind sie Kü wortgetreu nachgebildet. Im Gegensatz zu Kü Yüan hat er keine Schwierigkeiten, Göttinnen und Feen zu finden, ihrer Musik zu lauschen und ihrem Tanz zuzuschauen. Er verläßt sie aber und zieht weiter, durch das Tor der Kälte zur Quelle der Reinheit, um schließlich beim großen Abgrund anzukommen. Dort schaut er auch hinab; doch was er erblickt, ist von anderer Art:

> In den schieren Tiefen unten war die Erde unsichtbar,
> In der Weite oben war der Himmel nicht zu erschauen.
> Wohin ich blickte,
> mein erstauntes Auge sah das Nichts,
> Wohin ich lauschte, kein Ton traf auf mein Ohr.
> Jenseits des Nichthandelns kam ich zur Reinheit
> Und trat ein in die Nachbarschaft des großen Anfangs.

Aus anderen Kulturkreisen ist ja uns hier im Eranos jene Gegend geläufig, in der der große Anfang aus dem Nichts entspringt[5]. Jede weltliche Befangenheit ist hier abgestreift. Von der Resten der Welt ist sogar das taoistische Nichthandeln überwunden.

Schon in diesem Gedicht tritt der Schamane in den Hintergrund. Seine Stelle wird in der folgenden Zeit vielfach vom Alchimisten eingenommen, wie hier von Wang Kiao (oder Wang Dsï-kiao), einem Alchimisten, der die Unsterblich-

4 Übersetzt in David Hawkes, a. a. O., S. 81—87. F. X. Biallas hält dieses Gedicht noch für eines, das von Kü Yüan persönlich stammt. Siehe: »K'ü Yüan's Fahrt in die Ferne«. *Asia Major* 4 (1927), 51—107; 7 (1930), 179—241. Wir tun das heute nicht mehr.

5 Gershom Scholem, »Schöpfung aus Nichts und Selbstverschränkung Gottes«. »Eranos-Jahrbuch« XXV/1956, 87—119.

keit erlangt haben soll. Das Streben, Unsterblichkeit zu erlangen, durch geistige Übungen, aber auch durch alchimische Praktiken, war damals weit verbreitet. Es ist dann mehr und mehr der Unsterbliche, der allein einer geistigen Wanderung fähig ist. Dieser Gedanke hat zu einem neuen Genre in der chinesischen Poesie geführt, Gedichten mit dem Titel »Wanderungen der Unsterblichen«. In ihnen kommen vielfach Alchimisten und Magiker zur Sprache, es finden sich unter den Autoren aber auch Dichter, die sich die Bildwelt der Alchimisten und ihre geistigen Einsichten aneigneten, ohne ihren Praktiken verschrieben zu sein.

Unter den frühesten Dichtern, die sich dieser neuen Gattung bedient haben, ragt Tsao Dschï (192–232 nach Christus) hervor[6]. Auch er war ein Prinz, ein jüngerer Sohn jenes Tsao Tsao, der die Macht praktisch von der erlöschenden Han-Dynastie übernahm, und der jüngere Bruder des Tsao Pi, der die neue We-Dynastie begründete. Alle Angehörigen der Tsao-Familie waren Dichter von Ausmaßen und haben es sich dazuhin angelegen sein lassen, Dichter und Dichtung der Zeit zu fördern. Tsao war derjenige in der Familie, dessen dichterisches Genie seine politischen Ambitionen bei weitem überwog und der sich daher Anfeindungen und Nachstellungen seiner hohen Verwandten zuzog. Als ein Erniedrigter und Beleidigter hat er in seiner Poesie diesem Schicksal oft klagenden Ausdruck gegeben. In Gedichten, die von den Wanderungen der Unsterblichkeit handeln, entzog er sich diesem Schicksal. Zwei Beispiele mögen dies belegen.

Himmelfahrt I

Erheb ich mich, dem Zaubermeister folgend,
Fern hin zu Peng-lais Gipfeln der Unsterblichkeit.
Das Geisteswasser schwebt in reinen Wellen,
Cassia und Orchidee vereinen sich dem Himmel.
Ein schwarzer Panther wandert tief dort unten,
Ein Kranich flattert spielend um den Gipfel.
Da erhebt sich der Wind,
und plötzlich fahr ich aufwärts,
Im Dämmer seh ich noch der Unsterblichen Schar.

6 Stephen Shih-tsung Wang, *Tsaur Jyr's Poems of Mythical Excursions.* M. A. Thesis, University of California, Berkeley.

Das Lied von den Unsterblichen

Unsterbliche halten das Stäbchenspiel[7],
Und spielen miteinander in einer Felsspalte des
[Taischan.
Feen von Siang-Fluß schlagen Laute und Zither,
Mädchen aus Tsin blasen Flöte und Mundorgel.
Der Jade-Kelch ist voll mit Cassia-Wein,
Und der Alte vom Fluß bringt
einen göttlichen Fisch zum Geschenk.

Die vier Meere: welche Befangenheit,
Die neun Kontinente: wohin kannst du dich wenden?
Doch Han Dschung und Wang Kiao[8]
Laden mich ein in die himmlischen Gassen.
Noch nicht ein Schritt und zehntausend Meilen
liegen hinter mir,
Leicht erheb ich mich über die große Leere.
Ich fliege in Sprüngen über leuchtenden Wolken,
Der Aufwind bläst mich wie ein Segel.
Rückwärts schau ich das Polgestirn,
Und mit dem Gott tausch ich Erkennungszeichen.
Da ragt das Himmelstor,
Mit doppeltem Torturm,
mehr als zehntausend Klafter hoch.
Jade-Bäume wachsen zur Seite des Wegs,
Und weiße Tiger streichen um die Torangeln.

Dann treibt der Wind mich wieder über die vier Meere,
Und ostwärts flieg ich
über die Hütte der Königin-Mutter[9].
Drunten erschau ich, inmitten der fünf Berge,
Der Menschen Leben.
Wie gleicht es geborgtem Aufenthalt.

7 Ein Spiel mit sechs Stäbchen, das Unsterbliche und Feen gerne spielten. Sterbliche konnten es auch meistern, und wenn sie gegen einen unsterblichen Partner gewannen, erhielten sie als Preis seine magischen Kräfte. Siehe Yang Lien-sheng in *Harvard Journal of Asian Studies* 9, 202—206; 15, 124—139.

8 Zwei Weise, die durch magische Elixiere Unsterblichkeit erlangt hatten.

9 Die Königin-Mutter des Westens, schon früh das Ziel geistiger Wanderungen. Man beachte, daß die Königin-Mutter des Westens durch einen Flug nach Osten erreicht wird.

Verbirg deinen Glanz und nähre gefiederte Flügel,
Geh eilends und doch behutsam!
Siehst Du nicht dort den göttlichen Hien-yüan[10],
Wie er den Drachen besteigt
und aus dem Tiegelsee sich erhebt?
Er wandert auf und ab über den neun Himmeln,
Auf dich wartet er schon lange.

Der Versuch, weltliche Befangenheiten in imaginären Wanderungen zu transzendieren und solche Wanderungen dichterisch zu beschreiben, ist dann vielfach unternommen worden. Die Erkenntnis hat sich aber bald eingestellt, daß solche Wanderungen Wunschträume sind, die der menschliche Geist wohl imaginieren, nicht aber vollziehen kann. Die Gebundenheit des Geistes an das Leben, speziell das individuelle Leben, rückte damit mehr und mehr in den Blickpunkt der Aufmerksamkeit. Es handelte sich darum, im Leben selbst materielle Bindungen zu transzendieren, und dies brachte alchimistische Übungen und Rezepte ins Spiel, deren Ziel es war, körperliche Gebundenheiten zu überwinden und damit den Geist erst wirklich freizusetzen. Hier mag Hi Kang (223 bis 262 nach Christus) erwähnt werden, ein taoistischer Philosoph, Alchimist und sensitiver Dichter[11], dessen Streben nach Unsterblichkeit freilich durch den Scharfrichter ein Ziel gesetzt wurde, weil er sich für einen politisch unliebsamen Freund eingesetzt hatte. Wir verdanken ihm eine »Abhandlung über die Pflege des Lebens«, in der er sich mit alchimistischen Möglichkeiten auseinandersetzt. Gegen Ende dieser Abhandlung sagt er:

»... Wer sich aber wohl auf die Pflege des Lebens versteht, der handelt nicht so. Seine Gefühle sind leer, ruhig und weit, gering ist sein Begehren und selten seine Wünsche. Er weiß, daß Name und Ansehen dem Leben schaden, so wird er von selbst nicht danach streben und nicht erst wünschen und nachher gewaltsam wieder unterdrücken. Er weiß, daß fette Geschmäcker die Natur beeinträchtigen; so wird er sie von sich weisen und sich nicht darum kümmern und sich nicht erst gelüsten lassen und nachher bezwingen. Die Außendinge be-

10 Ein anderer Name des Gelben Herrschers.

11 Siehe: Donald Holzmann, *La vie et la pensée de Hsi K'ang*, Leiden 1957.

stehen für ihn nicht, da sie das Herz beunruhigen; die Geisteskraft allein ist ihm offenbar, weil sie edel ist und weiß. Leer ist er und ohne Sorgen, ruhig ist er und ohne Gedanken. So bewahrt er sich durch Einheit und pflegt sich durch Harmonie. Das Gesetz der Harmonie wird täglich ausgeglichener, gleich ist es der großen Entsprechung. Dann erst infiltriert er sich mit dem wundertätigen Kraut des Lebens und tränkt sich aus der Quelle süßen Mosts, läßt sich bestrahlen von der Morgensonne und beruhigt sich durch den Klang der fünfsaitigen Zither. Nichts tut er und erlangt von selbst, sein Körper wird wunderbar und sein Herz dunkel. Er vergißt der Vergnügen und ist doch der Freuden voll. Er tut ab das Leben, und sein Leib besteht. Wenn man auf diese Weise fortschreitet, so kann man leicht älter werden als Hien-men und mit Wang Kiao an Jahren wetteifern. Wie sollte das nicht möglich sein?[12]«

Ehe dieser Punkt aber erreicht ist, führen geistige Wanderungen nicht zu wirklicher Befreiung. So schließt sein Gedicht »Wanderungen der Unsterblichen« resigniert eher als hoffnungsvoll. In den abschließenden Versen sagt er da:

> ......
> O wär es mir gegeben, den natürlichen Pfad zu wandeln.
> Weitend schwände kindliche Befangenheit.
> Ich würde Kräuter sammeln
> in des Dschung-schan Schluchten,
> Und wandeln würde solche Nahrung mein Gebaren.
> Wie die Zikade streifte ich die Hüllen ab,
> Verließ die Freunde und hauste in einer Bretterhütte.
> Vor einem Becher Wein würde ich musizieren,
> Und weithin würde mein Gesang erdröhnen.
> Nach langer Zeit der Trennung
> von den Menschen dieser Welt
> Wer könnte dann noch meine Spuren finden?

Auch für Dichter, die weltlichen Verstrickungen erfolgreicher entgangen sind, ist diese Transposition in den Konjunktiv bestehen geblieben. Ho Schau († 301) zum Beispiel, ein tao-

12 Holzman, S. 83—91. Eine frühere Übersetzung findet sich in Hellmut Wilhelm, »Hsi Kang und seine Abhandlung über die Pflege des Lebens«. *China-Dienst* 1935, 903—906.

istischer Philosoph der nächsten Generation, war Eigenbrötler genug, sich durch die Parteiungen des Tages ohne leiblichen Schaden hindurchzuwinden. Sein Gedicht »Wanderungen der Unsterblichen« lautet:

Im dunklen Grün die Kiefer auf dem Hügel,
Und hoch erhaben die Zypresse auf dem Berg.
Ihr Glanz der Farbe ist im Winter
üppig wie im Sommer
Und ihre tiefen Wurzeln kennen kein Verdorren.
Ein Mann der Gunst hat ein beständig Herz,
Die Dinge schauend sehnt er sich in die Ferne.
Er strebt hochauf bis zu den dunklen Wolken
Und läßt sein Auge schweifen über steile Klippen.
Wie glücklich war doch einst der Wang Dsï-kiao,
Mit Freunden seines Wegs hoch über China schwebend.
Weit flogen sie über schroffe Gebirge
Und einten ihre Schwingen wie die Kraniche.
Ihr hoher Flug trug sie über zehntausend Meilen,
Was hätten ihnen die kleinen Freuden
des Menschenlebens bedeutet?
Oft sehn ich mich nach dieser Art Unsterblichkeit.
Es weitet sich mein Herz, als wollt es fliegen[13].

Mehr und mehr entschwindet »diese Art Unsterblichkeit« aus der Welt der Schau in die Welt der Sehnsucht. Die Topographie jener imaginären Welten war dazumal jedermann geläufig; die Unbefangenheit aber, mit der man sich in jene Welten erhob, war im Entschwinden begriffen. Der bekannte I Ging-Interpret Guo Pu (277–324) hat dies in seinem Leben und in seiner Dichtung besonders markant ausgedrückt. Zu seiner Zeit plante ein politischer Machthaber, Wang Dun, einen Aufstand und verlangte Guos Prognose für seine Pläne. Guo sagte ihm Mißerfolg voraus. Woraufhin Wang ihn fragte: »Da du die Zukunft so gut zu wissen scheinst, sage mir, wie lange wird dein eigenes Leben dauern?« Guo erwiderte: »Es wird noch heute enden.« Mit beiden Aussagen hat Guo Pu recht behalten. Wang Dun ließ ihn in seiner Wut auf der Stelle hinrichten.

13 Eine andere Übersetzung findet sich in E. von Zach, *Die chinesische Anthologie*, Cambridge, Mass., 1958, Bd. 1, S. 327.

In seinem Gedicht »Wanderungen der Unsterblichen« sagt Guo:

Wer könnte denn die sechs Drachen
zum Stehen bringen?[14]
Das Schicksal fließt in stetigem Wechsel.
Der Zeiten Wandel bringt der Menschen Sehnen,
Ist es schon Herbst,
so wünscht du dir den Sommer wieder.

Der Huai-Fluß und das Meer verwandeln kleine
Mein Leben nur bleibt ungewandelt. [Vögel[15],
Und möcht ich selbst zum Zinnobertale steigen,
Kein Drachen,
keine Wolke bietet sich mir an zum Flug.
Beschämt bin ich und habe nicht die Kraft
des Lu-yang,
Der die Sonne um drei Grade zurückverschieben
[konnte.
Ich sitz am Fluß, es schwinden meine Jahre,
Ich streiche mein Herz und seufze in Einsamkeit[16].

Wir müssen uns aber jetzt wieder unserem Lachs zuwenden und den durch ihn versinnbildlichten Wanderungen des Geistes. Auf der Suche des chinesischen Geistes nach einem andern Leben, nach einem andern Weg und Ort, sich fortzusetzen, hatte sich herausgestellt, daß dieses andere Leben nur unter Bedingungen zugänglich ist, die vom chinesischen Geist als verantwortungslos verworfen wurden, und daß der Geist, wenn er sich fortsetzen will, mit diesem Leben vorliebnehmen muß.

Auf der Suche nach einem Wegweiser in diesem Leben finden wir daher auch in unserer Periode der chinesischen Geistesgeschichte eine erneute Hinwendung zum Buch der Wandlungen. Die Tradition des Buchs war faktisch nie abgerissen. Im Einklang mit dem Zeitstil aber war auch die I Ging-Forschung mit Spekulationen befaßt gewesen, die sich mit Imaginationen und Einbildungen abgaben. Diese Imaginationen

14 Die den Sonnenwagen ziehen.

15 Der Fasan wird zur Schlange, wenn er in den Huai taucht, der Spatz zur Muschel, wenn er ins Meer taucht.

16 Eine andere Übersetzung findet sich in Zach, a. a. O., S. 329.

als solche bewegen sich auf Bahnen, deren Erforschung durchaus gerechtfertigt ist. So wurde damals eine apokryphe Literatur zum Buch der Wandlungen geschaffen. Generell gesprochen befassen sich aber die Apokryphen mit den statischen Aspekten des Buchs, mit feststehenden geistigen Landschaften und Ideenkreisen. Die Dynamik des Buchs hatte sich aus dem Brennpunkt des Interesses verloren.

Im späten 3. und im 4. Jahrhundert änderte sich wie in jenen Gedichten so auch in der I Ging-Forschung der Zeitstil, und so finden wir eine neue Hinwendung zum Begriff der Wandlung selbst, zum Sinn dieses Begriffs und zum Sinn der im Buche enthaltenen Bilder. Dabei kam dann wiederum zutage, daß alles Statische, daß alle feststehenden Anlagen und Einrichtungen, daß alles Gesetzmäßige den Rahmen nur bildet, in dem sich die Wandlung bewegt, einen Rahmen freilich, in den man sich in der Regel einfügen muß, aus dem auszubrechen jedoch gelegentlich geboten sein kann.

Das Buch der Wandlungen kennt eine Reihe von Konstellationen, in denen der Rahmen des Gesetzten seinen Sinn verliert und in denen das Haus des Vaters verlassen werden muß. In all diesen Fällen weist der Tuan-Kommentar auf den Sinn der Zeit hin, in der dieses geschieht. Hier erscheint dann der Sinn der Zeit stärker als der Sinn dessen, was durch den Rahmen des Gesetzten zur Darstellung kommt, der dynamische Trieb stärker als die Tradition. Es muß darauf hingewiesen werden, daß das Wort »Sinn (i)« hier der gegebene und nicht der erfaßte Sinn ist, der Sinn, den man einer Zeitsituation zuschreibt, und nicht der, den man aus einer Zeitsituation herausliest[17]. Das eigene Urteil gibt hier der Zeit ihren Sinn, der Sinn ist nicht etwas, das in der Situation als solcher erkannt wird. Wer sich also in einer solchen Situation findet, ist nicht gebunden durch einen der Situation inhärenten Sinn; er ist dazu berufen, aus der Situation aus eigenem Urteil etwas Sinnvolles zu machen. In dieser Bedeutung sagt der Tuan-Kommentar in den erwähnten Fällen: »Der Sinn einer solchen Zeit ist wahrlich groß.« Und eines der Hexagramme, bei denen sich ein solcher Ausspruch findet, ist das 56., Der Wanderer.

Auch außerhalb dieses Hexagramms ist die Idee des Wan-

17 Siehe hierzu S. 56 ff.

derns dem Buch der Wandlungen durchaus geläufig. Wir finden hier verschiedentlich ausgesprochen, daß die Jahreszeiten wandern und daß Sonne und Mond wandern. Häufiger noch als bei solchen gesetzten Bewegungen findet sich das Wort angewandt auf Bewegungen ungebundenerer Art. So wird gesagt, daß die Wolken wandern, daß der Wind wandert, daß das Wasser wandert und daß das Rollen des Donners wandert. Und im Tuan-Kommentar zum 2. Hexagramm wird gesagt, daß die Stute, das Symboltier des Rezeptiven, über die Erde wandert ohne Grenzen, mit der Hinzufügung:

> So hat der Edle eine Richtung auf seiner Wanderung.

Dieser Satz schöpft aus dem semantischen Bestand des Worts, das hier für das Wandern steht (Hing). Das Wandern ist hier das Gehen schlechthin, das Einen-Fuß-vor-den-andern-Setzen. Es ist aber nicht ein Sich-gehen-Lassen, sondern ein Abschreiten des Wegs, das Spuren auf dem durchschrittenen Pfade hinterläßt; es ist das Gehen in einer Richtung, ein Gehen, dem ein Sinn zukommt. Das aktive, sinngebende Element dieser Bewegung ist so stark, daß das gleiche Wort auch für Handeln, Ausüben verwandt wird.

Auf menschliches Schicksal angewandt, weist unser Buch auf einige Attribute dieser Situation hin. Das Wandern führt aus einem gegebenen, gesicherten Zustand hinaus ins Unbekannte, und dieses Unbekannte kann durchaus etwas Gefahrvolles sein. Bei der 6/5 des 51. Hexagramms, Das Erschüttern, »wandert man in Gefahr«, die man durchschreitet, ohne etwas dadurch zu verlieren. Bei der 6/1 des 36. Hexagramms findet der Edle, von der Verfinsterung des Lichts befallen, auf seiner Wanderung drei Tage lang nichts zu essen. Und bei der 9/3 des 43. Hexagramms, Der Durchbruch, wandert der Edle einsam und kommt in den Regen. Er wird bespritzt, und man murrt wider ihn. Kein Makel ist jedoch mit diesen Beschwerden verbunden.

Die Einsamkeit des Wanderns ist mehrfach erwähnt. Bei der 6/1 des 35. Hexagramms findet sich der Fortschreitende plötzlich zurückgewiesen, wozu der Bildkommentar bemerkt:

> Einsam zu wandern ist angemessen.

Die Einsamkeit scheint aber nicht in allen Fällen absolut zu sein. Die 6/3 des 41. Hexagramms, Die Minderung, hat den Text:

> Wenn drei Menschen miteinander wandern, so vermindern sie sich um einen Menschen. Wenn ein Mensch wandert, so findet er einen Gefährten.

Das Zu-zweit-Wandern scheint jedoch nur möglich zu sein, wenn die beiden eines Sinnes sind, wenn, wie die Große Abhandlung zu dieser Stelle sagt, die Wirkung des Einswerdens eintritt. Sonst kommt das Problem der Führung ins Spiel. In der Situation des Wanderns ist das Sich-führen-Lassen nur in Ausnahmefällen angezeigt, und selbst wo es angezeigt wäre, wird es in der Regel zurückgewiesen. Dies ist zweimal mit den gleichen Worten ausgedrückt. Die 9/4 des 43. Hexagramms, Der Durchbruch, die vielleicht auf die Werke des Großen Yü hinweist, hat den Text:

> An den Oberschenkeln ist keine Haut, und das Wandern fällt schwer. Ließe man sich führen wie ein Schaf, so würde die Reue schwinden. Wenn man aber diese Worte hört, so wird man sie nicht glauben.

Und die 9/3 des 44. Hexagramms, Entgegenkommen, sagt:

> An den Oberschenkeln ist keine Haut, und das Wandern fällt schwer. Wenn man der Gefahr eingedenk ist, macht man keinen großen Fehler.

Und hierzu bemerkt der Bildkommentar:

> Er wandert noch immer, ohne sich führen zu lassen.

Das Wandern führt dann aber aus der Befangenheit gegebener Gesetze hinaus in eine Freiheit, in der die Regeln der Tradition keine Kraft mehr haben. Das Buch gibt dem einmal sehr humorvollen Ausdruck. In der 6/3 des 25. Hexagramms, Unschuld, ist eine Situation dargestellt, in der der Wanderer die von einem Bürger angebundene Kuh mitlaufen läßt. Hierzu sagt der Text lediglich:

> Des Wanderers Gewinn ist des Bürgers Verlust.

Die Figur des Wanderers war in der Gesellschaft der Dschou-Zeit keine ungewöhnliche Erscheinung. Es gab, wie bei uns, die fahrenden Ritter, die es auf sich genommen hatten, auf eigene Faust Unrecht und Bedrückung zu bekämpfen; es gab die Propheten und Scholaren, deren Mission es war, Kunde und Wissen zu verbreiten. In der Regel waren ihnen die Wege offen und Gastfreundschaft gewiß. Der Bildtext zum 24. Hexagramm, Wendezeit, bemerkt aber, daß zur Zeit der Sonnenwende die Pässe geschlossen waren und Wanderer und Kaufleute nicht umherzogen.

Die Figur des Wanderers, die in diesem Text erscheint, wird mit dem Worte *Lü* bezeichnet. Dies ist auch das Wort, das als Name des 56. Hexagramms benützt wird. Die Semantik dieses Worts geht von einem spezifischen Aspekt des Wanderns aus; es repräsentiert ursprünglich Soldaten auf dem Marsch. Noch heute wird das gleiche Wort für die militärische Einheit der Division gebraucht. Es ist aber stets, zumindest seit der frühen Dschou-Zeit, auch in der Bedeutung von »wandern« benutzt worden, und in dem modernen Wort für »wandern« oder »reisen«, *Lü Hing*, ist es mit dem oben erwähnten Wort *Hing* vereinigt. Die Urbedeutung des Wortes mag aber zu einem Verständnis dessen beitragen, wie das Buch der Wandlungen die Situation des Wanderns aufgefaßt hat. Wir finden hier das Wandern als ein auferlegtes Umherziehen, als ein Schicksal, das durch militärischen Befehl bestimmt wird, nicht als ein freiwilliges Verlassen der Heimat auf der Suche nach einem anderen Leben. Es ist also ein schicksalbestimmtes Umherziehen, und selbst wenn, wie das in den Texten des 56. Hexagramms der Fall ist, die schicksalbildende Macht nicht mehr der militärische Befehl ist, sondern eine Konstellation völlig verschiedener Art, so führt es doch in die Heimatlosigkeit und in die Gefahr. Einer solchen Zeitsituation Sinn zu geben und in ihr sinnvoll zu handeln ist die Aufgabe, die das 56. Hexagramm stellt.

Die erwähnten Eigenschaften der Situation des Wanderns sind in unserem Hexagramm unerbittlich gegeben. Das Buch Dsa gua (»Vermischte Zeichen«) sagt hier:

> Wessen Freunde wenig sind, das ist der Wanderer.

Und das Buch Sü Gua (»Die Reihenfolge«) sagt:

> Woran die Größe sich erschöpft, das ist sicher, daß sie ihre Heimat verliert. Darum folgt das Zeichen: Der

Wanderer. Der Wanderer hat nichts, das ihn aufnähme.

Und doch sagt, von diesem Schicksal angestarrt, der Tuan-Kommentar:

Der Sinn der Zeit des Wanderers ist wahrlich groß.

䷷

Im Buch der Wandlungen folgt das Zeichen *Lü* dem Zeichen *Feng*, Die Fülle, dessen Umkehrung es ist.

䷶

Ein anderer Gegensatz zum Zeichen *Lü* ist das 60. Hexagramm, Die Beschränkung:

䷻

Fülle sowohl wie Beschränkung können also die Situationen sein, die das Schicksal des Wanderers herbeiführen.

Die Konstellation der Trigramme des 56. Hexagramms zeigt das Zeichen *Li*, Das Haftende, über dem Zeichen *Gen*, Das Stillehalten. Die Grundlage ist hier also der Berg, aber auch der Paß auf dem Berg, der in andere Landschaften jenseits der Wasserscheide führt, und der Bergweg, steinig und steil, auf dem allein man in diese Landschaften gelangen kann. Es ist das Zeichen, in dem Gott sich müht. Das Attribut »Stillehalten« ist jedoch von Gewicht und ist wohl in erster Linie als ein Dem-Schicksal-Stillehalten gemeint. Darüber steht das Zeichen des Feuers, der Sonne, des Lichts und der Klarheit, das Zeichen, in dem Gott die Geschöpfe einander erblicken läßt, das Zeichen des Erkennens des bisher Unbekannten also, das Zeichen des schauenden Auges, das Zeichen des verzehrenden Feuers aber auch, des Blitzes, und das Zeichen der Schutz- und Trutzwaffen. Ausschlaggebend scheint das Attribut der haftenden Abhängigkeit, vom Schicksal wiederum, das in dem Bild des Berges gegeben ist. Das Feuer auf dem Berg mag wie ein Fanal lodern, seine richtungssetzende Helligkeit ist aber an die Hervorbringungen des Berges gebunden. Das Bild des Feuers auf dem Berge erinnert an die agrikulturellen Beschäftigungen des frühen China, wo unter dem Regime der Branntfeldwirtschaft Bauerngruppen im Frühjahr die Sicherheit der Burg verließen und in die Berge zogen, dort Gestrüpp und Wald abbrannten, um Raum zu schaffen für nährende Produktion. Solche Auszüge aus der Sicherheit in die Wildnis waren natürlich mit gewissen Lizenzen verbunden, und so sagt der Bildkommentar hier:

> Auf dem Berg ist Feuer: das Bild des Wanderers. So ist der Edle klar und vorsichtig in der Anwendung von Strafen und verschleppt keine Prozesse.

Der Tuan-Kommentar stellt dann nicht mehr auf die wandernden Bauernscharen ab, sondern auf das Schicksal des individuellen Wanderers:

> Stillehalten und Haften an der Klarheit; darum: kleines Gelingen.

Er entnimmt dem Bild auch den Leitsatz, daß die Schicksalsgebundenheit des Wanderers nicht in ein Sich-gehen-lassen ausarten darf. Die zentrale Linie des oberen Trigramms ist weich und hingebend; sie ist aber von zwei starken Linien flankiert. Die Situation des Wanderers ist die Unsicherheit, die Gefahr und die Heimatlosigkeit, und er tut gut, sich diese Situation gegenwärtig zu halten. Seine Aufgabe ist es, einer solchen Situation den Sinn zu geben und in ihr ein Ziel zu finden, und er muß bei dieser Aufgabe beharren, selbst wenn sich die Erkenntnis dieses Sinnes nur allmählich einstellt. Der Tuan-Kommentar leitet dies von dem Urteilstext ab, der lautet:

> Gelingen im Kleinen (oder: durch Kleines). Dem Wanderer ist Beharrlichkeit von Heil.

Die Linientexte, die die Stationen auf dem Wege des Wanderers schildern, weisen gleich zu Anfang auf eine Gefahr hin. Die Anfangs-Sechs lautet:

> Der Wanderer gibt sich mit kleinlichen Dingen ab. Dadurch zieht er sich Unglück zu.

Die geschilderte Situation verdeutlicht sich durch Bezug auf den Wandlungsgegensatz dieser Linie, die 9/1 des 30. Hexagramms, wo der Text lautet:

> Die Fußspuren laufen kreuz und quer. Wenn man ernst (ehrfürchtig) dabei ist (auf das Ziel konzentriert), kein Makel.

Der zu wählende Weg ist hier noch nicht gegeben, man experimentiert noch und läuft kreuz und quer. Diese Anfangsschwierigkeiten sind als solche nicht von Unheil, wenn man darüber das Ziel nicht vergißt. Der Wanderer auf seiner ersten Station ist jedoch in eben dieser Gefahr. Der kleine Bildkommentar sagt hier:

> Der Wille erschöpft sich (man verliert sein Ziel), und das ist ein Unglück.

Die zweite Station bringt dann die erste Rast. Der Text lautet hier:

> Der Wanderer kommt zur Herberge. Er trägt seinen Besitz bei sich (wörtlich: im Busen). Er erlangt eines jungen Dieners Beharrlichkeit.

Hier ist sich der Wanderer seines Schicksals voll bewußt geworden und auch dessen, was er im Angesicht dieses Schicksals anzubieten hat. Er kommt zur Herberge und erlangt einen (vorübergehenden) Ruheort und ein reichliches, ja neiderregendes Mahl[18]. Und er erlangt ferner den oben erwähnten Genossen seiner Wanderung (wieder vorübergehend) in der Gestalt des jungen Dieners, in einem Verhältnis also, in dem sich sofort das Problem der Führerschaft einstellt. In diesem Augenblick darf er jedoch die inhärenten Probleme außer Anschlag lassen.
Eine solche Ruhe auf der Wanderschaft ist nicht von Dauer. Und so lautet der Text der Neun auf drittem Platz:

> Der Wanderer verbrennt seine Herberge. Er verliert die Beharrlichkeit seines jungen Dieners. Gefahr.

Die starke Linie erkennt hier die gegebene Gefahr und weiß, daß weiteres Fortschreiten vonnöten ist. Der Wanderer

18 Hex. 50, 9/2.

trennt sich scharf von allem, was zu dauernden Bindungen führen könnte und zu neuen Befangenheiten. Der Ruheort wird verbrannt, obwohl das für ihn selbst ein Schade ist, wie der kleine Bildkommentar bemerkt, und ihn in die Gefahr führt. Und er muß sich auch von seinem Genossen trennen, da die menschlichen Beziehungen in diesem Verhältnis auf der Wanderung keine Statt haben. Der kleine Bildkommentar sagt hier:

> Als Wanderer mit einem Untergebenen verkehren: es ist sinngemäß, ihn zu verlieren.

Nur durch diesen scharfen Schnitt wird es ihm möglich, in das obere Trigramm einzutreten, das allein ihm Klarheit verschaffen kann. Wie in mehreren anderen Fällen aber gibt hier die erste Linie des oberen Trigramms zu Zweifeln, ja zu Unlust Anlaß. Der Text heißt hier:

> Der Wanderer ruht an einem Unterkunftsort. Er erlangt seinen Besitz und eine Axt. Mein Herz ist nicht froh.

Der Übergang gibt also Anlaß zu einer weiteren Pause. Was die Situation hier anbietet, ist aber nicht, wie bei der zweiten Linie, eine Herberge mit ihren Annehmlichkeiten, sondern nur ein Ort, in dem man verweilen kann, ohne Bergung zu finden. »Er erlangt nicht[19] eine Stellung« erläutert der kleine Bildkommentar. Immerhin können einige der durch die Feuersbrunst der vorhergehenden Linie beigebrachten Verluste ausgeglichen werden: der Wanderer erlangt seinen Besitz wieder. Der Wert dieses Besitzes ist allerdings nach den durchlebten Erfahrungen gesunken. Er ist notwendig für das, was bevorsteht, allein genommen aber nicht mehr hinreichend als Grundlage des Selbstvertrauens und des Vertrauens in das eigene Schicksal. Der Wanderer erlangt weiter eine Axt, wiederum ein notwendiges Gerät lediglich für die Fortsetzung seiner gefahrenreichen Reise. Und so fügt der Text hier einen Vers an, der sich ähnlich häufig in den Strophen des Buchs der Lieder findet: »Mein Herz ist nicht froh.«

19 Wörtlich: *noch* nicht. Das »noch« jedoch ist eine Wendung des Kommentars, dessen konfuzianisch gefärbte Erwartung auch die weiteren Linien unseres Hexagramms nicht erfüllen werden.

Wozu diese Pause dient, ist Selbstbesinnung, das Stillehalten des Rumpfes und meditative Übungen, über denen man das Ich vergißt und über es hinausgeführt wird[20]. Die Zurückführung auf das Selbst und seine überpersönlichen Aspekte relativiert das Ich und läßt auch das persönliche Schicksal an Gewicht wenn auch nicht an Wucht verlieren.

So ausgerüstet, erreicht der Wanderer den Höhepunkt auf der Bahn seiner Wanderung. Der Text der Sechs auf fünftem Platz heißt:

> Er schießt einen Fasan. Auf den ersten Pfeil fällt er. Schließlich kommt ein ehrenvoller Auftrag.

Der Fasan ist das Tiersymbol des oberen Trigramms *Li*. Der Vogel galt als einer der Leckerbissen der chinesischen Küche. Als solcher wurde er oft als Einführungsgeschenk bei den Fürsten der Zeit benutzt. Als Zeichen der Entpersönlichung des Schicksals wird hier die Essenz der Klarheit geopfert und als Tribut dargebracht. Diese Handlung ist zu einem Grade angebracht, daß das Problem des Erfolgs gar keine Rolle mehr spielt. In dieser Situation ist es selbstverständlich, daß man den Fasan mit dem ersten Pfeilschuß erlegt; es ist selbstverständlich, daß er als Gastgeschenk von Fürsten angenommen wird; es ist selbstverständlich, daß der inzwischen in seinem Wert relativierte »Besitz« des Wanderers, seine geistigen Gaben, dem Fürsten imponieren, und es ist selbstverständlich, daß ein ehrenvoller Auftrag die Folge ist. Das Problem der Linie liegt darin, daß der Wanderer seine Wanderernatur nicht verliert. Er mag, und muß, alles Persönliche opfern, er mag einen zeitlich bestimmten Auftrag ehrenvoll erledigen; aber auch unter solch gefestigten persönlichen Verhältnissen darf er nicht nach einer dauernden Position und nach einem fortdauernden Wirkungsfeld streben. Nach Ausführung des Auf-

20 Dies ist angedeutet durch die 6/4 des 52. Hexagramms, die erreicht wird, wenn sich diese Linie wandelt. Die Verwobenheit der Trigramme im Hexagramm 56 ist besonders intim. Wandelt sich die untere Linie des oberen Trigramms, so ergibt sich das 52. Hexagramm, das eine Verdoppelung des unteren Trigramms ist. Wandelt sich die untere Linie des unteren Trigramms, so ergibt sich das 30. Hexagramm, das eine Verdoppelung des oberen Trigramms ist. Wie bei der ersten Linie die Vorausnahme des Lichts und des Feuers ins Spiel kommt, so ergibt sich hier ein Andauern des Stillehaltens, einer Haltung, die man schon überwunden zu haben glaubt.

trags ist ihm geboten, sich zurückzuziehen, freundlich und ohne Bitterkeit, aber seines Bleibens ist nicht mehr[21].

Die Alternative zu diesem Rückzug ist in der oberen Neun geschildert, wo der Text heißt:

> Der Vogel verbrennt sein Nest. Der Wanderer lacht erst, dann muß er weinen und klagen. Er verliert die Kuh in I. Unheil.

Wie so oft bei der obersten Linie eines Hexagramms ist hier die Geborgenheit (und Befangenheit) im eigenen Schicksal, die ja schon in der vorigen Linie relativiert erschien, völlig verlorengegangen. Der Wanderer, der sich hier von seinem Schicksal geschieden hat, muß es erleben, daß sein Schicksal sich seiner Führung völlig entzieht, auf unabhängigen Wegen sich selbst erfüllt und den Wanderer damit in endgültiges Unheil stürzt. Der Vogel verbrennt hier sein Nest. Diese schizoide Situation ist in der 6/6 des 62. Hexagramms ausgedrückt, die erreicht wird, wenn sich unsere Linie verwandelt. Dort geht »er« an seinem Schicksal überheblich vorbei und trifft es nicht, woraufhin ihn der fliegende Vogel verläßt. Der Brand des Nests erinnert an das Phönix-Urbild. In der frühen Dschou-Zeit war der Phönix, späterhin auch in China ein mit reicher Mythologie ausgestatteter Vogel, noch nicht bekannt. Einige seiner archetypischen Züge waren damals noch mit dem Fasan verbunden. Der Brand des Nests erinnert auch an die Konflagration der Götterdämmerung, die in westlicher Mythologie dem Schicksal des Wanderers ein Ende bereitet.

In unserer Linie glaubt sich der Wanderer seiner anscheinenden Schicksalslosigkeit zunächst erfreuen zu dürfen und bricht in ungehemmte Heiterkeit aus. Bald aber wird ihm gezeigt, daß er in seiner Verantwortungslosigkeit sein Wesentliches verloren hat. Die Kuh, das Symbol des Empfangenden, der Zusammenhang mit der »Erde« wird ihm genommen und so verwandelt sich sein Lachen in bitteres Klagen[22]. Es ist eine unerbittliche Lösung, zu der der kleine Bildkommentar bemerkt:

21 Siehe Hex. 33, 9/5.

22 Über die historischen Anspielungen in dieser Linie s. S. 62, 63.

Als Wanderer überheblich zu sein: der Brand ist sinngemäß. Er verliert die Kuh in I: er hat endgültig nicht hören wollen.

Um das Bild des Wanderers, dessen Konturen hier nachgezeichnet worden sind, mit unserer Fragestellung, die sich mit geistigen Wanderungen befaßt, zu koordinieren, müssen wir uns noch ein anderes Hexagramm ansehen, das 20., Guan, Die Betrachtung.

䷓

In diesem Hexagramm erscheinen die Linien des unteren Trigramms des Wanderer-Hexagramms

☶

verdoppelt. Das chinesische Wort, das dem 20. Hexagramm seinen Namen gegeben hat, ist vom Bild der Waage abgeleitet. Das Betrachten ist also hier nicht der individualisierende Sinneseindruck, sondern ein abwägendes Sehen, ein Überblick, der die Dinge in ihrem Zusammenhang sieht und wägt, die Sicht, die Schau. Das Wort bedeutet, wie so oft im Chinesischen, beides, das Schauen und das geschaute Bild. Dies ist im Dsa Gua (»Vermischte Zeichen«) ausgedrückt, wo es heißt:

Die Schau ist geben (das geschaute Bild) und nehmen (das Schauen).

Der Linienkomplex des 20. Hexagramms ist ein überhöhter Berg, ein Aussichtspunkt also, der eine weite Sicht und auch eine geistige Schau ermöglicht. Die Konstellation der Trigramme, »Wind über Erde«, bietet aber noch eine andere Möglichkeit zu dieser Schau an, die dann das 20. Hexagramm mit dem Wanderer-Hexagramm verbindet. Der Bildkommentar drückt dies so aus:

Der Wind wandert über die Erde: das Bild der Betrachtung. So besuchten die Könige der Vorzeit die Weltgegenden, betrachteten das Volk und errichteten ihre Lehren.

Die Haltung, in der sich diese Schau vollzieht, kleidet der Urteilstext in ein hervorragend starkes Bild:

Die Waschung ist geschehen, aber noch nicht die Darbietung. Vertrauensvoll (in Erwartung der Wahrheit) blicken sie zu ihm auf.

Die Schau ist hier in jenem Moment höchster Spannung gestellt unmittelbar vor der Darbringung des großen Opfers, nachdem alle Vorbereitungen schon getroffen worden sind. Die Erwartung, die dieser Moment birgt, die bei denen, die durch das Opfer konsakriert werden sollen, sich in höchstem Vertrauen, und bei dem, der das Opfer vollzieht, sich in höchster Bewußtheit der sakralen Funktion dieser Handlung ausdrückt, diese vorausnehmende Erwartung ist die Haltung, in der sich die Schau vollzieht.

Von den Stufen der Betrachtung spricht die Anfangs-Sechs von knabenhaftem Betrachten, von unbefangener, unreflektierter Schau also, die die Dinge sieht, so wie sie sind und noch nicht in ihrem Zusammenhang. Die Erfahrung, die Zusammenhänge anbietet, ist noch nicht da. Doch dies ist der Anfang, sie läßt sich nur auf diese Weise erwerben.

Die Sechs auf zweitem Platz bringt dann die Betrachtung durch die Türspalte und fügt hinzu: Fördernd ist die Beharrlichkeit einer Frau. Durch eine Türspalte kann man natürlich in zweifacher Richtung sehen. Man kann durch die Türspalte hinausblicken und auf diese Weise einen ersten, wenn auch beschränkten Blick in die Zusammenhänge der Welt tun. Die Auffassung der Welt wird infolge der Beschränkung subjektiv sein. Man kann aber auch durch die Türspalte hineinschauen in sein eigenes Selbst und durch das Selbst in die geheimnisvollen Zusammenhänge des Lebens. Für beide Blickrichtungen ist hier die Frau die Berufene.

Die Sechs auf drittem Platz hat den Text:

Betrachtung meines Lebens: Fortschritt oder Rückzug?

Dies ist nun eindeutig die Schau nach innen, die einkehrende Betrachtung, das Abwägen des eigenen Werts und, davon abhängig, der eigenen Stellung. Bilder, die einem die Zukunft bestimmen, sind dieser einkehrenden Betrachtung abgenommen. Sie stellt Bilder zur Verfügung, nach denen sich die Richtung des Handelns, der Fortschritt oder der Rückzug bestimmt.

Der Text der Sechs auf viertem Platz lautet:

> Betrachtung der Herrlichkeit des Reichs. Fördernd ist es, als Gast eines Königs zu weilen.

Hier geht nun der Blick nach außen und sieht die Herrlichkeit der großen Zusammenhänge. Auf Grund dieser Schau kommt man in eine Lage, die der der Sechs auf fünftem Platz des Wanderer-Hexagramms entspricht. Man weilt als Gast eines Fürsten, dem eine solche Schau zu seinem Geschäft notwendig ist. Als Gast, wohlgemerkt, und nicht in einem ständigen Amt. Nur so kann die Schau ungehindert durch amtliche Rücksichten in ein Wirken – im höchsten Auftrag[23] – umgesetzt werden.

Der Höhepunkt des Hexagramms führt dann wieder zu einer Innenschau. Der Text heißt schlicht:

> Betrachtung meines Lebens.

Man betrachtet sich selbst und findet sich selbst wieder im Archetyp des Zugs der Fische[24] und ist damit dem beschwerlichen Geschäft des Lebens wieder eingeordnet.

Selbst die obere Linie noch, die Zurückgezogene und über die Welt erhabene, ist mit dem Leben befaßt. Der Text heißt:

> Betrachtung des Lebens.

Dies ist der Blick nach außen, von hoher Warte, auf dieses Leben hier. Die Bilder, die die Schau des Geistes anbietet, die Innenschau sowohl wie die Umschau, sind also nicht dem spekulativen, sondern dem praktischen Leben abgenommen. Das Hexagramm weist eindeutig auf das Leben hin.

Wir finden dieses Wort wieder in einer Definition des Begriffs der Wandlung in der Großen Abhandlung: »Wandlung ist das sprudelnde Leben«, wörtlich: das lebenspendende Leben, das Zeugen der Zeugung, das Gebären der Geburt. Und dies ruft ein anderes vielzitiertes Wort aus der Großen Abhandlung in Erinnerung:

> Die größte Tugend zwischen Himmel und Erde heißt Leben.

23 Hex. 12, 9/4.

24 Siehe Hex. 23, 6/5. Der kleine Bildkommentar versteht diese Selbstbetrachtung als eine reflektierte. Er sagt: »Betrachtung meines Lebens, das ist Betrachtung des Volks.« Das kann verstanden werden, und ist verstanden worden, als eine Betrachtung der Wirkungen des eigenen Lebens. Es kann aber auch verstanden werden als ein Sichwiederfinden im großen Strom des Volks.

DAS WECHSELSPIEL VON BILD UND BEGRIFF

Unter den Fragmenten von Schöpfungsmythen, die verstreut in der chinesischen Überlieferung erhalten sind, finden sich einige, die zu einer mythologischen Einheit, die als Welt-Ei-Mythos bezeichnet wurde, zusammengefügt werden können[2]. Darin wird die ursprüngliche Stufe der Schöpfung als eine undifferenzierte Masse verstanden, als das Chaos, chinesisch: Hun Dun. Die Berichte über dieses Chaos sind nicht einheitlich. In manchen ist es die Stufe, von der die Schöpfung ausging, in anderen ist es selbst schon das Ergebnis des ersten Schöpfungsaktes und somit dem Tohuwabohu des Schöpfungsberichtes der Genesis vergleichbar. Im allgemeinen jedoch stimmen die Berichte in der Beschreibung des Chaos als etwas Kugelförmiges überein. Bisweilen wird es als etwas Beutel- oder Sackähnliches beschrieben, manchmal mit bestimmten Farbmusterungen auf seiner Oberfläche, manchmal sogar mit sechs Beinen und zwei fledermausartigen Flügeln, die ihm eine Fortbewegung ermöglichen; es wird jedoch immer ohne irgendwelche Öffnungen, vor allem ohne Ohren und Augen dargestellt. Spöttisch berichtet das Buch Dschuang Dsï von diesem Geschöpf, daß es die Großen Könige des Südmeeres und des Nordmeeres gastfreundlich aufgenommen habe – die, aus Dankbarkeit, Öffnungen in das Chaos bohren wollten, so daß es sehen, hören, essen und atmen könne; aber als sie ihm die Öffnungen gebohrt hatten, war das Chaos

1 Zuerst in englischer Sprache erschienen in: »Eranos-Jahrbuch« XXXVI/1967, S. 31—57 unter dem Titel: The Interplay of Image and Concept in the Book of Changes; die Übersetzung ins Deutsche besorgte Helwig Schmidt-Glintzer.

2 Dazu und zum Folgenden siehe: Wolfram Eberhard, *Lokalkulturen im alten China* II, Peking 1942, S. 467—477 und passim; Kwang-chih Chang, »The Chinese Creation Myths: a Study in Method«, in: *Bulletin of the Institute of Ethnology*, Academia Sinica 8, Herbst 1959, S. 47—79 (In Chinesisch mit englischer Zusammenfassung).

tot[3]. Am häufigsten jedoch wird das Chaos in der Form eines Eies aufgefaßt, aus dem sich die Welt durch irgendeine Entwicklung oder schöpferische Handlung herausbildete. Dieses Motiv hat sogar Eingang in die Mythe von Pan Gu gefunden, der in dem Ei gelebt und dort Tag für Tag gewachsen und dadurch Himmel und Erde auseinandergestemmt haben soll. Die Trennung von Himmel und Erde aus dem Weltei heraus ist nahezu einheitlich der erste Akt dieses Schöpfungsvorgangs.

In der chinesischen Philosophie ist dieser Welt-Ei-Mythos zur Yin-Yang-Vorstellung entwickelt worden. Diese Entwicklung wurde in einer Schule von Naturwissenschaftlern, deren Hauptvertreter Dsou Yen ist, vervollkommnet. Bedauerlicherweise sind alle größeren Schriften dieser Schule verlorengegangen. Bemerkungen über ihren sozialen Gehalt und einige ihrer Gedanken sind jedoch überliefert worden, und daraus geht hervor, daß sie die fortgeschrittenste Gruppe von Denkern des vierten und dritten Jahrhunderts v. Chr. gewesen sein müssen. Die Herrscher jener Zeit wetteiferten untereinander um ihre Dienste, und Needham hat sicherlich zu Recht ihre Attraktivität mit der der Atomwissenschaftler in den vierziger Jahren unseres Jahrhunderts verglichen[4]. Soweit wir sehen können, ist die von dieser Schule entwickelte Yin-Yang-Vorstellung jedoch niemals völlig von dem Welt-Ei-Mythos getrennt worden. So äußert ein späteres Kompendium:

> (Am Anfang) waren Himmel und Erde im Stadium des Chaos (Hun Dun), das wie ein Ei geformt war ... Nach 18 000 Jahren brachen Himmel und Erde auseinander, das klare Yang wurde zum Himmel und das trübe Yin zur Erde.

Was uns in einer Aussage wie dieser begegnet, ist, über die Polarität von Yin und Yang hinaus, eine Polarität anderer Art, nämlich die Polarität zwischen zwei Schichten des menschlichen Geistes. Einerseits wird die evokative Kraft einer archetypischen Bilderwelt nicht abgelegt, sondern fest-

3 Siehe Chuang-tzu 7,7; dt. Übers.: Richard Wilhelm, Dschuang Dsi, Das wahre Buch vom südlichen Blütenland, 15. Tsd. 1969, S. 98—100.

4 Joseph Needham, Science und Civilization in China, vol. 2, 1956, S. 232 ff.

gehalten und in angemessenen sprachlichen und erzählerischen Formen ausgedrückt, während andererseits die diskursive Kraft menschlichen Urteils festzustellen ist. Bild und Begriff stehen sich hier einander gegenüber, aber nicht als gegnerisches Paar, sondern in einem verwickelten Wechselspiel, sich einander auf vielfache Weise gegenseitig stützend und erläuternd, um die Polaritäten der Welt der Erscheinungen und menschlichen Lebens zu erhellen, die in dieser Welt auftreten, insofern diese Welt ein Produkt und ein Ebenbild der Polarität innerhalb des menschlichen Geistes ist. In den jüngeren Schichten des Buchs der Wandlungen, den sogenannten »zehn Flügeln«, wird häufig eine von der Yin-Yang-Vorstellung ausgehende Sprache verwendet. Angesichts der Tatsache, daß die ursprünglichen Schriften der Yin-Yang-Schule alle verlorengegangen sind, bilden die zehn Flügel immer noch unsere beste Informationsquelle über das, womit diese Schule befaßt war. Es darf jedoch nicht übersehen werden, daß es sich dabei um die Anwendung einer neuen Vorstellung in einen sehr alten Zusammenhang handelt. Das bedeutet, daß es ziemlich schwierig, wenn nicht unmöglich ist, zu entscheiden, welche Merkmale und Eigenschaften der Yin-Yang-Vorstellung sich mit dem Buch der Wandlungen verbanden, und was der Yin-Yang-Vorstellung aus der älteren Überlieferung des Buches zuwuchs. Es wird im Folgenden hervorgehoben werden, daß auch die alte Überlieferung des I Ging sowohl mit Begriffen als auch mit Bildern arbeitete. Es wäre daher ein Irrtum zu behaupten, daß, wo immer diskursives Denken in den jüngeren Schichten auftaucht, dies als eine Zutat der Yin-Yang-Schule angesehen werden müsse. Dies schließt andererseits jedoch nicht die Annahme aus, daß die begriffliche Seite des Buches durch die Anwendung der begrifflichen Mittel dieser Schule verstärkt, geschärft und bis zu einem gewissen Grade aufgehellt worden ist.

Zunächst sind das Yin und das Yang mit den geteilten bzw. mit den ungeteilten Linien, die die Hexagramme bilden, gleichgesetzt oder zumindest in Zusammenhang gebracht worden. Sie sind darüber hinaus mit den Trigrammen Kun, das Empfangende, und Kiën, das Schöpferische, gleichgesetzt oder in Zusammenhang gebracht worden, und schließlich mit jenen anderen Trigrammen, in denen die geteilte bzw. die ungeteilte Linie dominiert, also Sun, Li und Dui mit Yin und Dschen, Kan und Gen mit Yang.

Diese Zuordnungen sind zumindest in zweierlei Hinsicht von Interesse. Einerseits helfen sie zu klären, was die Begriffe Yin und Yang darstellen. Man ist geneigt anzunehmen, daß mit der Zuordnung zu den Trigrammen Kun und Kiën dem Yin und dem Yang auch schon stillschweigend zugeordnet ist, was immer diese Trigramme vertreten. Es gibt eine alte in vorkonfuzianische Zeiten zurückreichende Lehre, welche die den einzelnen Trigrammen zugehörenden Erscheinungen und Gedanken aufzählt, und die in einer etwas systematisierten Form in dem Buch Schuo Gua (Besprechung der Zeichen) zu finden ist. Es scheint jedoch, daß die Fülle dieser Attribute bei den Äußerungen der Flügel über das Yin und das Yang ziemlich bewußt vernachlässigt worden ist. Ihre in den Flügeln genannten Attribute fügen zu ihrer ursprünglichen Bedeutung, Dunkelheit und Licht, Unterwürfigkeit für Yin und Strenge für Yang, Gefügigkeit bis zur Schwäche für Yin und Festigkeit bis zur Starrheit für Yang. Sie gelten dort als Repräsentanten der kosmischen Einheiten Erde und Himmel, Mond und Sonne sowie der sozialen Einteilung des kleinen Mannes und des Edlen. Im politischen Leben bedeutet Yin die Seite des Beamten und Yang die des Herrschers; im Leben der Familie steht Yin für die Frau und Yang für den Hausherrn. Eigentümlicherweise werden einige Eigenschaften für das Yin erwähnt, zu denen es für das Yang keine Entsprechungen gibt. Der Wen-Yen-Kommentar zu den Linien des Kun-Hexagramms macht ausführlicheren Gebrauch von dem Yin-Begriff als der entsprechende Kommentar zu dem Hexagramm Kiën. Es heißt dort, daß das Yin erstarren könnte und daß es, selbst wenn es Schönheit besitzt, den Drang hat, diese zu verschleiern[5]. Es lassen sich nur Vermutungen darüber anstellen, welche dieser Verknüpfungen Beiträge der Yin-Yang-Vorstellung waren, und welche von der ursprünglichen Lehre des I Ging kamen[6].

5 I Ging, S. 362.

6 Diese Eigenschaften des Yin und des Yang werden in den Wen-yen Kommentaren zu den ersten beiden Hexagrammen und in einigen Bemerkungen der Großen Abhandlung und der Kleinen Bilder angeführt.

Ein anderer interessanter Punkt, der sich aus der Art der Behandlung des Yin-Yang-Begriffs in den zehn Flügeln ergibt, betrifft die besonderen Positionen, in denen und von denen aus dieser Begriff zur Anwendung gebracht wurde. Kein dialektisches Schema ist überliefert, wenn überhaupt je eines bestand, das sich mit der Weise, in der dieser Begriff wirkt, befaßt. Von dem Wirkungsfeld, auf das dieser Begriff angewandt wurde, kann man aber ableiten, daß er nicht ein übergeordnetes dialektisches Prinzip konstituierte. Das Yin und das Yang wirkten in der Regel gewiß in Beziehung zueinander, doch sie wirkten immer innerhalb und von einer gegebenen Position her. Wie bereits festgestellt wurde, waren innerhalb der Struktur des Buchs der Wandlungen die Identifikationseinheiten für das Yin und das Yang die einzelnen Linien und die Trigramme, nicht aber die Hexagramme. Das heißt, daß der Yin-Yang-Begriff innerhalb der Struktur der Hexagramme sowie innerhalb des Systems des Buches wirkte, daß er aber keines von beiden determinierte.
Diese beschränkte Anwendung läßt dem Yin und dem Yang ein weites und komplexes Wirkungsfeld. Immerhin kann jeder Platz innerhalb des Hexagramms vom untersten bis zum obersten entweder durch Yin oder durch Yang besetzt werden, und jeder Platz, sei er durch Yin oder durch Yang besetzt, steht in einer Beziehung zu jedem anderen Platz, der seinerseits wieder mit Yin oder Yang besetzt sein kann. Angesichts der zentralen Einsicht des Buches, die wiederum in dem Yin-Yang-Begriff einen kraftvollen Ausdruck erhält, den nämlich, daß unsere Welt einem Wandel unterworfen und keine Position oder Beziehung statisch ist, wird die vielfältige Komplexität des Wirkungsfeldes des Yin und des Yang offenbar.
Ferner: die aktuelle oder potentielle Beziehung zwischen dem Yin und dem Yang ist nicht allein durch die ihnen innewohnenden Qualitäten bestimmt, sondern ebenso durch ihre relativen Positionen. Die Beziehung eines Regierenden zu einem Beamten wird sicherlich dadurch bestimmt, ob seine Position über oder unter diesem Beamten liegt. Es gibt natürlich günstige relative Positionen, bei denen sich die Interaktion von Yin und Yang harmonisch gestaltet. Solche idealen Situationen kommen jedoch nur sehr selten vor. In der

Mehrzahl der Fälle muß der Grad von Harmonie und Antagonismus zwischen dem Yin und dem Yang innerhalb des Zusammenhangs der zu einer bestimmten, momentanen Zeit besetzten Plätze ausgetragen werden. Immer wenn die Situation eine Verbindung der Yin- und der Yang-Kräfte erlaubt, wird das Potential der Situation Gestalt annehmen, wie es die Große Abhandlung ausdrückt[7]. Bei äußerstem Gegensatz wird die Situation ungelöst bleiben und es kann sogar Kampf entstehen.

Dies wird hinsichtlich der Trigramme in den Tuankommentaren der Hexagramme 11 und 12, Tai und Pi, Friede und Stockung[8] erörtert. Diese beiden Hexagramme bestehen aus den Trigrammen Kiën und Kun, den grundlegenden Beispielen unter den Trigrammen für das Yang und das Yin. In dem Hexagramm Tai hält das Yang die Position unter dem Yin, sie stehen in einer harmonischen Beziehung zueinander, aus der Friede resultiert. In dem Hexagramm Pi hat das Yang die äußere und das Yin die innere Position, so daß Stockung die Folge ist.

Eine dramatische Begebenheit während eines Kampfes ist in der obersten Linie des Kun-Hexagramms beschrieben, die von einem Yin besetzt ist, was unter den vorherrschenden Umständen nur als eine Usurpation gedeutet werden kann. Der Yin- und der Yang-Drache sind in einen Kampf verwickelt, wodurch beide Schaden erleiden[9]. Eine entsprechende Situation wird in dem Buch Schuo Gua angeführt, wo in einer schönen Passage die Offenbarungen Gottes in dem Zyklus der Trigramme beschrieben werden. Dort heißt es, Gott kämpfe im Zeichen des Schöpferischen, mit der Erklärung, daß in dieser Situation, in der alles Yang ist, das Dunkle und das Lichte einander aufregen[10].

Die besonderen Qualitäten und Eigenschaften des Yin und des Yang sowie die Tatsache, daß sie in und von gegebenen Positionen aus wirken, bestimmen aber auch die Grenzen dieses Begriffes. Dies dürfte während der Periode hoher Rationalität, in der dieser Begriff Eingang in das Buch der

7 I Ging, S. 317.
8 Ebenda, S. 401 u. S. 406.
9 Ebenda, S. 360.
10 Ebenda, S. 249—252.

Wandlungen fand, nur unklar verstanden worden sein. Es gibt jedoch eine Passage in der Großen Abhandlung, in der Aspekte auftreten, die nicht mit den Begriffen von Yin und Yang ergründet (Tse, die Tiefe von etwas ausloten) werden können. Diese Aspekte werden Schen genannt, was mein Vater als Geist übersetzt[11]. Der Yin-Yang-Begriff, ein polarisiertes System, das dazu bestimmt ist, innerhalb der Welt der Erscheinungen zu wirken, wird trotz aller Brauchbarkeit notwendigerweise viele Einsichten des Buchs der Wandlungen unerfaßt lassen. Um diese zu verstehen, müßten wir dazu übergehen, uns einer anderen Art von Polarität zuzuwenden, einer Polarität, die sich innerhalb und nicht außerhalb des menschlichen Geistes findet.

Die jüngeren Schichten des Buchs der Wandlungen[12], vor allem die Große Abhandlung, befassen sich in gelegentlichen Bemerkungen mit der Frage, wie man Wissen und Verstehen erlangt. Offenbar war eine Einsicht in damit verknüpfte epistemologische Probleme schon gegeben, wovon auch die folgende Unterredung zeugt, die zwischen Kungfutse und seinen Schülern stattgefunden haben soll:

> Der Meister sprach: »Die Schrift kann die Worte nicht restlos ausdrücken. Die Worte können die Gedanken nicht restlos ausdrücken.«
> (Es folgte die bestürzte Frage:) »Dann kann man also die Gedanken der Heiligen und Weisen nicht sehen?«
> Darauf antwortete der Meister: »Die Heiligen und Weisen stellten die Bilder auf, um ihre Gedanken restlos auszudrücken[13].«

In dieser Unterhaltung werden Wahrnehmung und Verstehen auf die Bilder als ihre einzige Quelle zurückgeführt. Die Angemessenheit dieses Verständnisses für die Einsichten unseres Buches wird besonders betont. So heißt es an einer Stelle: »Die Wandlungen bestehen aus Bildern[14].« Oder, an anderer Stelle: »Die acht Trigramme sprechen durch ihre Bil-

11 I Ging, S. 279.
12 Unter den älteren Texten werden die sogenannten Urteilstexte und die Linientexte verstanden.
13 I Ging, S. 298.
14 Ebenda, S. 310; die folgenden Zitate sind ebenfalls aus der Großen Abhandlung.

der.« Auch die Funktion dieser Bilder wird besonders betont: »Die Wandlungen enthalten Bilder, um zu enthüllen« – lesen wir dort, oder: »Mit Hilfe der Bilder werden die Dinge erkannt.« Welche Bilder es sind, wie sie wahrgenommen und »aufgestellt« werden können, und wie sie zum Verstehen führen, ist dann Gegenstand einer Anzahl anderer Passagen.

Die elementarste Antwort auf die erste Frage wird folgendermaßen formuliert: »Was erscheint, heißt ein Bild[15].« Dieses »was erscheint« oder prägnanter, »was dem Auge erscheint«, wird durch das Universum, durch Himmel und Erde gegeben. Die so gegebenen Erscheinungen umfassen auch Himmel und Erde, die als die »größten Vorbilder« bezeichnet werden. In dem schon etwas systematisierten Denken der Großen Abhandlung wird ein Unterschied gemacht zwischen dem, was der Himmel und was die Erde gibt. Ursprüngliche Bilder kommen vom Himmel. Es wird wiederholt ausgesprochen, daß sie vom Himmel herabhängen oder daß der Himmel sie herunterbaumeln läßt. Die Erde gibt Formen oder Gestalten (Hing) oder sogar Institutionen (Fa):

> Am Himmel bilden sich Erscheinungen, auf Erden bilden sich Gestaltungen; daran offenbaren sich Veränderung und Umgestaltung[16].

Um diese Bilder aufzustellen, müssen sie nachgebildet werden. Bei Äußerungen über aufgestellte Bilder heißt es in der Großen Abhandlung sehr häufig: »Bilder sind Nachbildungen«. Dieser Vorgang der Nachbildung wird nach den Worten des Buches durch »die Heiligen und Weisen« vollzogen, die, großen Handwerkern und Künstlern vergleichbar, mit den himmlischen Bildern und irdischen Gestalten als ihren Vorbildern wirken. Dieser Vorgang bedeutet eine schöpferische Handlung. An einer Stelle heißt es in der Großen Abhandlung: »Das Aufstellen der Bilder wird schöpferisch genannt.« Wie alle schöpferischen Vorgänge bringt auch diese Nachbildung eine gewisse Abstraktion mit sich, die den Umständen entsprechend höher oder niedriger sein kann, und durch die die Nachbildung bisweilen ziemlich weit von

15 Siehe I Ging, S. 294.
16 Ebenda, S. 260.

ihrem Vorbild entfernt wird, ohne jedoch ihren Nachbildungscharakter zu verlieren. Zur Verdeutlichung soll hier ein außergewöhnlicher Abschnitt angeführt werden:

> (Die Worte) Heil und Unheil sind die Nachbildungen von Verlust und Gewinn; Reue und Beschämung sind die Nachbildungen von Trauer und Vorsorge. Veränderung und Umgestaltung sind die Nachbildungen von Fortschritt und Rückschritt; das Feste und das Weiche sind die Nachbildungen von Tag und Nacht[17].«

Man kann hier andererseits auch den Abschnitt der Großen Abhandlung über Kulturgeschichte anführen, in dem Kulturgeräte und Einrichtungen als Nachbildungen von durch bestimmte Hexagramme dargestellten Bildern erklärt werden. Dieser schöpferischen Nachbildung muß jedoch eine Wahrnehmung der Bilder vorausgegangen sein. Die Große Abhandlung hat dem dabei zu vollziehenden geistigen Vorgang große Beachtung geschenkt und ihn in etlichen ausgezeichnet formulierten Stellen ausgeführt. So heißt es in der Einleitung zu dem oben erwähnten Abschnitt über Kulturgeschichte:

> Als in der Urzeit Bau Hi die Welt beherrschte, da blickte er empor und betrachtete die Bilder am Himmel, blickte nieder und betrachtete die Vorgänge auf Erden. Er betrachtete die Zeichnungen der Vögel und Tiere und die Anpassungen an die Orte. Unmittelbar ging er von sich selbst aus, mittelbar ging er von den Dingen aus. So erfand er die acht Zeichen, um mit den Tugenden der lichten Götter in Verbindung zu kommen und aller Wesen Verhältnisse zu ordnen[18].

Es ist also nicht einfaches Erkennen, sondern der Vorgang der Betrachtung (Kontemplation), durch den die Berührung des Selbst mit den Bildern vollzogen wird. An einer anderen Stelle lesen wir:

> Die heiligen Weisen vermochten all die wirren Mannigfaltigkeiten unter dem Himmel zu übersehen. Sie beobachteten die Formen und Erscheinungen und bil-

17 I Ging, S. 267/68.
18 Ebenda, S. 304.

> deten die Dinge und ihre Eigenschaften ab. Das nannte man: die Bilder[19].

Der Ausdruck »Betrachtung« tritt schon an hervorragender Stelle in den älteren Schichten des Buches der Wandlungen auf. Ein ganzes Hexagramm ist ihm gewidmet (Hexagramm 20), wo verschiedene Betrachtungsweisen und verschiedene Gegenstände der Betrachtung erörtert werden.

Wenn die Bilder durch Betrachtung aufgestellt sind, oder auch unabhängig von diesem schöpferischen Akt, beginnt ein anderer geistiger Vorgang. Die Fortsetzung der zuletzt zitierten Stelle lautet:

> Die heiligen Weisen vermochten all die Bewegungen unter dem Himmel zu übersehen. Sie betrachteten, wie sie zusammentrafen und zusammenhingen, um nach ihren ewigen Ordnungen zu laufen. Da fügten sie Urteile bei, um ihr Heil und Unheil zu entscheiden. Das nannte man: die Urteile[20].

Dieser geistige Akt des Beurteilens, der zu verkündeten Urteilen führt, bringt eine andere Art von Verständnis mit sich, eine Einsicht in das, was hier das Zusammentreffen und Zusammenhängen der Bewegungen und ihre ewige Ordnung genannt wird. Es läßt sich hier, mit anderen Worten, eine begriffliche Einsicht feststellen, ein Suchen nach dem Begriff als der Gegenüberstellung zum Bild. Der menschliche Geist, betrachtend und urteilend, begründet so die Polarität von Bild und Begriff.

Wenn wir nun dazu übergehen, diese sich auf die jüngeren Schichten des Buchs der Wandlungen stützenden Überlegungen auf seine älteren Texte anzuwenden, dann wird offensichtlich, daß die Wechselbeziehung von Bild und Begriff zu jener Zeit noch ziemlich eng war. Man wird schwerlich unter den älteren Texten solche finden, die rein bildlich oder rein begrifflich reden; im großen und ganzen läßt sich jedoch sagen, daß die Linientexte, vornehmlich in ihren vermutlich frühesten Fassungen, im wesentlichen Bilder und die Urteile vor allem Begriffe verwenden. So gibt es Hexagramme, in deren Texten dieser Unterschied ganz offensichtlich ist, wie

19 I Ging, S. 281.
20 Ebenda, S. 282 und S. 299 f.

zum Beispiel das allererste, zu dem das Urteil von Erhabenheit, Möglichkeit des Gelingens, Kraft zu fördern und Beharrlichkeit spricht, also durchweg in Begriffen, während die Linientexte die verschiedenen Stationen des voranschreitenden Drachen zeigen. Bei anderen Hexagrammen wiederum kann man keinen derart deutlichen Unterschied finden. So fügt das Urteil zum Hexagramm Neun, Des Kleinen Zähmungskraft, zu dem Begriff »Gelingen« das Bild: »Dichte Wolken, kein Regen von unserem westlichen Gebiet.« Im allgemeinen kann man jedoch sagen, daß die Urteile eher zur Verwendung von Begriffen neigen, während die Linientexte Bilder betrachten und abbilden.

Eine andere Fundstelle für Begriffe sind auch die Namen der Hexagramme. Freilich sind viele von ihnen reine Bilder, wie Der Tiegel (50), Das heiratende Mädchen (54), Das Durchbeißen (21) und andere. Viele andere sind jedoch unzweifelhaft Begriffe, wie Unschuld (25), Fortschritt (35) und Rückzug (33), Einwirkung (31), Beschränkung (60) und andere. Es ist eine interessante Erscheinung, daß viele dieser begrifflichen Hexagrammnamen sogenannte hapax-legomena sind, d. h. Wörter, die in der früheren Literatur nur als Namen dieser bestimmten Hexagramme vorkommen, und von denen etliche auch später nur bei direktem Bezug auf das entsprechende Hexagramm verwendet wurden. Was wir hier beobachten, ist offensichtlich ein Versuch, Begriffe für besondere Zwecke zu schaffen und zu formulieren, wenn auch nicht zu definieren. Wir begegnen hier dem Zeugnis der ersten Manifestation eines neuen Stadiums der Selbstverwirklichung des menschlichen Geistes, bei der die Urteilskraft, die zu von Bildern unterschiedenen Abstraktionen führte, erstmals ausgeübt wurde. In manchen Fällen ist die Ableitung dieser neu festgesetzten Begriffe von vorgegebenen Bildern so einleuchtend wie beim Begriff Auftreten (10), der von dem Bild »auf etwas treten« abgeleitet ist. Es wäre jedoch ein Irrtum, diese Begriffe völlig auf ihre bildlichen Vorläufer zurückführen zu wollen und den Urhebern dieser frühen Texte die Abstraktionsfähigkeit, wie sie sich in diesen Ausdrücken zeigt, abzusprechen. Es handelt sich hier um eine neu erwachte geistige Fähigkeit, anders als jene, Bilder zu betrachten und nachzuahmen. Nur durch Verwirklichung dieser Fähigkeit erhalten die Hexagramme ihre Spannung, ihre Klarheit und ihre Autorität. Im Folgenden wird dies, wie ich hoffe, anhand einer Anzahl einzelner Beispiele deutlich werden.

Zuvor soll jedoch die Aufmerksamkeit erst einmal den Quellen, aus denen die Bilder der früheren Texte stammen, zugewendet werden. Um allgemein gültige Bilder aufzustellen, sind wir im Westen an die Befragung und Beobachtung einer Anzahl bestimmter Quellen gewöhnt, wie Träume, Mythologie, religiöse Überlieferungen, Gebräuche und eventuell die Werke schaffender Künstler. Die meisten, wenn auch nicht alle dieser Quellen sind den Verfassern des Buchs der Wandlungen bekannt gewesen. Aus erklärlichen und hier nicht näher zu behandelnden Gründen treten die Werke schaffender Künstler in den früheren Texten nicht auf, wie auch nirgendwo Träume besonders erwähnt werden. Allerdings finden sich in dem Buch Situationen, die wie vollkommene Traumbilder erscheinen. Als Beispiel mag hier das Begegnungssyndrom dienen. Das Bild der Begegnung, richtiger: schicksalhafter Begegnung, erscheint in drei verschiedenen Hexagrammen. Einmal erscheint es in dem Hexagramm 38, Gegensatz, einer Konstellation, bei der die Polarität durch den durch besondere Umstände bedingten Mangel an Beziehung zwischen den beiden Polen zueinander bestimmt wird. Es ist der Gegensatz zwischen der zweiten und der jüngsten Tochter, der gewappneten Heldin und der Zauberin. Dennoch begegnen sich diese beiden gegensätzlichen Pole schicksalhaft. So begegnet einer seinem Herrn in enger Gasse bei der Neun auf zweitem Platz, jener Position, in der Handlungen oder zumindest Vorbereitungen zu Handlungen beginnen. Eine enge Gasse ist ein Ort, an dem er keineswegs eine Begegnung mit seinem Herrn erwartet. Und bei der Neun auf viertem Platz trifft einer, durch Gegensatz vereinsamt, auf einen Gleichgesinnten, mit dem er trotz der Gefahr verkehren kann. Diese beiden Begegnungen haben in sehr starkem Maße die Eigenschaft von Traumschicksalen, durch die der Gegensatz aufgehoben werden könnte, und so trifft einer, wieder völlig unerwartet, in einer Situation, in der die ungünstigen Aspekte überwiegen, im letzten Moment den Segen des Regens (der die Schwüle vor dem Gewitter ablöst). Auf eine Begegnung mit dem eigenen Herrn wird im 55. Hexagramm,

Fülle, hingewiesen, in einer Ausnahmesituation von notwendigerweise kurzer Dauer. Dort begegnet einer in der Neun auf erstem Platz dem für ihn ausersehenen Herrn, der als solcher wiedererkannt wird, und zwar nicht aufgrund früherer Erfahrung, sondern mit jener unmittelbaren Sicherheit, die nur im Traum gegeben ist; ungeachtet der Schicksalhaftigkeit dieser Begegnung währt die Verbindung nur kurz. Ähnlich begegnet einer in der Neun auf viertem Platz in einer durch unnatürliche Umstände verursachten Lage künstlicher Finsternis seinem Herrn von gleicher Art; bei dieser Begegnung wird die gegenseitige Nähe als durch die Polarsterne geführt verstanden, deren Licht durch die vorzeitige Dunkelheit enthüllt wird. Solche traumbestimmten Begegnungen werden schließlich auch im Hexagramm 62, Des Kleinen Übergewicht, erwähnt. Bei der Sechs auf zweitem Platz sucht sie (die junge Frau) dem Ahnherrn zu begegnen, doch sie geht an ihm vorüber und trifft die Ahnfrau; oder einer begegnet nicht seinen Fürsten und begegnet stattdessen dem Beamten. Bei der Neun auf viertem Platz wird die Begegnung nicht vermieden, sondern kommt sofort zustande, eine Situation, die ebenfalls unerwartet nicht Freude oder Erfüllung mit sich bringt, sondern äußerste Vorsicht und Zurückhaltung verlangt. Und schließlich gibt es dort, alptraumähnlich, eine Situation bei der oberen Sechs, wo er, ohne ihn zu treffen, an ihm vorbeigeht, eine Situation, die – unnötigerweise – als Unglück und Schaden gedeutet wird.
Soviel zu den Bildern, die vermutlich aus Traumsituationen genommen sind. Bilder, die aus der religiösen Tradition und religiösen Bräuchen stammen, sind ziemlich häufig im Buch der Wandlungen. Vor allem werden die Opferung und einzelne Momente aus dem großen Opfergeschehen wiederholt benutzt. Mit diesen Bildern habe ich mich in anderem Zusammenhang beschäftigt[21]. Überraschenderweise wird in dem Buch kaum Gebrauch von mythischen Bildern gemacht. Diese Aussage bedarf jedoch einer Einschränkung. Es ist durchaus möglich, daß sehr viel mehr Bilder auf mythische Quellen zurückgeführt werden könnten, wenn die mythischen Belege nicht verlorengegangen wären. So ist es durchaus möglich, daß der zugebundene Sack der Sechs auf viertem

21 In: *Harvest*, Analytical Psychology Club of London, 1957.

Platz des zweiten Hexagramms einen Hinweis auf den Hun-Dun-Mythos, den Mythos vom Chaos, darstellt[22]. Nach Lage der Dinge müssen wir uns jedoch mit verhältnismäßig wenigen Hinweisen begnügen. Das augenfälligste und zugleich einzige unbezweifelbar mythische Bild in dem Buch ist der Drache, der in den Linientexten des ersten Hexagramms erscheint. Es handelt sich dabei, wenn wir eine Rekonstruktion der ursprünglichen Fassung dieser Texte akzeptieren, um eine Art Drachenballade, in der der Fortschritt des Drachen Linie für Linie beschrieben wird: der Drache ist in den unterirdischen Wassern verborgen, der Drache erscheint auf dem nassen Feld, der Drache fühlt sich am Ende des Tages in diesen seichten Gewässern trocken, das führt ihn zu einem schöpferischen Vorsatz und einem Aufschwung über die Tiefe; der Drache hat sein neues Wirkungsfeld erobert, majestätisch fliegt er am Himmel, und schließlich der hoch erhobene Drache. Drachenberichte sind natürlich sehr reich in späterer chinesischer Mythologie vertreten. Dort erscheint er in Gestalt und Tätigkeit unseren westlichen Drachen sehr ähnlich, mit der einzigen Ausnahme vielleicht, daß das menschliche Verhalten ihm gegenüber etwas anders ist: seine Nahrung sind nicht Jungfrauen und er wird nicht von Hl. Georgs und Siegfrieds getötet. Es gibt aber keine direkte Entsprechung in den mythologischen Erzählungen zur Drachenballade des ersten Hexagramms, doch aus nichtliterarischen Zeugnissen geht klar hervor, daß der Drache eine der prominentesten mythologischen Figuren im chinesischen Altertum war[23].

Das erste Hexagramm soll daher hier als das erste Beispiel für das eigentümliche Wechselspiel von Bild und Begriff dienen. Das Hexagramm trägt den Namen »Das Schöpferische«, chinesisch: Kiën. Wie Eva aus Adams Rippe ist dieser Begriff aus dem Bild entwickelt worden, hat aber dann, genau wie Eva, ein eigenständiges Leben angenommen. Dasselbe gilt übrigens auch für unseren westlichen Begriff, der auf dem Bild der Welterschaffung beruht. Der chinesische Ausdruck Kiën trägt jedoch keine derartigen Nebenbedeutungen. Er

22 Siehe: Marcel Granet, *Danses et Légendes de la Chine Ancienne*, Paris 1926, Vol. 2, S. 543.

23 Erwin Rouselle, »Drache und Stute«, in: *Chinesisch-deutscher Almanach* 1935, 6—17.

ist abgeleitet von dem Drachenbild, genauer von einer bestimmten Entwicklungsphase des Drachen. Wir haben in der dritten Linie gesehen, wie der Drache, nachdem er einen Tag in den seichten Naßfeldern verbracht hatte, von der Trokkenheit erschöpft, eine Einsicht gewinnt, die ihn zu der schöpferischen Entschlossenheit führt, die Himmel zu erobern. Diese Einsicht ist es, aus der heraus der Begriff des Schöpferischen entwickelt wurde. Der chinesische Ausdruck Kiën bedeutet in der Aussprache kan ursprünglich »trocken«. Einmal ersonnen begann dieser Ausdruck ein Eigenleben zu entfalten, genährt von jenen Bereichen des menschlichen Geistes, die sich den Abstraktionen widmen, und deren Erwachen wir in gerade dieser Verbegrifflichungsentwicklung der Autoren der frühen Schichten des Buchs der Wandlungen erleben. Im Laufe dieser Entwicklung wurde der Ursprung des Ausdrucks mehr und mehr bedeutungslos und schließlich vollständig vergessen. Das Urteil ist allein von dem Begriff abgeleitet, das Bild spielt in diesem Falle keine Rolle mehr. Der Begriff ist dann sogar in die Linientexte eingedrungen. So wurde in der uns vorliegenden Fassung der dritten Linie der Drache durch den Edlen ersetzt, und in dem Bildtext ist die Aussage dann, wie auch in anderen Fällen, von dieser Vertauschung abgeleitet.

Das in der Geschichte dieser Texte zu beobachtende Phänomen kann dem gleichgesetzt werden, was Erich Neumann »die Schrumpfung des Himmels« nennt. Es ist ein Schrumpfen des Bildes oder zumindest seines Wirkungsfeldes. Darin spiegelt sich die fortschreitende Selbstverwirklichung des menschlichen Geistes. Das Bild, einst allein bestimmend, wird zum Gegenstück des Begriffes reduziert, mit ihm verknüpft oder ihm entgegengestellt, und aus dem fruchtbaren Wechselspiel zwischen beiden, aber nicht mehr aus dem Bild allein, wird die Bedeutung abgeleitet. Wie sich im Folgenden zeigen wird, tritt bei dieser Gegenüberstellung die Rolle des Bildes manchmal zurück, und manchmal ist sie die überwiegende. Nie jedoch wurde die Sprache der Bilder zu einer »vergessenen Sprache«.

Ein anderes interessantes Beispiel eines mythischen Bezugs enthält das Hexagramm 36, Ming I, Die Verfinsterung des Lichts. Der mythische Bezug ist hier nicht so offenkundig wie in dem ersten Hexagramm, aber bei näherer Betrachtung der Linientexte wird er fast unübersehbar. Wir sehen hier die Verfinsterung des Lichts »im Fluge«. Dies ist ein Ausdruck, der wörtlich im Zusammenhang mit einigen bestimmten Vögeln im Buch der Lieder auftritt. Wir sehen die Verfinsterung des Lichts ihre Flügel senken. Mit anderen Worten: Verfinsterung des Lichts, zweifellos ein Begriff, verhält sich hier wie ein Vogel. Wir sehen weiterhin die Verfinsterung des Lichts den Schenkel des Herrn des Lichts mit Schnabelhieben verletzen, etwa wie der Raubvogel auf den an einen Felsen im Kaukasus geschmiedeten Prometheus einhackte. Es ist, wie gesagt, beinahe unausweichlich, dieses Bild als einen mythischen Raubvogel zu interpretieren, der in der sechsten Linie einen beinahe luziferischen Charakter annimmt. Der Name dieses Vogels wird nicht genannt. Keine Mythe und kein Mythenfragment ist in China erhalten, wo von einem solchen Vogel die Rede ist. Man hat vorgeschlagen, in dem Ausdruck Ming I, Die Verfinsterung des Lichts, den Namen des Vogels zu sehen[24]. Doch dies wäre, meiner Auffassung nach, ein Irrtum. Denn es gibt keinen Hinweis dafür, daß je ein Vogel in China, sei er natürlich oder mythisch, mit diesem Namen benannt worden ist. Ich würde eher dazu neigen, in diesen Texten wiederum eine Überlagerung eines mythischen Bildes durch einen Begriff zu sehen. Der Begriff als solcher ist, wie auch im Falle des ersten Hexagramms, von einem bestimmten Augenblick innerhalb der mythischen Erzählung abgeleitet, der Verwundung des Lichts oder des Lichtträgers. Der Begriff wurde später, ebenfalls wie im ersten Hexagramm, völlig unabhängig und hat schließlich den Namen des Bildes ganz verdrängt. Das Bild selbst jedoch hat überdauert und spricht seine kraftvolle Sprache. Ich widerstehe hier der Versuchung, den ursprünglichen Mythos zu rekonstruieren. Es genügt zu bemerken, daß die eigentümlichen Aspekte dieses Mythos uns in einen Bereich führen, der aus nichtchinesischen Mythologien bekannt ist.

Es ließe sich noch vieles über das Wechselspiel von Bild und Begriff in diesem besonderen Fall sagen. Ich möchte nur noch

24 Arthur Waley in: *Bulletin of the Museum of Far Eastern Antiquities* 5, Stockholm 1933, S. 127; Nathan Sivin in *Harvard Journal of Asiatic Studies* 26, 1966, 297—298.

darauf hinweisen, daß es auf den ersten Blick als rein terminologisches Wechselspiel erscheint. Gerade dadurch aber wird es möglich, eine mythische mit einer historischen Situation zu verknüpfen: der Situation des Dschou-Hauses kurz vor der Eroberung. Auf diese Weise ist der Prinz Gi in den Text gekommen, ein Dschou-Prinz am Schang-Hofe, der nur dadurch, daß er sich wahnsinnig stellte, dem Unrecht entkam, das alle seine Verwandten, König Wen, den Überbringer des Lichts, eingeschlossen, erlitten. Durch dieses terminologische Wechselspiel konnte die Wirkung des mythischen Bildes durch den Bezug zu einer historischen Situation verstärkt werden, die zu der Zeit, als diese Texte formuliert wurden, allgemein bekannt gewesen sein dürfte.

Auch andere Fälle von noch erkennbarer mythischer Bildhaftigkeit finden sich in den Texten des Buches. Das Pferd könnte hier genannt werden, über das weiter unten ein bißchen mehr gesagt werden soll. Schließlich gibt es eine Vielzahl von Fällen, bei denen man mythische Bildhaftigkeit vermuten, aber nicht weiter belegen kann. Ich möchte hier nur noch den dunklen Mann, Yu-jen, den homo teneber, erwähnen, den Siedler in dem dunklen Tale, einer mythischen Landschaft, die in dem Buch der Wandlungen und in dem Buch der Lieder sowie an zahlreichen anderen Stellen in der frühen chinesischen Literatur erwähnt wird. Zweimal tritt er auf, um den Leuten, die Stärkung oder Trost brauchen, unaufdringliche Unterstützung zu geben: einmal bei der Neun auf zweitem Platz des Hexagramms 10, Das Auftreten, wo er einem Mann Beharrlichkeit lehrt, wandelnd auf schlichter, ebener Bahn; ferner einmal bei der Neun auf zweitem Platz des 54. Hexagramms, Das Heiratende Mädchen, wo einem einsamen und verlassenen Mädchen ebenfalls Beharrlichkeit gelehrt wird, so daß sie trotz Einäugigkeit wieder sehen kann. Der homo teneber ist das Thema eines Reimprosastückes von Lu Chi, einem Dichter des frühen vierten Jahrhunderts n. Chr.:

In der Welt gibt es dunkle Männer,
Angelnd stehen sie an geheimnisvollen Ufern.
Sie entstauben ihre Wolkenkronen,
um die Welt zu verlassen,

Sie streifen ihre dunklen Gewänder
über und verharren erwartungsvoll.
Daher kann man außerhalb der Wirklichkeit
nicht ihr Geheimnis begreifen,
Und, das Weltliche erstrebend,
wird man ihre Wellen nicht einmal kräuseln können.
Der raue Herbst kann ihre Blätter nicht welken lassen,
Und der Frühlingsduft vermag sie nicht
zum Blühen zu bringen.
Überwindend die Welt des Staubs und die Welt der
Schatten und befreit aus dem Netz der Beziehungen,
Was hat die weltliche Ordnung ihnen da noch zu bieten?[25]

Zusammenfassend können wir feststellen, daß mythische Bilder, oder zumindest nachweislich mythische Bilder überraschend spärlich in dem Buch der Wandlungen zu finden sind. Eine andere Quelle für Bilder im I Ging kann jedoch hier genannt werden, und zwar die damals bestehende Volkspoesie. Die Linientexte des 53. Hexagramms, Dsiën, Allmählicher Fortschritt, lauten:

6/1: Die Wildgans zieht allmählich dem Ufer zu.
Der junge Sohn ist in Gefahr.
6/2: Die Wildgans zieht allmählich dem Felsen zu
Essen und Trinken in Friede und Eintracht.
9/3: Die Wildgans zieht allmählich der Hochebene zu,
Der Mann zieht aus und kehrt nicht wieder,
Die Frau trägt ein Kind, aber bringt es nicht zur Welt.
6/4: Die Wildgans zieht allmählich dem Baume zu,
Vielleicht bekommt sie einen flachen Ast.
9/5: Die Wildgans zieht allmählich dem Gipfel zu,
Die Frau bekommt drei Jahre lang kein Kind.
9/6: Die Wildgans zieht allmählich den Wolkenhöhen zu,
Ihre Federn können zum heiligen Tanz
verwendet werden[26].

25 I-wen Lei-chü 36, Ausgabe: Shanghai 1959 (Nachdruck eines Sung-Druckes).
26 I Ging, S. 197—199.

Im Original lesen sich diese Zeilen wie Teile eines vollendeten Gedichts. Sie verwenden die damals gebräuchlichen Verse aus vier Wörtern und reimen sich vollkommen. Nun enthalten zwei Strophen des 159. Liedes im Buch der Lieder dasselbe Bild von der Wildgans. Die betreffenden Zeilen lauten in von Strauß' Übersetzung:

> Die Wildgans fliegt zum Inselein,
> Kehrt nicht der Fürst zum Platz, der sein?
> Bei Euch noch einmal spricht er ein.

Das »Euch«, an das dieses Gedicht gerichtet ist, ist ein unstetes Mädchen.

> Die Wildgans fliegt zum Hochland her.
> Der Fürst geht ohne Wiederkehr;
> Bei Euch noch einmal rastet' er[27].

Es finden sich in diesen beiden Stellen nicht nur die gleichen Bilder, sondern sie haben auch die gleichen Reime und in einem Zeilenpaar sogar den gleichen Wortlaut. Es besteht kein Zweifel, daß sich das Buch der Lieder und das Buch der Wandlungen in diesem Falle auf eine gemeinsame Quelle stützen. Wir haben es also hier mit einem poetischen Bild im I Ging zu tun. Ich möchte besonders betonen, daß dieses Bild aus der Dichtung und nicht einfach aus der Natur genommen ist. Das dichterische Bild ist ein bereits umgestaltetes Naturbild und hat im Zusammenhang des Gedichts eine Gestalt angenommen, wie man sie nicht in der Natur finden würde. Eine Wildgans fliegt in der Natur in Verbänden und nicht allein. Und ein Gänserich würde sein Weibchen nicht verlassen. Solche dichterischen Umgestaltungen des Naturbildes sind freilich aller Volksdichtung gemein. Immerhin ist es aber aufschlußreich, was die Lieder und die Wandlungen aus diesem Bild machen. Beide halten sich eng an das poetische Bild, indem sie das verlassene Weibchen hervorheben, die Wandlungen sogar noch ergreifender als die Lieder. Aber während die Betonung des Liedes auf dem unbeständigen Mann und seiner nichtswürdigen Freundin liegt, ist der

27 Victor von Strauß, Schi-king, *Das kanonische Liederbuch der Chinesen*, Heidelberg 1880, S. 249; vgl. auch Arthur Waley, *The Book of Songs*, London 1937, S. 38.

Begriff, mit dem das Bild in den Wandlungen konfrontiert wird, Allmählicher Fortschritt, das heißt, die Entwicklung und Selbstverwirklichung des Mannes sogar auf Kosten des Weibes. Wiederum wurde der Begriff aus dem Bild genommen, abgeleitet von dem Wort »allmählich«, das den Flug der Gans charakterisiert. Aber nachdem der Begriff einmal entwickelt war, überlagerte er das Bild mit einer Bedeutung, die völlig verschieden ist von der im Gedicht.

Es gibt eine ganze Anzahl weiterer Bilder, die den Wandlungen und den Liedern gemeinsam sind. So erscheinen zum Beispiel die bedrängenden Ranken in der oberen Sechs des Hexagramms 47, Bedrängnis, als ähnliches Bild in allen drei Strophen des vierten Liedes. Der rufende Kranich bei der Neun auf zweitem Platz des Hexagramms 61 findet sich in zwei Strophen des 184. Liedes, und der hochfliegende kleine Vogel des Hexagramms 62 in der Sechs auf erstem Platz und der Sechs auf sechstem Platz, der ins Unheil gerät, findet sich ebenso fast wörtlich in der dritten Strophe des 224. Liedes:

> Ein Vogel fliegt hoch ...
> Nur um grausam getötet zu werden[28].

Was hier mit »grausam« übersetzt ist, ist »Unheil und Schaden« im I Ging.

Und schließlich gibt es einige Zeilen in den Wandlungen, die, obgleich sich in den Liedern keine Parallelen finden, leicht als Übernahmen aus der Volkspoesie interpretiert werden können. Als Beispiel möchte ich eine Zeile in der Sechs auf viertem Platz des 22. Hexagramms, Bi, Anmut, heranziehen:

> Ein weißes Pferd kommt wie geflogen.

Dies führt uns zu dem Pferdebild zurück, dessen Verwendung im Buch der Wandlungen äußerst vielfältig ist. Das Pferd, oder besser: die Stute, erscheint in dem Urteil zum Hexagramm 2, Kun, Das Empfangende. Der dortige Gebrauch geht ohne Zweifel auf eine mythische Situation zurück, in der die Stute als Weibchen des Drachen auftritt, und

28 Siehe: Arthur Waley, *The Book of Songs*, S. 323; vgl. ferner V. von Strauß, op. cit., S. 373.

an der auch spätere Versionen festhalten[29]. Wir begegnen hier dem Meerespferd, von dem Jung so wunderbar in seinen *»Symbolen der Wandlung«*[30] schreibt. Dieses Pferd erscheint in mehreren Situationen im Buch der Wandlungen. So in der Sechs auf erstem Platz des 59. Hexagramms, Auflösung, wo Hilfe mit der Macht eines Pferdes gebracht wird, um der Auflösung, noch bevor sie begonnen hat, entgegenzuwirken; ferner in der Sechs auf viertem Platz des 61. Hexagramms, Dschung Fu, Innere Wahrheit, wo das Gespannpferd aufgegeben werden muß zugunsten der Integrität der Lage, die Demut erfordert. Es ist vermutlich das gleiche Pferd wie jenes, das in der Anfangsneun des 38. Hexagramms, Gegensatz, verlorengeht aber von selbst wieder zurückkehrt, und wie das gute Pferd in der Neun auf drittem Platz des 26. Hexagramms, Des Großen Zähmungskraft, das den anderen auch noch bei drohender Gefahr folgt. Indessen wird der Zweifel, ob alle in den Wandlungen erscheinenden Pferde von der gleichen Art seien, durch das Urteil des 35. Hexagramms, Fortschritt, bestärkt, wo ein starker Fürst durch Pferde in großer Menge geehrt wird. Es scheint, daß es sich hierbei um eine andere Pferdeart handelt, nämlich Steppenpferde, deren Bild am eindringlichsten in dem Buch Schuo Gua dargestellt wird, in dessen systematisierter Bilderanordnung Pferde mit unterschiedlichen Eigenschaften dem Trigramm Kiën und anderen männlichen Trigrammen zugeordnet werden. Ich will hier nicht der Frage nach der Verwandtschaft zwischen diesen beiden Pferdearten nachgehen, einer Verwandtschaft, die zum Teil ursprünglich, zum Teil aber auch erst nachträglich abgeleitet sein dürfte.

Das weiße Pferd, das wie auf Flügeln geflogen kommt, findet sich in einem poetischen Abschnitt in einem abweichenden Rhythmus, der auch in vollendeten Reimen dem Buch der Lieder bekannt ist. Dieselbe Form und derselbe Reim erscheint ebenso in etlichen Zeilen des 3. Hexagramms, Dschun, Anfangsschwierigkeit, wo es bei der Sechs auf zweitem Platz heißt:

29 Siehe Anm. 23.

30 C. G. Jung, *Symbole der Wandlungen*, ^{4}1952, ursprüngl.: *Wandlungen und Symbole der Libido*, 1912.

Schwierigkeiten türmen sich,
Pferd und Wagen trennen sich,
Nicht Räuber er ist,
Will freien zur Frist[31].

Die zweite Zeile wird in der Sechs auf viertem Platz und der Sechs auf sechstem Platz desselben Hexagramms wiederholt, wo es beim letzteren in der Schlußzeile heißt:

Blutige Tränen ergießen sich.

Das 22. Hexagramm verwendet dieses Motiv in der Neun auf drittem Platz

Anmutig und feucht,

und in der Sechs auf viertem Platz:

Anmut oder Einfachheit?
Ein weißes Pferd kommt wie geflogen:
Nicht Räuber er ist,
Will freien zur Frist.

Die Annahme scheint gerechtfertigt, daß die zitierten Zeilen dieser beiden Hexagramme auf die gleiche dichterische Quelle zurückgehen. Da keine Parallelversionen existieren, ist es unmöglich, eingehender die Entwicklung dieses Bildes zu verfolgen. Offenkundig ist, daß wir es in beiden Fällen mit dem Phänomen der Überlagerung des Bildes durch die Begriffe »Schwierigkeit« und »Anmut« zu tun haben. Die Ableitung dieser Begriffe ist jedoch weniger offenkundig. Möglicherweise führte das Trennen von Pferd und Wagen zu dem Begriff der »Schwierigkeit« und das geflügelte weiße Pferd zu dem Begriff der »Anmut«.
Wie jedoch die »Raubehe«, die in beiden Fällen erwähnt wird, und die schließlich auch in der obersten Linie des 38. Hexagramms erscheint, in das poetische Bild paßt, wird ein Rätsel bleiben. Indessen wird die Bedeutung des Bildes im Zusammenhang mit dem Begriff offenkundig. Sie führt bei der ersten Konstellation, Anfangsschwierigkeit, zu zumindest vorübergehender Zurückweisung und blutigen Tränen und bei der anderen zu anmutiger Annahme.

31 I Ging, S. 37.

Wir haben es hier mit der Erscheinung zu tun, daß dasselbe Bild zu zwei verschiedenen Lösungen führt, wenn es zwei verschiedenen Begriffen gegenübergestellt wird. Bei aller Vorsicht dürfen wir annehmen, daß diese im vorliegenden Falle doppelte Möglichkeit des Bildes aus seiner Dynamik erwächst. Die Realität der Wandlung, der das Buch seinen Namen verdankt, wirkt am zwingendsten und am offensichtlichsten in den Bildern der Linientexte. Diese Bilder vertreten nicht einen Zustand oder eine Seinsweise, sondern meistens entwickeln sie sich und bewegen sich vorwärts oder offenbaren zumindest verschiedene Seiten und Aspekte. Sie sind mit anderen Worten in höchstem Maße lebendige Einheiten. Demgegenüber sind die Begriffe eher statisch oder zumindest konservativ. Die Kraft dieser Eigenschaften wirkt darauf hin, das Bild in eine bestimmte Position zu drängen, je nachdem den einen oder den anderen Aspekt seiner dynamischen Fähigkeiten aufnehmend.
Das Phänomen einer mehrfachen Verwendung eines Bildes in unterschiedlichen Konstellationen können wir ebenfalls beobachten, wenn wir uns jetzt einer anderen Quelle für Bilder in dem Buch der Wandlungen zuwenden. In einem früheren Aufsatz habe ich einige Fälle erörtert, bei denen ein historisches Ereignis oder ein historischer Augenblick in die Linientexte des Buches übernommen und als Bild gebraucht wird[32]. Die Eindringlichkeit von Geschichte, geschichtlichen Ereignissen und vor allem des historischen Augenblicks ist durch diese Anwendungen im Buch der Wandlungen deutlich geworden. Wir müssen aber ebenfalls im Auge behalten, daß in jenen historischen Perioden, mit denen wir es hier zu tun haben, die Grenze zwischen Legende und historischer Aufzeichnung gelegentlich unbestimmt war oder gänzlich fehlte. Es war zu jenen Zeiten eher die Absicht als die Ausführung, die die Ballade von dem historischen Bericht unterschied. So verwendete Geschichte dürfte bereits durch die Hände des Mythenverfassers oder des Balladensängers gegangen sein, und in diesen Berichten auftauchende Bilder dürften bis zu einem gewissen Grade mythischen Bildern und Bildern aus der Volksdichtung ähneln.

32 Siehe S. 56 ff.

Um die Frage nach der Polarität des Lebens zu illustrieren, möchte ich an einige historische Hinweise in dem Buch erinnern. Unter den bekanntesten ist die Geschichte von dem König Hai, von jenem frühen Schang-König, der mit seinen Schaf- und Rinderherden im nördlichen China umherzog, und der verantwortlich war für einige wirtschaftliche Neuerungen von weitreichender Bedeutung, deren wichtigste das Anschirren von Rindern zum Ziehen von Karren war, wodurch sich die Beweglichkeit seiner nomadisierenden Gruppe entscheidend erhöhte. Auf seinen Zügen durchquerte er das Gebiet des Herrn von I, mit dem sich zunächst freundschaftliche Beziehungen anbahnten, bis König Hai gegen die dort herrschenden Anstandsvorschriften, betreffend die weiblichen Mitglieder des Haushalts seines Gastgebers, verstieß und er demzufolge von dem Herrn von I bestraft wurde. Diese Geschichte wird zweimal in dem Buch erwähnt, in den Hexagrammen 34 und 56, und zwar in beiden Fällen nicht so sehr als evokatives sondern als assoziatives Bild. Das zentrale Bild des 34. Hexagramms, Des Großen Macht, ist der Bock. Seine Bocksnatur, sein eigensinniger und unbesonnener Trieb, physische Kraft anzuwenden, bringt das Tier in eine Vielzahl von Verstrickungen, die schwierig zu lösen sind. Diese schlecht kontrollierten Späher der nomadischen Herden umschreiben und betonen zugleich die der Macht des Großen eigentümlichen Gefahren sowohl in äußerlichen Verhaltensweisen als auch in den persönlichen Eigenschaften dessen, der sie anwendet. Bei der Neun auf viertem Platz, dem Herrn des Hexagramms 34, verschwinden die durch die Böcke verursachten Verstrickungen, und die Geschichte vom König Hai wird zum ersten Mal angeführt. »Die Macht«, heißt es da, »beruht auf der Achse eines großen Wagens«, König Hais wichtigstes Verkehrsmittel. Bei der Sechs auf fünftem Platz findet sich ein anderer Hinweis auf die gleiche Geschichte. Er ist die Böcke gänzlich losgeworden, und dennoch begleitet keine Reue den Verlust dieser Verlegenheit, obwohl dies nicht König Hais Wahl ist, sondern die Strafe, die ihm durch den Herrn von I auferlegt wurde.

Das Bild des 56. Hexagramms ist der Wanderer. In der obersten Hexagrammlinie, wenn die Bedingungen für die besondere Lebensweise und die Sendung des Wanderers durch seinen eigenen sträflichen Leichtsinn zerstört sind, wird wieder auf die Geschichte vom König Hai Bezug genommen. Der König verliert hier nicht seine Böcke, sondern seine Rinder und damit die Hauptstütze seiner Macht. Das Schicksal des Wanderers, das ein Ende findet, wenn sein Leichtsinn in Klagen und Tränen umschlägt, kann nicht besser als durch diese Phase der Geschichte vom König Hai veranschaulicht werden.

Nebenbei sei bemerkt, daß das 56. Hexagramm keinen besonderen Begriff gebraucht. Das Bild des Wanderers ist so kräftig, so vielseitig und ausdrucksvoll, daß die beabsichtigten Positionen und Konstellationen dieses Hexagramms mit den Mitteln des Bildes allein dargestellt werden können.

Dies ist nicht das einzige Hexagramm, bei dem dieser besondere Typ einer Bild-Begriff-Beziehung, das heißt die absolute Dominanz des Bildes, beobachtet werden kann. Im Hexagramm 34, Des Großen Macht, ist es wieder der Begriff, der dem Bild, in diesem Falle auch dem assoziativen Bild, seinen Platz zuweist.

In ähnlicher Weise finden wir die Geschichte vom Herrscher I der Schang, der seine Tochter mit dem Anführer des Dschou-Stammes verheiratet, an zwei Stellen, im 54. Hexagramm, Das heiratende Mädchen, und im Hexagramm II, Friede. Hier handelt es sich nicht um zwei verschiedene Phasen derselben historischen Erzählung, sondern es werden zwei unterschiedliche Aspekte desselben historischen Moments ins Auge gefaßt. Im 54., wiederum einem völlig bildbeherrschten Hexagramm, liegt das Schwergewicht auf dem Schicksal des Mädchens, von dem ein nahezu übermenschliches Maß an Selbstverleugnung verlangt wird. In dem 11., einem begriffsbeherrschten Hexagramm, liegt die Betonung auf dem friedensbringenden Aspekt dieser Tatsache und dem Segen und dem großen Glück, das daraus hervorgeht.

Diese Erscheinung des vielfältigen Gebrauchs desselben Bildes hat in früheren Schichten des Buches niemals zu einer stereotypen Bildhaftigkeit geführt. Im Gegenteil konnte ein einmal durch richtige Betrachtung aufgestelltes Bild in seiner Vielfältigkeit und Kraft nur durch vielfältigen Gebrauch dargestellt werden. War solcher Gebrauch einmal akzeptiert, dann war die Entwicklung zu stereotypen Bildern allerdings eine natürliche Konsequenz. Diese Entwicklung muß schon in einer ziemlich frühen Periode stattgefunden haben. Wir finden schon damals Bilder, die als feststehende bildliche Ausdrücke mehr oder weniger automatisch bestimmten Begriffen und Konstellationen zugewiesen wurden. Vor allem die Trigramme sind damals zu den Trägern dieser stereotypen systematisierten Bilderwelt geworden. Von früheren noch etwas zufälligen Anfängen hatte sich damals ein System aufeinander bezogener Bildhaftigkeit entwickelt, wie wir es heute in dem Buch Schuo Gua niedergelegt finden. Dort wird das Schöpferische mit dem Himmel, mit dem Fürsten, dem Vater und einer großen Anzahl anderer Bilder verknüpft; auch allen anderen Trigrammen wird ein ähnliches großes Bildersystem zugeordnet. Unter ihnen haben die Tierbilder und die großen Natursymbole die eindringlichste Kraft angenommen. Es zeigt sich hier, daß der Begriff nicht gegen, sondern in und durch die Bilder und ihr System wirkt. Begriffliches Denken hatte zu jener Zeit zu einer Einsicht in die Gesetzmäßigkeit bestimmter Situationen geführt, die durch Bilder bis zu einem gewissen Grade ausgedrückt wurde, daß diese funktionalen Bilder infolge der Stereotypisierung schon nahezu die Rollen von Begriffen übernahmen. Es darf jedoch nicht übersehen werden, daß der stereotype Ort dieser Bilder nicht in allen Fällen mit ihrem Gebrauch in früheren Schichten des Buches zusammenfällt. So wurde u. a. der Drache von dem Schöpferischen zu dem Erregenden und das Pferd von dem Empfangenden zu dem Schöpferischen und anderen männlichen Hexagrammen verlegt. Das bedeutet, daß der Systematisierungs- und Verbegrifflichungsvorgang diese Bilder beeinflußt hat, oder vorsichtiger: bestimmte diesen Bildern innewohnende Aspekte erhärtet hat, die in den älteren Schichten nicht oder noch nicht ausgedrückt waren. Es muß jedoch eingeräumt werden, daß bei diesem Vorgang eine entwickeltere und ausgeformtere Gesellschaft bestimmte, ursprünglich unbekannte, soziale Werte und Vorstellungen in diese begrifflichen Bilder hineingearbeitet hat. Die Geltung eines sich entwickelnden kulturellen und sozialen Erbes versucht auf diesem Wege in ihren Manifestationen einen Grad der Gültigkeit zu erreichen, die in ursprünglicher Reinheit nur Bildern eigen ist.

Eine eingehendere Betrachtung dieser systematisierten Bilder legt immerhin nahe, daß dieser Vorgang und die Ergebnisse dieses Vorgangs keineswegs so mechanisch gewesen sind, wie es eben angeklungen sein mag. Dies gilt nicht nur im Hinblick darauf, daß keine Verbegrifflichung und soziale Sinngebung die unmittelbare Gültigkeit dieser Bilder ganz abdecken konnte, die ursprünglich durch Betrachtung und nicht durch Urteil gewonnen wurde. Auch sie sind Produkte oder Nachbildungen, die einer kontemplativen Haltung entstammen. Über diese Haltung sagt das Urteil des 20. Hexagramms, Betrachtung, daß sie voll innerer Wahrheit sei und wie die Haltung, in der man zu dem Gegenstand der Betrachtung aufblickt; diese unvoreingenommene und ehrerbietige Haltung hat zu einer Begegnung auch mit diesen Bildern und zu ihrer Nachbildung geführt, und keine noch so systematisierte Spekulation kann diese Tatsache verdunkeln. Es gilt auch im Hinblick darauf, daß viele, eigentlich sogar die größere Zahl dieser zugeordneten Bilder völlig frei von irgendwelchen begrifflichen Überlagerungen geblieben sind. Wenn es zum Beispiel heißt, daß verschiedene Arten schwarzschnäbliger Vögel mit dem Trigramm Stillehalten verknüpft sind, daß die Schildkröte, der Krebs, die Schnekke, die Muschel und die Karettschildkröte dem Haftenden und grauhaarige Männer und Männer mit breiten Stirnen dem Sanften, welches die älteste Tochter ist, zugeordnet sind, daß gut wiehernde Pferde und andere mit dem Erregenden und Tiefrot, sowie gute, magere und wilde Pferde mit dem Schöpferischen verknüpft sind, usw., kann kein Maß an Spekulation diese Zuordnungen auf eine gesellschaftlich nützliche und wünschenswerte Weise verwenden.

Bestehende soziale Gepflogenheiten und das sozial und politisch Nützliche und Wünschenswerte waren, wenngleich in gewissem Maße in den jüngeren Schichten des Buches auftauchend, sicherlich nicht die bestimmenden Faktoren in den älteren Schichten. Dies wird ganz deutlich, wenn wir nun eine andere Quelle der Bilderwelt in den älteren Schichten des Buchs ins Auge fassen. Die allgemein angenommene Richtigkeit der Aussagen des Buches auch außerhalb des kulturellen Kontextes des frühen China, die Behauptung der Flügel, daß das Buch nicht an einen bestimmten Ort oder eine bestimmte

Zeit gebunden sei, kann jedoch nur aufrechterhalten werden, wenn dies nach eingehender Untersuchung bestätigt werden kann.

Das bedeutet nicht, daß die Autoren der früheren Schichten die sogenannten Lebenstatsachen einschließlich der sozialen und politischen Tatsachen übersahen. Im Gegenteil betrachteten sie die Welt, in der sie lebten, mit einem erstaunlich erbarmungslosen Realismus. Soziale und politische Stellungen, Einrichtungen und Beziehungen wurden, wenn sie ihrer Betrachtung unterzogen wurden, von all dem entkleidet, was ihr Gebrauch oder die Gesetzgebung ihnen hinzugefügt haben mag; mit anderen Worten, auch sie wurden als Bilder angesehen. Es ist an sich nichts Außergewöhnliches an der Tatsache, daß auch die Welt des Sozialen und Politischen in den früheren Schichten des Buches als eine Quelle, wenn nicht gar als eine der bedeutendsten Quellen der Bilderwelt verwendet wurde. Die in dieser Welt offenbarten Vorbilder haben, ebenso wie solche in der Geschichte, in der Welt der Kunst und Mythologie, zweifellos ihre Formen im Laufe der Entwicklung angenommen, aber sie ergeben sich auch aus grundlegenden archetypischen Situationen mit besonderen Eigenschaften und Aspekten. Und auf diese richtet sich die Betrachtung. Außergewöhnlich ist das Maß der unbeschwerten Freiheit, mit der die Welt des Sozialen und Politischen betrachtet wird. Wir finden, und ich werde das an einigen Beispielen zu zeigen versuchen, daß Einstellungen und Werte, die durch Tradition oder Gesetz mit besonderen sozialen und politischen Erscheinungen verknüpft waren, in dem Buch niemals als verbindlich betrachtet werden, ja, sie werden sogar nicht einmal für der Rede wert erachtet. Hierarchisches Denken, das diese Erscheinungen prägte, hat keine Gültigkeit in den älteren Texten. Um zu erklären, was ich hiermit andeuten will: Gewinn und Verlust werden als grundlegende Ereignisse im Leben angesehen; Eigentum dagegen ist keine schützenswerte Einrichtung. Mein bevorzugtes Beispiel dafür ist die Situation, wo ein Wanderer eine Kuh stiehlt, die ein Bürger an seinen Zaun gebunden hatte. Der einzige Kommentar des Buches zu diesem Ereignis ist: Des Wanderers Gewinn ist des Bürgers Verlust.

Das Maß an Freiheit von institutionalisierten Formen in den

älteren Textschichten läßt sich am besten am Bild des Vaters zeigen. Die überragende Stellung des Vaters in dem Netz der sozialen Beziehungen im traditionellen China braucht hier nicht eigens betont zu werden. Viel davon spiegelt sich bereits in den Flügeln. In der systematisierten Bilderwelt der Trigramme wird der Vater in Beziehung gesetzt zu Kiën, und zwar zu dessen erhabenster Erscheinung. In den Worten des Schuo Gua:

> Das Schöpferische ist der Himmel,
> *darum* wird es der Vater genannt[33].

Die klarste Darlegung dieser Beziehung findet sich in dem Tuan-Kommentar zum 37. Hexagramm, Gia Jen, Die Sippe. Dort heißt es:

> Der rechte Platz der Frau ist im Innern; der rechte Platz des Mannes ist im Äußern. Daß Mann und Frau ihre rechte Stellung haben, ist der größte Begriff in der Natur. Unter den Angehörigen der Sippe gibt es gestrenge Herren: es sind das die Eltern. Wenn der Vater in Wahrheit ein Vater ist und der Sohn Sohn, wenn der ältere Bruder ein älterer Bruder ist und der jüngere Bruder ein jüngerer, der Gatte Gatte und die Gattin Gattin, so ist das Haus auf dem rechten Weg. Dadurch, daß man das Haus recht macht, kommt die Welt in feste Geleise[34].

Dies ist reiner utopischer Konfuzianismus, der sich in gleichen Worten auch an anderen Stellen in den konfuzianischen Schriften findet. Die Haltung, die der Vater in diesem System erwarten kann, ist Furcht, aber auch, wie der Himmel, absolutes Vertrauen. In einem rührenden Vers der Großen Abhandlung, der den richtigen Zugang zu den Linien diskutiert, ist dies folgendermaßen ausgedrückt:

> Auch zeigen sie Sorge und Leid und ihre Gründe.
> Hast du auch keinen Lehrer,
> Doch nahe ihnen wie den Eltern[35].

33 I Ging, S. 254, Hervorhebung von mir.
34 I Ging, S. 509.
35 Ebenda, S. 322.

In den älteren Schichten des Textes erscheint das Wort »Vater« nur in einem Hexagramm, bei dem ein ganz anderer Aspekt des Vaterbildes hervortritt. Dies ist das Hexagramm 18, Gu, Arbeit am Verdorbenen. Der Ausdruck Gu, dessen Schriftzeichen eine Schüssel darstellt, in dem Würmer wachsen, ist in späteren Zeiten bei besonderen Praktiken der Schwarzen Magie verwendet worden[36]. Von einer allgemeinen Verbreitung solcher Praktiken in der Dschou-Zeit ist nichts berichtet, doch man kann annehmen, daß das unheimliche Schriftzeichen bereits damals magische Konnotationen hatte und sich in diesem Hexagramm auf den magischen Einfluß des verstorbenen Vaters beziehen dürfte, der hier als der große Verderber erscheint. Es ist ein unglücklicher Sohn, der wiedergutmachen muß, was sein Vater verdorben hat. Er hat mit Feingefühl und Entschlossenheit zu handeln, und keine Nachsicht ist erlaubt, selbst nicht in fröhlichen Situationen, wenn er für sich und seinen Vater nicht Beschämung erlangen will. So ist es kein Wunder, daß ein Sohn, der eine derart schwere Prüfung durchgemacht hat, nicht noch länger Königen und Fürsten dienen will, deren Verwandtschaft zu den verderbenden Eigenschaften seines Vaters ihm zu nahe erscheint, sondern daß er sich selbst höhere Ziele setzt. Ich widerstehe der Versuchung, diesem Bild einer Vater-Sohn-Beziehung jenes des griechischen oder des freudianischen Mythos entgegenzuhalten.

Das Bild dieses Hexagramms ist jener durch seinen Namen schon angezeigte unheimliche Verfallsprozeß. Bei der Verknüpfung des Zauberer-Vaters mit diesem Verfall werden andere Aspekte des Vaterbildes hervorgerufen, einschließlich solcher, die dem stereotypen, »verbegrifflichten« Vaterbild, wie es die sozialen Einrichtungen bieten, inhärent sind. Diese Einrichtungen werden nirgends in dem Text des Hexagramms angeführt; die besondere Schwierigkeit des Sohnes aber, daß praktisch auf des Messers Schneide sich bewegen und er sowohl allzugroße Energie als auch allzugroße Duldsamkeit vermeiden muß, ist eine Folge der sozialen Stellung seines Vaters.

Wie schon erwähnt ist dies das einzige Hexagramm, in dem

36 Feng und Shryock, »The Black Magic Known as Ku, in: *Journal of the American Oriental Society* 55, 1—30.

das Wort »Vater« verwendet wird. Es gibt andere, in denen die Rolle des Vaters stillschweigend unterstellt ist. Dies ist naheliegenderweise der Fall in 37, dem Hexagramm Sippe. In diesem Hexagramm liegt die Aufrechterhaltung des Sippengefüges allein bei der Mutter. Sie trägt die Verantwortung für die Freuden und die Sorgen des Familienlebens einschließlich des Lärms zu der Zeit, in der die Knaben heranwachsen. Im entscheidenden Moment tritt der Vater »wie ein König« auf, furchtgebietend aber auch Heil bringend. Hier ist das Vaterbild ebenfalls bestimmt durch den Vaterbegriff.

Als ein anderes Beispiel dafür, wie Bilder im Buch der Wandlungen von den sozialen Realitäten abgeleitet sind, mag der Klan dienen. Die natürliche Bindekraft des Klans als soziale Gruppe hat immer seit der frühen Dschou-Zeit in entscheidender Weise zur Stabilität der chinesischen Gesellschaft beigetragen. Der Klan als Institution beruhte zunächst auf den durch die Verwandtschaftsbeziehungen natürlich entstandenen Bindungen. Er wurde durch religiöse Sanktionierung weiter gestärkt. Das chinesische Wort für Klan, Dsung, bedeutet ursprünglich den Ahn, und zwar nicht so sehr im Sinne des physischen Vorfahren – dies wäre Dsu – als vielmehr im Sinne eines religiös offenbarten Urquells der Klan-Bindung und Klan-Tradition. Das Schriftzeichen stellt das Erscheinen aus einer Höhle dar und ist eng verknüpft mit den ältesten Schichten religiöser Vorstellungen in China, denen zufolge Götter und vergöttlichte Ahnen sich in Berghöhlen aufhielten. Die politische Ordnung, wie sie in der frühen Dschou-Zeit eingerichtet wurde, ist in einem überwältigenden Ausmaß auf die Klan-Idee gegründet; die Klanbindung wird unter anderem auch in den Gesprächen des Kungfutse betont[37]. Der Ausdruck wird zweimal in dem Buch der Wandlungen verwendet. Zum ersten Mal erscheint er im 13. Hexagramm, Gemeinschaft mit Menschen, wo unter verschiedenen Arten von Gemeinschaften der Klan erwähnt und Gemeinschaft mit Menschen im Klan als beschämend bezeichnet wird. Diese Bezeichnung schlägt natürlich den damals bestehenden politischen und sozialen Regeln und Bräuchen

37 Lun-yü 8,2; s. Richard Wilhelm, Kungfutse — Gespräche, S. 9, ferner: Arthur Waley, *The Analects of Confucius*, London 1938, S. 132.

ins Gesicht. Und auch hier müssen wir uns verwundern über den ungehinderten Geist der Autoren dieser Texte, die fähig waren, das Dickicht von Urteilen und Konventionen zu durchschauen und die Gefahren und Ärgernisse des Klanswesens zu erkennen.

Selbst wenn man die Tatsache in Betracht zieht, daß sich diese Äußerung auf eine sehr spezifische Situation bezieht, wird doch offensichtlich, daß Klanzusammenhalt als solcher als erzwungene und nicht als natürliche Beziehung betrachtet wird. Es findet sich folgender eigentümlicher Text der Sechs auf fünftem Platz des Hexagramms 38, Gegensatz:

> Der (Klan-)Gefährte beißt sich durch die Hülle. Wenn man hingeht zu ihm, wie wäre das ein Fehler?

So erforderte selbst in dieser außergewöhnlichen Situation, in der natürlicher Instinkt die Verbindung mit jemandem sucht, der seine Schwierigkeiten überwunden hat, dieser Zug eine besondere Rechtfertigung.

Diese zwei Beispiele mögen genügen, die Art und Weise zu zeigen, in der soziale und politische Einrichtungen in die Bilderwelt des Buches eingefügt sind. Entsprechend werden andere Einrichtungen wie Heirat, aber auch Königtum und Staatsdienst behandelt.

Ich hoffe, daß aus dem Vorangehenden ein bestimmtes Maß an Einsicht, wenn auch unvollständig, in das enge Wechselspiel von Begriff und Bild, die große Polarität innerhalb des menschlichen Geistes, erreicht werden kann. Zumindest läßt sich sagen, daß dies Wechselspiel in jeder eintretenden Situation unterschiedlich auftritt. Es läßt sich keine Formel aufstellen, die ihre funktionale Beziehung erfassen würde. Man kann ebenfalls nicht sagen, der Begriff trete normativ und das Bild gefühlsmäßig auf. In ihrer fortwährenden Beziehung zueinander wechseln ihre Positionen und Rollen ständig. Die verwickelten Spannungen innerhalb des menschlichen Geistes, geschaffen durch diese Polarität, reflektieren, wie sie selbst reflektiert werden durch das, was die Große Abhandlung »die wirren Mannigfaltigkeiten unter dem Himmel« nennt.

REGISTER DER HEXAGRAMME

INHALT